计算机软件基础及其软件开发设计策略

任伍杰　刘博磊　赵瑞韬◎著

哈尔滨出版社

图书在版编目（CIP）数据

计算机软件基础及其软件开发设计策略/任伍杰,
刘博磊, 赵瑞韬著. —哈尔滨:哈尔滨出版社,2023.10
　ISBN 978-7-5484-7611-5

　Ⅰ.①计… Ⅱ.①任… ②刘… ③赵… Ⅲ.①软件开
发—研究 Ⅳ.①TP311.52

中国国家版本馆 CIP 数据核字(2023)第 197674 号

书　　名:**计算机软件基础及其软件开发设计策略**
JISUANJI RUANJIAN JICHU JI QI RUANJIAN KAIFA SHEJI CELÜE

作　　者:任伍杰　刘博磊　赵瑞韬　著
责任编辑:孙　迪

出版发行:哈尔滨出版社（Harbin Publishing House）
社　　址:哈尔滨市香坊区泰山路82-9号　邮编:150090
经　　销:全国新华书店
印　　刷:北京四海锦诚印刷技术有限公司
网　　址:www.hrbcbs.com
E - mail:hrbcbs@yeah.net
编辑版权热线:（0451）87900271　87900272
销售热线:（0451）87900202　87900203

开　　本:787mm×1092mm　1/16　印张:15.5　字数:300千字
版　　次:2024年4月第1版
印　　次:2024年4月第1次印刷
书　　号:ISBN 978-7-5484-7611-5
定　　价:68.00元

前　言

目前，计算机应用已经深入到我国的各个领域，有力地促进了国民经济和科学技术的发展。对许多学科而言，计算机已经成为不可缺少的工具。

计算机技术是硬件技术和软件技术的结合，计算机硬件提供了一个应用平台，具体的行为实现要靠软件系统，软件是计算机运作的核心。无论计算机的应用领域和硬件形式如何不同，软件开发的基本原理都是相似的。从了解软件应用基础技术入手，是全面掌握计算机应用技术的重要途径。

随着计算机应用领域的扩大和深入，对广大工程技术人员、科学工作者和管理人员使用计算机进行工作和研究的能力提出了愈来愈高的要求，尤其对从事管理和工程技术研究者而言，要求他们不仅能运用计算机解决实际问题，而且能开发出较高水平的应用软件，这就要求他们具备必要的应用软件基础知识。

本书围绕计算机软件基础及其软件开发设计策略展开研究，首先论述计算机与计算机软件分析、计算机软件技术基础知识、计算机软件开发设计原理体系；其次探讨计算机软件结构化开发设计技术、计算机软件工程学开发设计技术、面向对象和组件的软件开发设计技术；最后研究计算机软件开发测试体系、计算机软件智能化开发与开发项目管理。

本书内容丰富，逻辑性强，具有一定的实用性与创新性，对研究和从事计算机软件开发设计的工作者具有参考价值，并且具有一定的出版意义。可供非计算机专业类理、工、文科有关专业的师生参考，也可作为需要提高软件基础和从事应用软件开发的各类专业人员的参考书。

由于水平和时间有限，加上新技术的不断涌现，书中难免存在错误或不妥之处，恳请广大读者批评指正。

作者
2023 年 7 月

目 录

第一章 计算机与计算机软件分析

第一节 计算机的基础知识

计算机是人类 20 世纪的伟大发明之一。从 1946 年第一台通用电子计算机 ENIAC 问世以来，随着计算机科学技术的飞速发展与计算机的普及，如今计算机已经深入人类社会的各个领域，如计算机在国防、农业、工业、教育、医疗等各个行业发挥着不可替代的作用。计算机已经融入人们的日常生活、工作、学习和娱乐中，成为不可或缺的工具。计算机和伴随它而来的计算机文化改变了人们的工作、学习和生活。掌握计算机的相关知识并熟练地用于办公，已经成为必不可少的基本技能。

一、计算机的概念与分类

计算机是现代一种用于高速计算的电子计算机器，可以进行数值计算，又可以进行逻辑计算，还具有存储记忆功能。它是能够按照程序运行，自动、高速处理海量数据的现代化智能电子设备。

1946 年，美国宾夕法尼亚大学研制出第一台真正的电子数字计算机，电子数字计算机是 20 世纪最重大的发明之一，是人类科技发展史上的一个里程碑。经过 70 多年的发展，计算机技术有了飞速的进步，应用日益广泛，已应用到社会的各个领域和行业，成为人们工作和生活中所使用的重要工具，极大地影响着人们的工作和生活。同时，计算机技术的发展水平已成为衡量一个国家信息化水平的重要标志。

（一）计算机的定义

计算机在诞生初期主要是用来进行科学计算的，所以被称为"计算机"，是一种自动化计算工具。但目前计算机的应用已远远超出了"计算"，它可以处理数字、文本、图形图像、声音、视频等各种形式的数据。"计算机"这个术语是 1940 年世界上第一台电子计算装置诞生之后才开始使用的。

1

实际上，计算机是一种能够按照事先存储的程序，自动、高速地对数据进行处理和存储的系统。一个完整的计算机系统包括硬件和软件两大部分：硬件是由各种机械、电子等器件组成的物理实体，包括运算器、存储器、控制器、输入设备和输出设备等 5 个基本组成部分；软件由程序及有关文档组成，包括系统软件和应用软件。

（二）计算机的分类

计算机分类的依据有很多，不同的分类依据有不同的分类结果。常见的分类方法有以下几种。

1. 按规模分类

计算机按其运算速度快慢、存储数据量的大小、功能的强弱，以及软硬件的配套规模等不同，分为巨型计算机、小巨型计算机、大型计算机、小型计算机、工作站与微型计算机等。

（1）巨型计算机。巨型计算机是目前功能最强、速度最快、价格最贵的计算机，一般被用于解决诸如气象、太空、能源、医药等尖端科学和战略武器研制中的复杂计算。世界上只有少数的几个国家能生产这类计算机，如美国克雷公司生产的"Cray-1""Cray-2"和"Cray-3"，我国自主生产的"银河-Ⅲ""曙光-2000"和"神威"等。巨型计算机的研制和开发往往是一个国家综合国力的重要体现。

（2）小巨型计算机。小巨型计算机也称为桌面型超级计算机，是一种小型超级计算机。小巨型计算机可以使巨型机缩小成个人机的大小，或者使个人机具有超级计算机的性能。由于小巨型计算机相对于巨型计算机来说价格便宜，因此发展非常迅速。例如，美国 Conver 公司的 C 系列、Alliant 公司的 FX 系列就是比较成功的小巨型计算机。

（3）大型计算机。这类计算机也有很高的运算速度和很大的储存容量，并允许相当多的用户同时使用，但在功能上没有巨型计算机强，速度也没有巨型计算机快，但价格比巨型计算机低。这类计算机一般都有完整的系列，如 IBM 的 4300 系列和 900 系列。大型计算机通常用于大型数据库管理或进行复杂的科学运算，也可用作大型计算机网络中的主机。

（4）小型计算机。小型计算机的规模比大型计算机小，但仍能支持十几个用户同时使用。这类计算机价格便宜，适用于中小型企事业单位，如 DEC 公司生产的 VAX 系列、IBM 公司生产的 AS/400 系列都是典型的小型计算机。

（5）工作站。工作站比微型计算机有更大的储存容量和更快的运算速度。它通常被应用于图像处理和计算机辅助设计等领域。

（6）微型计算机。微型计算机又称微机，是当今使用最普及、产量最大的一类计算机，具有体积小、功耗和成本低、灵活性大、性价比高等特点。

2．按结构和性能分类

按结构和性能不同，微型计算机可分为以下三种类型：

（1）单片计算机。将微处理器、一定容量的存储器，以及输入输出接口电路等集成在一个芯片上，就构成了单片计算机。可见，单片计算机仅是一片具有计算机功能的特殊的集成电路芯片。单片计算机体积小、功耗低、使用方便，但存储容量较小，一般用作专用机或用来控制高级仪表、家用电器等。

（2）单板计算机。将微处理器、存储器、输入输出接口电路安装在一块印刷电路板上，就成为单板计算机。一般在这块板上还有简易键盘、液晶和数码管显示器，以及外存储器接口等。单板机价格低廉且易于扩展，广泛用于工业控制、微型机教学和实验，或作为计算机控制网络的前端执行机。

（3）个人计算机。供单个用户使用的微型机一般称为个人计算机或 PC，是目前使用最多的一种微型计算机。PC 配置有一个紧凑的机箱、显示器、键盘、打印机，以及各种接口，可分为台式微机、笔记本、一体机等。

3．按处理信息的形式分类

按处理信息的形式分类。可以把计算机分为数字计算机、模拟计算机和混合计算机，目前的计算机都是数字计算机。

（1）数字计算机。所处理数据都是以 0 和 1 表示的二进制数字，是不连续的离散数字，具有运算速度快、准确、存储量大等优点，因此适用于科学计算、信息处理、过程控制和人工智能等，具有最广泛的用途。

（2）模拟计算机。所处理的数据是连续的，称为模拟量。模拟量以电信号的幅值来模拟数值或某物理量的大小，如电压、电流、温度等都是模拟量。模拟计算机解题速度快，适于解高阶微分方程，在模拟计算和控制系统中应用较多。

（3）混合计算机。集数字计算机和模拟计算机的优点于一身。

二、计算机的特点与性能指标

（一）计算机的特点

计算机的主要工作特点表现在以下几个方面。

1. 运算速度快

运算速度是计算机的一个重要性能指标。计算机的运算速度通常用每秒钟执行定点加法的次数或平均每秒钟执行指令的条数来衡量。运算速度快是计算机的一个突出特点。计算机的运算速度已由早期的每秒几千次发展到现在的最高可达每秒万亿次甚至更高。

2. 计算精度高

在科学研究和工程设计中，对计算的结果精度有很高的要求。一般的计算工具只能达到几位有效数字（如过去常用的《四位数学用表》《八位数学用表》等），而计算机对数据的结果精度可达十几位、几十位有效数字，根据需要甚至可达任意的精度。

3. 存储量大

计算机的存储器可以存储大量数据，这使得计算机具有"记忆"功能。目前计算机的存储容量越来越大，已高达千兆数量级的容量。计算机具有"记忆"功能，这是计算机与传统计算工具的一个重要区别。

4. 具有逻辑判断功能

计算机的运算器除了能够完成基本的算术运算外，还具有进行比较、判断等逻辑运算的功能。这种能力是计算机处理逻辑推理问题的前提。

5. 自动化程度高，通用性强

由于计算机的工作方式是将程序和数据先存放在机内，工作时按程序规定的操作，一步一步地自动完成，一般无须人工干预，因而自动化程度高。这一特点是一般计算工具所不具备的。计算机通用性的特点表现在几乎能求解自然科学和社会科学中一切类型的问题，能广泛应用于各个领域。

（二）计算机的主要性能指标

评价计算机性能是一个复杂的问题，早期只限于字长、运算速度和存储容量三大指标。目前要考虑的因素有如下几个方面。

1. 主频

主频在很大程度上决定了计算机的运行速度，其单位是兆赫兹（MHz）。例如 Intel 8086/8088 的频率为 4.77 MHz，而 Pentium Ⅳ芯片可达 3GHz 甚至以上。

2. 字长

字长决定了计算机的运算精度、指令字长度、存储单元长度等，可以是 8/16/32/64/

128 位（bit）。

3. 运算速度

早期，衡量计算机运算速度的方法是每秒执行加法指令的次数，现在通常采用等效速度法。等效速度由各种指令平均执行时间以及对应的指令运行比例计算得出，即用加权平均法求得。它的单位是每秒百万指令（MIPS）。另外，还有利用"标准程序"在不同的机器上运行所得到的实测速度。

4. 存储容量

以字为单位的计算机常以字数乘以字长来表明存储容量，以字节（1Byte＝8bit）为单位的计算机则常以字节数表示存储容量。习惯上常将 1024 简称为 1K（千），1024K 简称为 1M（兆），1024M 简称为 1G（吉），1024G 简称为 IT（太），1024T 简称为 1P（皮）。

5. 可靠性

系统是否运行稳定非常重要，常用平均无故障时间（MTBF）衡量，MTBF 值越大越可靠。平均无故障时间是指两次故障之间能正常工作时间的平均值，假设 λ 表示单位时间内失效的元件数与元件总数的比例即失效率，则 MTBF＝1/1。例如，$\lambda=0.02\%/h$，则 MTBF＝$1/\lambda=5000h$。

6. 兼容性

兼容是一个广泛的概念，是指设备或程序可以用于多种系统的性能。兼容使得机器的资源得以继承和发展，有利于计算机的推广和普及。除此之外，评价计算机时还会看它的性价比、系统的可扩展性、系统对环境的要求、耗电量的大小等。

三、计算机的工作原理及过程

计算机原理由冯·诺依曼与莫尔小组于 1943—1946 年提出，冯·诺依曼被后人称为"计算机之父"。

（一）基本工作原理

1945 年，冯·诺依曼首先提出了"存储程序"的概念和二进制原理。后来，人们把利用这种概念和原理设计而成的电子计算机称为冯·诺依曼结构计算机。经过几十年的发展，计算机的工作方式，应用领域、体积和价格等方面都与最初的计算机有了很大的区别，但不管如何发展，存储程序和二进制系统至今仍是计算机的基本工作原理。

将程序和数据事先存放在存储器中，使计算机在工作时能够自动、高效地从存储器中取出指令并加以执行，这就是存储程序的工作方式。存储程序的工作方式使计算机变成了一种自动执行的机器，一旦将程序存入计算机并启动，计算机就可以自动工作，一条一条地执行指令。

计算机使用二进制的原因有以下两个：

首先，二进制只有 0 和 1 两种状态，可以表示 0 和 1 两种状态的电子器件很多，如开关的接通和断开，晶体管的导通和截止，磁元件的正极和负极，电位电平的低与高等，因此使用二进制对电子器件来说具有实现的可行性，假如采用十进制，要制造具有 10 种稳定状态的物理电路，则是非常困难的。

其次，二进制数的运算规则简单，使计算机运算器的硬件结构大大简化，简单易行，同时也便于逻辑判断。

（二）冯·诺依曼体系结构

冯·诺依曼计算机由运算器、控制器、存储器、输入设备和输出设备 5 部分组成。

1. 运算器

运算器是对二进制数进行运算的部件。运算器在控制器的控制下执行程序中的指令，完成算术运算，逻辑运算、比较运算、位移运算以及字符运算等。其中算术运算包括加、减、乘、除等操作，逻辑运算包括与、或、非等操作。

运算器由算术逻辑单元（ALU）、寄存器等组成。ALU 负责完成算术运算，逻辑运算等操作；寄存器用来暂时存储参与运算的操作数或中间结果，常用的寄存器有累加寄存器，暂存寄存器、标志寄存器和通用寄存器等。运算器的主要技术指标是运算速度，其单位是 MIPS（百万指令每秒）。

2. 控制器

控制器是整个计算机系统的控制中心，保证计算机能按照预先规定的目标和步骤进行操作和处理。它的主要功能就是依次从内存中取出指令，并对指令进行分析，然后根据指令的功能向有关部件发出控制命令，指挥计算机各部件协同工作，完成指令所规定的功能。

控制器和运算器合在一起被称为中央处理器（CPU）。CPU 指令的解释和执行部件，计算机发出的所有动作都是由 CPU 控制的。

3. 存储器

存储器分为辅助存储器（外存储器）和主存储器（内存储器）两种，是用来存储数据和程序的部件。内存储器（内存）直接与 CPU 相连接，存储信息以二进制形式来表示。外存储器（外存）是内存的扩充，一般用来存放大量暂时不用的程序、数据和中间结果。

4. 输入设备

输入设备是向计算机输入数据和信息的设备，它是计算机与用户或其他设备之间通信的桥梁，用于输入程序、数据、操作命令、图形、图像，以及声音等信息。常用的输入设备有键盘、鼠标、扫描仪、光笔、数字化仪，以及语音输入装置等。

5. 输出设备

输出设备将计算机处理的结果转换为人们所能接受的形式，用于显示或打印程序、运算结果、文字、图形、图像等，也可以播放声音。常用的输出设备有显示器、打印机、绘图仪，以及声音播放装置等。

（三）计算机的工作过程

计算机的工作过程就是程序的执行过程，程序是一系列有序指令的集合，执行计算机程序就是执行指令的过程。

指令是能被计算机识别并执行的二进制代码，它规定了计算机能够完成的某一种操作。指令通常由操作码和操作数两个部分组成，操作码规定了该指令进行的操作种类，操作数给出了参加运算的数据及其所在的单元地址。

执行指令时，必须先将指令装入内存，CPU 负责从内存中按顺序取出指令，同时指令计数器（PC）加"1"，并对指令进行分析、译码等操作，然后执行指令。当 CPU 执行完一条指令后再处理下一条指令，就这样周而复始地工作，直到程序完成。

四、计算机技术的应用及未来发展

（一）计算机的应用

目前，计算机应用已经深入到社会的各个领域，具体体现在如下几个方面：

1. 科学计算

在科学技术和工程设计中，存在大量的各类数学计算的问题。其特点是数据量不是很大，但计算的工作量很大、很复杂，如解几百个线性联立方程组、大型矩阵计算、高阶微分方程组等，用其他计算工具是难以解决的。

2. 数据处理

数据处理现在常用来泛指在计算机上加工那些非科技工程方面的计算、管理和操作任何形式的数据资料。数据处理应用领域十分广泛，如企业管理、飞机订票、银行业务、证券数据处理、会计电算化、办公自动化等。据统计，数据处理在所有计算机应用中所占比重最大。数据处理的特点是要处理的原始数据量很大，而运算比较简单，处理结果往往以表格或文件的形式存储或输出。

3. 过程控制

采用计算机对连续的工业过程进行控制，称为过程控制。在电力、冶金、石油化工、机械等工业部门采用过程控制，可以提高劳动效率，提高产品质量，降低生产成本，缩短生产周期。

4. 计算机辅助设计、制造和教育

计算机辅助设计（CAD）使用计算机来帮助设计人员进行产品设计，在船舶、飞机、建筑工程、大规模集成电路、机械等方面都在广泛使用 CAD。计算机辅助制造（CAM）帮助产品制造人员进行生产设备的管理、控制和操作，在电子、机械、造船、炼钢、航空、化工等领域广泛利用 CAM。计算机辅助教育（CAI）是利用计算机程序把教学内容变成软件，以便让学生利用计算机开展学习，使教学内容多样化、形象化，获得更好的教学效果。

5. 计算机网络与通信

随着计算机网络技术、通信技术的发展，计算机在网络与通信中的应用越来越广泛。目前，互联网、移动互联网已把全球大多数用户通过计算机、移动终端联系在一起，物联网的发展与应用将进一步把人与人、人与物、物与物连接起来。人类社会的许多活动，如教育、医疗、购物、政府办公等都可以通过网络完成。未来，计算机网络与通信必然会进一步深入影响到人类社会的方方面面。

6. 多媒体应用

多媒体技术融计算机、声音、文本、图像、动画、视频和通信等多种功能于一体，为人和计算机之间提供了传递自然信息的途径，已用于教育、训练、演示、咨询、管理、出版、办公自动化等多个方面。

（二）计算机技术应用发展展望

计算机已经成为人们办公、生活的必需品，它对人们的生活与工作有重要的影响。诺伊曼体制的简单硬件与专门逻辑已不能适应软件日趋复杂、课题日益繁杂庞大的趋势。要适应这些快速发展的新要求，创造必须服从于软件需要和课题自然逻辑的新体制。

实现方法就是并行、联想、专用功能化以及硬件、固件、软件相复合。计算机将由信息处理、数据处理过渡到知识处理，知识库将取代数据库。自然语言、模式、图像、手写体等进行人–机会话将是输入输出的主要形式，使人–机关系达到高级的程度。

计算机科学技术的未来发展主要方向是人工智能。人工智能的核心要求是计算机可以实现思考、学习和交流。对于目前已有的人工智能软件和系统中，已经能实现计算机对人发出的生理指令进行应答，而一些计算机软件可以对使用者的操作进行记录，下次使用时能够根据使用者的喜好进行相应的反应，这也是最基本的计算机学习功能，但人工智能的思考能力是有待开发的，因为所有计算机程序都通过触发相应的事件来执行算法计算。"面对随机事件的时候则不具备对应的算法则不能做出应答，因此，未来计算机人工智能发展的道路是空白的，但必须要难以实现。"[①] 未来，计算机的发展将趋向超高速、超小型、平行处理和智能化，量子、光子、分子和纳米计算机将具有感知、思考、判断、学习及一定的自然语言能力，使计算机进入高级人工智能时代。

这种新型计算机将推动新一轮计算技术革命，并带动光互联网的快速发展，对人类社会的发展产生深远的影响。纳米技术、生物技术、光量子技术等将在未来的计算机技术发展与应用中发挥更大的作用。

（三）对计算机技术未来发展的建议

对于计算机技术未来发展提出以下的建议：

1. 做好技术革新

经济的发展促使人们对计算机技术改进有了更高的关注。在计算机技术发展的过程当中，为了更好地推进其发展就会做好创建计算机技术的相关措施，对在其发展中有可能面临的问题做出相应的处理。而要做好这点首先要对其进行全面的认识，对计算机技术的实施形成系统的了解，在开发新技术时也要遵循自然以及经济的规律，体现其科学性和实效性等等。只有兼顾这些，在计算机技术改进和发展中才能更加完善，为人所用。

2. 增强计算机研发人员的培训

实现计算机技术发展的关键在于有一批具备高素质和高技能的技术研发人员，要想计算机技术的发展能够得到保障就要依赖于这些研发人员在掌握技术要领和工作规范的基础上进行工作。同时，提高研发人员的责任意识和创新意识，拥有责任意识的员工能够确保计算机技术发展得到重视，而创新意识则是推动计算机技术革新的动力。在生产和生活中

---

① 叶雄. 计算机科学与技术的现实意义及未来发展 [J]. 电子技术与软件工程，2019（05）：134.

计算机技术发挥了很大的作用，要使生活水平得到进一步的提高，就要确保计算机技术更为完善和顺利地发展。

3. 加强对计算机技术研究的鼓励

我国的计算机技术研发工作同发达国家相比还存在差距。为了促进计算机技术的发展，我国应该加大对计算机技术研发的保护，鼓励相关机构进行技术研发，并对有突出贡献者提供奖励。

计算机技术发展不仅对我国的经济建设有着很大的促进作用，而且对我国经济、科技、教育等都有着积极的影响。因而，计算机技术的发展将会受到广泛的关注和支持，为计算机技术的发展而努力。

第二节　计算机硬件系统

一、计算机存储器系统

（一）存储器概述

1. 存储器的类型

存储器是由一定的存储介质构成的，具有记忆功能的物理载体。在目前的存储器系统中，常用的存储介质主要包括半导体器件（如微型计算机的各种内存）、磁性材料（磁盘、磁带等）和光学材料（光盘等）。其中，半导体存储器在各种微型计算机系统中得到了广泛的应用。

根据存取方式的不同，半导体存储器可分为随机存取存储器（RAM）和只读存储器（ROM）两类。

（1）RAM。RAM（也称为读写存储器），是一种易失性存储器，其特点是在使用过程中，信息可以随机写入或读出，但一旦掉电，信息就会自然丢失。

按照制造工艺来分，RAM 可以分为双极型和 MOS 型（金属–氧化物–半导体）两种。前者速度快、功耗大，主要用于高速微型计算机系统或高速缓存；后者功耗低、集成度高，是目前微型计算机系统的主要应用对象。MOS 型 RAM 又可进一步分为静态 RAM（SRAM）和动态 RAM（DRAM）两种。SRAM 集成度低，主要用于中小容量的单片机等微型计算机系统中；而 DRAM 主要面向 80×86 等需要较大容量内存的微型计算机系统。

（2）ROM。ROM 是一种在工作过程中只能读不能写的非易失性存储器，掉电后其所存信息不会丢失，通常用来存放固定不变的重要程序和数据，如引导（BOOT）程序、基本输入/输出系统（BIOS）程序等。按 ROM 的性能和应用场合不同，ROM 又可划分为掩膜 ROM、可编程 ROM（PROM）或单次可编程 ROM（OTPROM）、紫外线可擦除可编程 ROM（EPROM 或 UV-EPROM）、电可擦除可编程 ROM（EEPROM）、Flash 存储器等。

2. 半导体存储芯片的基本结构

（1）存储体。存储体是实现信息记忆的主体，由若干个存储单元组成。每个存储单元又由若干个基本存储电路（或称存储元）组成，每个基本存储电路可存放 1 位二进制信息。通常，一个存储单元为 1B，存放 8 位二进制信息，即以字节来组织。为了区分不同的存储单元以便于读/写操作，每个存储单元都有一个地址（称为存储单元地址），中央处理器（CPU）访问时按地址访问。为了简化芯片封装和内部译码结构，存储体按照二维矩阵的形式来排列存储元电路。

体内基本存储元的排列结构通常有 2 种方式：一种是"多字一位"结构（简称位结构），即将多个存储单元的同一位排在一起，其容量表示成 N 字×1 位。例如，1K×1 位，4K×1 位，另一种是"多字多位"结构（简称字结构），即将一个单元的若干位（如 4 位、8 位）共若干个单元连在一起，其容量表示为 N 字×4 位或 N 字×8 位。如静态 RAM6264 为 8K×8 位，62256 为 32K×8 位等。

（2）地址译码器。接收来自 CPU 的 n 位地址并进行译码，产生 2n 个地址选择信号，可以实现对片内存储单元的地址选择。

（3）控制逻辑电路。接收片选信号及来自 CPU 的读/写信号 R/，形成芯片内部控制信号，以实现对存储体内部单元内容的读出和写入。

（4）数据缓冲器。用于暂时存放来自 CPU 的写入数据或从存储体内读出的数据。暂存的目的是为了协调 CPU 和存储器之间在速度上的差异，以防止出现数据冲突。

3. 半导体存储器的性能指标

衡量半导体存储器性能的指标很多，主要考虑存储器容量和存取时间。

（1）存储容量。存储容量是指存储器可以存储的二进制信息的总量。其中，一个二进制位（bit）为最小存储单位，8 个二进制位为 1B（Byte，字节）。一般微型计算机都是按字节编址的，因此字节是存储器容量的基本单位。目前使用的存储容量达 MB（兆字节）、GB（千兆字节）、TB（兆兆字节）或更大的存储空间。

（2）存取时间。存储器的存取时间又称为存储器访问时间或读/写时间，是指从启动存储器操作到完成该操作所经历的时间。例如，读出时间是指从 CPU 向存储器发出有效地址和读命令开始，直到将被选单元的内容读出送上数据总线为止所用的时间；写入时间是指从 CPU 向存储器发出有效地址和写命令开始，直到信息写入被选中单元为止所用的时间。内存的存取时间通常用 ns（纳秒）表示。

（3）功耗。一般存储器芯片的工作功耗都在毫瓦（mW）级左右。功耗越小，存储器件的工作稳定性越好。芯片的使用手册中常给出维持功耗和工作功耗两个指标，大多数半导体存储器的维持功耗小于工作功耗。

（4）环境温度。存储器芯片对于工作的周围环境温度有一定要求，按照对环境温度的要求不同，可把芯片分为民用级（0℃~70℃）、工业级（-40℃~+85℃）和军用级（-55℃+125℃）。工作的环境温度范围越宽，表明芯片对周围工作环境的温度要求越低，但芯片的成本往往会越高。

（5）可靠性。可靠性是指在规定的时间内，存储器无故障存取的概率。可靠性通常用平均无故障时间（MTBF）来衡量。MTBF 可理解为两次故障之间的平均时间间隔，这个值越大则说明存储器的可靠性越高。存储器芯片的 MTBF 大都在几千小时甚至更长。

4. 微型计算机系统的存储器体系结构

（1）分级结构。微型计算机系统的存储器可分为高速缓冲存储器（Cache）、主存和辅存。它们的存取速度依次递减，存储容量依次递增，而位价格依次降低。

第一级存储器是 Cache，位于 CPU 和主存之间，用来存放 CPU 频繁使用的指令和数据，目前容量可达到 8MB。Cache 所用的芯片都是高速的，其存取速度与微处理器相当。设置 Cache 是现代微型计算机中最常用的一种方法，从 80486 开始，一般也将它们或它们的一部分（8~16KB）制作在 CPU 芯片中。因此，目前的 Cache 大都具有两级或三级 Cache 结构（CPU 内 Cache 和 CPU 外 Cache）。

第二级是内存储器，主要存放运行的程序和数据。由于 CPU 的寻址大部分落在 Cache 上，内存就可以采用速度稍慢的存储器芯片，因而降低了对存储器芯片的速度要求。在现代微型计算机系统中，内存可以达到几 GB 甚至几十 GB 的容量。

最低一级存储器是大容量的外存（磁带、软盘、硬盘、光盘等），又称为"海量存储器"。这些存储器往往由 CPU 通过 I/O 接口进行信息存取，但存取速度比内存慢得多。这种存储器的平均存储费用很低，所以往往作为后备的大容量存储器应用。另外，在现代微型计算机系统中，硬盘、光盘等外存还广泛用作虚拟存储器的硬件支持。

由以上分析可知，计算机中采用的是一个具有多级层次结构的存储系统，该系统既有与 CPU 相近的速度，又有较大的容量，成本也较低。Cache 解决了存储系统的速度问题，辅存解决了存储系统的容量问题，这样就达到了存储器速度、容量和价格之间的一个有效平衡。

（2）虚拟存储器结构。现代微型计算机系统在分级存储器结构的基础上，通过对内存和外存进行统一编址，并借助于实际的海量存储硬盘或光盘存储器，形成一个虚拟存储器，其容量比实际的内存要大很多，但是存取速度比外存快很多。

虚拟存储器的编址方式称为虚拟地址或逻辑地址，这种方式可以使程序员在编写软件时不用考虑计算机的实际内存容量，而可以写出比实际配置的内存容量大很多的各类程序。编写好的程序预先放在外存储器中，在操作系统的统一管理和调度下，按某种算法调入内存储器（没有被执行的程序依然放在外部存储器上）并被 CPU 执行。这样，从 CPU 看到的就是一个速度接近内存但容量远大于内存的虚拟地址空间。

虚地址空间是程序可用的空间，而实地址空间是 CPU 可访问的物理内存空间。一般虚地址空间远远大于实地址空间，例如 Pentium 处理器的实地址空间为 232B（4GB），而虚地址空间则可多达 246B（64TB）。程序员采用的是虚拟地址，而 CPU 在执行程序的时候采用的是物理地址。因此，存在从虚拟地址向物理地址转换的过程，这个过程也称为地址映射。采用何种映射方式主要取决于计算机采用的虚拟存储器管理方式，这种管理方式目前主要分为三类：页式管理、段式管理和段页式管理。

虚拟存储器结构极大地提高了微型计算机系统中存储系统的性能，实质上也等效于提高了微型计算机系统的整体性能。

（二）随机存取存储器

1. 静态 RAM

静态 RAM（SRAM）是一种静态随机存储器。它的存储电路由 MOS 管触发器构成，用触发器的导通和截止状态来表示信息"0"或"1"，与动态 RAM 相比，不需要额外地刷新电路系统。

其特点是速度快，工作稳定，使用方便灵活，但由于它所用 MOS 管较多，致使集成度低，功耗较大，成本也高。在微型计算机系统中，SRAM 常用于小容量的 Cache。

2. 动态 RAM

动态 RAM（DRAM）通过利用 MOS 管的栅极分布电容的充放电来表示存储的信息，充电后表示"1"，放电后表示"0"。由于电容存在漏电现象，电容电荷会因为漏电而逐渐丢失，因此必须定时对 DRAM 进行充电（称为刷新）。在微型计算机系统中，DRAM 常被用作内存（即内存条）。

在 DRAM 中，存储信息的基本电路可以采用四管电路、三管电路和单管电路，管子的数量越少，芯片的集成度也越高。因此，目前多采用单管电路作为存储器基本电路。下面以单管电路为例介绍 DRAM 存储单元的工作原理。

3. PC 内存条

DRAM 具有高集成度、低功耗和成本低等优点，所以一般大容量存储器系统均由半导体 DRAM 组成。在 PC 中，为了节省主板空间，并考虑便于扩充内存容量和更换等目的，出现了内存条的概念。内存条通常由若干个 DRAM 芯片组成，并将其焊接在一个具有特定规格和形状的 PCB 板上。在 PC 主板上有相应的内存条的插座，随着计算机性能的不断提高，内存条的种类和性能也不断地更新换代。

早期的 386、486 和 586 计算机普遍采用 FPMDRAM，即把一组 DRAM 安装在一块 PCB 板上，称为 SIMM 内存条。EDORAM 是另外一种 SIMM 内存条，在早期的 486 计算机和奔腾计算机中得到了应用。为了解决 CPU 和内存之间的速度匹配问题，后续出现了 SDRAM（Syn-chronous DRAM，同步 DRAM），这是一种目前在 PC 中广泛使用的存储器类型，具体包括多种类型，如 DDRSDRAM、DDR2SDRAM 和 DDR3SDRAM。

目前，内存条的发展趋势是：供电电压越来越低，集成度越来越高，性能越来越先进，容量越来越大。

（三）只读存储器

1. 掩膜 ROM

掩膜 ROM 中的信息是由生产厂家在制造过程中写入的，用户在使用时只能进行读出操作。掩膜 ROM 在制作完成后，存储的信息就不能再改写了，如果 ROM 中的内容出现错误，则整个一批芯片都要报废，因此，在进行掩膜之前必须确保 ROM 中内容的正确性。这种 ROM 由于结构简单，集成度高，成本较低，主要用于大批量生产。

2. 紫外线可擦除 ROM

在实际的工程应用中，程序可能会根据需要进行修改和升级，这种情形下，最好采用可以多次擦除和烧写的 ROM 存储器。由于 PROM 只能烧写一次，在实际产品开发和应用中受到一定的限制，因而能够重复擦写的 EPROM 得到了广泛的应用。

EPROM 的芯片顶部开有一个圆形的石英窗口，通过紫外线的照射可将片内所存储的原有信息擦除。根据需要可利用 EPROM 的专用编程器（也称为"烧写器"）对其进行编程，因此这种芯片可反复使用。

3. 电可擦除可编程 ROM

虽然 EPROM 应用范围较广，但在使用时需从电路板上拔下，还需用专门的紫外线擦除器进行信息擦除，操作起来比较麻烦；另外，芯片的频繁拔插可能导致管脚的机械损坏。这些特点使 EPROM 的应用范围受到了一些限制。近年来，出现了另外一种新型的 ROM 器件，即 EEPROM。这种存储器是一种可用电压在线擦除和编程的存储器，在智能工业仪器仪表中得到了广泛应用，主要存储各种变化不太频繁的数据和表格等。EEPROM 兼有 ROM 和 RAM 的功能，既具有断电情况下数据保存的功能，又具有灵活的数据在线改写功能。

4. Flash 存储器

Flash 存储器又称为闪速存储器（闪存）、快速擦写存储器或快闪存储器，是由 Intel 公司于 20 世纪 90 年代初发明的一种新型非易失性存储器。Flash 存储器内的数据信息可保持 10 年，又可以在线擦除和重写。闪速存储器是由 EEPROM 发展起来的，因此它属于 EEPROM 类型，但相比之下又具有成本低、功耗低、密度和集成度高等优点。

近年来，Flash 存储器广泛应用于电信、互联网设备、汽车、数码相机/摄像机/记录器、图像处理等领域。由于闪速存储器所具有的独特优点，在微型计算机系统中，Flash 存储器常用于保存系统的引导程序、系统参数等，Pentium 以后的主板都采用了这种存储器存放 BIOS 软件，即 Flash BIOS，由于闪速存储器可擦可写，使 BIOS 升级非常方便快捷。

二、计算机嵌入式系统

（一）嵌入式硬件系统

1. 嵌入式系统的硬件组成

嵌入式系统的硬件由嵌入式微处理器、存储器、电源模块、各种输入/输出接口、通信模块、人机接口、总线以及外部设备等组成。嵌入式系统的硬件层以嵌入式微处理器为核心，再加上电源电路、时钟电路和存储电路等，构成嵌入式核心模块，即嵌入式最小系统。对于复杂的嵌入式系统可以在最小模式下根据应用需求进行扩展，以最少成本满足应用系统的要求。

嵌入式微处理器以片上系统（SoC）技术为多，通常包括嵌入式内核、数字协处理器、内存管理器（MMU）、各个通信接口（CAN 总线接口、以太网接口、USB 接口、C 总线接口以及 UART/IrDA 接口等）、通用的 GPIO 接口、定时器 Timer/RTC、液晶显示器 LCD、ADC/DAC 和 DMA 控制器等模块。目前，常用的处理器为 ARM 微处理器，在信息处理能力要求比较高的场合，可以采用 DSP 进行信号处理。

存储器的类型包括 ROM、RAM、Flash。一般操作系统和应用程序固化在 ROM 中，大量数据信息可存于 RAM 或 Flash 中，Flash 以可擦写次数多、存储速度快、容量大及价格便宜等优点在嵌入式领域得到广泛应用。

随着 EDA 技术的发展，嵌入式系统硬件也常采用可编程逻辑阵列技术，即现场可编程门阵列（FPGA）或复杂可编程逻辑器件（CPLD），使系统具有可编程的功能，极大地提高了系统的在线升级、换代能力。

电源模块主要为嵌入式微处理器及周边硬件电路提供电源，数字电路常用的电压为 1.85V、±2.5V、3.3V、±5V 等，而模拟电路常用的电压为 ±5V、±12V、±15V、±24V 等。

输入/输出接口一般用于嵌入式系统接收来自传感器、变送器、开关等监测部件的输出信号，或向伺服机构输出控制信号。

嵌入式系统的总线一般集成在嵌入式微处理器中。从微处理器的角度来看，总线可分为片外总线（如 PCI、ISA 等）和片内总线（如 AMBA、AVAION、OCP 和 WISHBONE 等）。选择总线和嵌入式微处理器密切相关。

2. 嵌入式微处理器

（1）嵌入式微处理器的体系结构。

第一，冯·诺依曼结构。冯·诺依曼结构也称为普林斯顿结构，是一种将程序指令存储器和数据存储器合并在一起的存储器结构。程序指令存储地址和数据存储地址指向同一个存储器的不同物理位置，因此程序指令和数据的宽度相同，如 Intel 公司的 8086 微处理器的程序指令和数据都是 16 位宽。将指令和数据存放在同一存储空间中，统一编址，指令和数据通过同一总线访问。

处理器在执行任何指令时，都要先从存储器中取出指令解码，再取操作数执行运算。这样，即使单条指令也要耗费几个甚至几十个时钟周期，在高速运算时，在传输通道上会出现瓶颈效应。

目前，使用冯·诺依曼结构的中央处理器和微控制器有很多，如 Intel 公司的 8086 系列微处理器、ARM 公司的 ARM7、MIPS 公司的 MIPS 系列微处理器等。

第二，哈佛结构。哈佛结构是一种将程序指令存储和数据存储分开的存储器结构。其主要特点是程序指令和数据存储在不同的存储空间中，即程序存储器和数据存储器是两个相互独立的存储器，每个存储器独立编址、独立访问。由于程序和数据存储在两个分开的物理空间中，可以使指令和数据有不同的数据宽度，并且取指和执行能完全重叠。

与之相对应的是系统中设置的两条总线（程序总线和数据总线），允许在一个机器周期内同时获取指令字（来自程序存储器）和操作数（来自数据存储器），从而提高了执行速度，使数据的吞吐率提高了1倍，数据的移动和交换更加方便，尤其提供了较高的数字信号处理性能。

目前使用哈佛结构的中央处理器和微控制器有很多，除了所有的DSP处理器，还有Motorola公司的MC68系列，Zilog公司的Z8系列，Atmel公司的AVR系列和ARM公司的ARM9、ARM10和ARM11系列微处理器等。

（2）嵌入式微处理器的类型。

第一，嵌入式微控制器（EMU）。嵌入式微控制器，通常也称为微控制器（MCU）或单片机。

嵌入式微控制器一般以某一种微处理器内核为核心，芯片内部集成ROM/EPROM、RAM、Flash、定时/计数器、I/O口、A/D、D/A、串行口、PWM（脉宽调制）、总线及总线逻辑等各种必要功能模块和外设，达到计算机的基本硬件配置。近年来，单片机的集成度更高，将通用的USB、CAN及以太网等现场总线接口集成于芯片内部。

微控制器的最大特点是单片化、体积小、抗电磁辐射，从而使能耗和成本下降，可靠性提高。微控制器被广泛应用在仪器仪表、通信、航天和家电等领域。目前，嵌入式微控制器的品种和数量很多，比较具有代表性的产品有MCS-8051系列、P51XA、MCS-251、MCS-96/196/296、MC68HC05/11/12/16等。

第二，嵌入式数字信号处理器（EDSP）。嵌入式数字信号处理器，有时也简称为DSP，是专门用于嵌入式系统的数字信号处理器。嵌入式DSP是对普通DSP的系统结构和指令系统进行了特殊设计，使其更适合DSP算法、编译效率更高、执行速度更快。嵌入式DSP有两个发展来源：①把普通DSP的处理器经过单片化和EMC（电磁兼容）改造，增加片上外设，形成嵌入式DSP，如TI公司的TMS320C2000/C5000等；②在通用单片机或SOC（片上系统）中增加DSP协处理器，如Intel公司的MCS-296。

嵌入式DSP在数字滤波、FFT、频谱分析等仪器上，使用较为广泛。当然，不同方式形成的嵌入式DSP具有不同的应用方向。单片化的嵌入式DSP主要应用在各种带智能逻辑的消费类产品、生物信息识别终端、带加/解密算法的键盘、ADSL接入、实时话音解压系统、虚拟现实显示等需要大量DSP运算的嵌入式应用中。而在单片机或SOC中增加

DSP 协处理器，主要目的是增强嵌入式芯片的 DSP 运算能力，提高嵌入式处理器的综合性能。

嵌入式 DSP 中比较有代表性的产品有 TI 公司的 TMS320 系列和 Motorola 公司的 DSP56000 系列。

第三，嵌入式微处理器（EMPU）。嵌入式微处理器，也称为嵌入式微处理器单元。这类微处理器是专门为嵌入式应用而设计的，在设计阶段已充分考虑了处理器应该对实时多任务有较强的支持能力；处理器结构可扩展，可以满足不同应用需求的嵌入式产品；处理器内部集成了测试逻辑，便于测试；为了满足嵌入式应用的特殊要求，在工作温度、抗电磁干扰、可靠性等方面做了各种增强设计，因此，具有体积小、质量轻、功耗低、成本低及可靠性高的优点。通常狭义上所讲的嵌入式微处理器就是专门指这种类型的微处理器。目前，典型的嵌入式微处理器产品有 ARM、MIPS，PowerPC、Motorola68K 等。

第四，嵌入式片上系统。嵌入式片上系统（ESOC），简称为 SOC，是 20 世纪 90 年代后出现的一种新型的嵌入式集成器件。片上系统实质上就是在一个硅片上实现一个系统。将各种通用处理器内核、具有知识产权的标准部件、标准外设作为片上系统设计公司的标准器件，这些标准器件通常以标准的 VHDL 等硬件语言描述，存储在器件库中。用户只需定义出其整个应用系统，仿真通过后就可以将设计图交给半导体工厂制作样品。这样，除个别无法集成的器件外，整个嵌入式系统基本上可以集成到一块或几块芯片中。应用系统电路将变得特别简洁，不仅减小了系统的体积和功耗，而且提高了系统的可靠性和设计生产效率。

它的最大特点是成功地实现了软件和硬件的无缝结合，直接在处理器的片内嵌入了操作系统。SOC 代表了嵌入式系统的未来发展方向，但由于费用问题，目前还不可能完全取代 EMU、EDSP、EMPU 等其他形式的嵌入式应用系统。

3. 主流的嵌入式微处理器

（1）ARM 微处理器。ARM 是高级精简指令系统处理器的英文缩写，也是设计 ARM 处理器的公司的简称。

ARM 微处理器采用 RISC 体系结构，体积小、功耗低、成本低、性能高，支持 Thumb（16 位）／ARM（32 位）双指令集，能很好地兼容 8 位/16 位器件，大量使用寄存器，指令执行速度更快，大多数数据操作都在寄存器中完成，寻址方式灵活简单，执行效率高，指令长度固定。除此之外，ARM 微处理器还使用地址自动增加或减少来优化程序中的循环处理，使用 LDM/STM 批量传输数据指令等一些特别的技术，在保证高性能的同时尽量减小芯片体积，降低芯片功耗。

（2）PowerPC 微处理器。PowerPC 微处理器是早期 Motorola 公司和 IBM 公司联合为 Apple 公司的 Mac 机开发的 CPU 芯片，商标权同时属于 IBM 公司和 Motorola 公司，并成为了两家公司的主导产品。苹果笔记本电脑和苹果的台式机一样，并不采用 Intel 或 AMD 之类的处理器，而是采用了 PowerPC 处理器。尽管他们的产品不一样，但都采用 PowerPC 的内核。这些产品大都用在嵌入式系统中。

PowerPC 微处理器属于精简指令集计算机系统（RISC）。PowerPC 架构是 64 位的架构，允许地址空间和定点数计算扩充到 64 位，而且支持 64 位模式和 32 位模式之间的动态切换。在 32 位模式下，64 位 PowerPCCPU 可以执行为 32 位 PowerPCCPU 编译的二进制应用代码。PowerPC 的指令集是 32 位固定长度，提供一套通用寄存器用于定点数的计算和内存地址计算，PowerPC 还提供单独一套浮点寄存器用于浮点数据的运算。PowerPC 架构将程序控制、定点数计算、浮点数计算分开，因此多个功能单元可以并行独立执行不同的指令。

IBM 公司的 PowerPC 微处理器芯片产品有 4 个系列，分别是 4xx 综合处理器、4xx 处理器核、7xx 高性能 32 位处理器和 9xx 超高性能 64 位处理器。

Motorola 公司迄今为止共生产了 6 代 PowerPC 产品，即 G1、G2、G3、G4、G5 和 G6，Motorola 公司生产的 PowerPC 微处理器芯片产品编号前有 "MPC" 前缀，如 G5 中的 MPC855T，G6 中的 MPC860DE~MPC860P 等。

由此可见，PowerPC 系列处理器的品种较多，它们的功率消耗、体积、集成度、价格的差别很大，既有通用处理器，又有嵌入式控制器和内核，应用范围非常广泛，从高端工作站、服务器到桌面计算系统，从消费类电子产品到大型通信设备，都有着广泛的应用。

（3）MIPS 微处理器。无内部互锁流水级微处理器（MIPS）是世界上很流行的一种 RISC 处理器，由 MIPS 技术公司所开发。MIPS 技术公司是美国一家设计高性能、高档次嵌入式 32/64 位微处理器芯片的公司，在 RISC 处理器方面占有重要地位，它采用精简指令集计算机结构来设计芯片。MIPS 是出现最早的商业 RISC 架构芯片之一，新的架构集成了所有原来 MIPS 指令集，并增加了许多更强大的功能。MIPS 也是一种处理器的内核标准。MIPS 体系结构具有良好的可扩展性，并且能够满足超低功耗微处理器的需求。

MIPS 处理器的机制是尽量利用软件办法避免流水线中的数据相关问题。MIPS 技术公司的 R 系列就是在此基础上开发的 RISC 工业产品的微处理器。这些系列产品被很多计算机公司采用，构成各种工作站和计算机系统。

20 世纪 90 年代末，MIPS 体系结构进入了一个全新的时期，成为嵌入式处理器市场上的领先体系结构。MIPS 处理器的系统结构及设计理念比较先进，强调软件和硬件协同提高性能，同时简化硬件设计，其指令系统经过通用处理器指令体系 MIPSI ~ MIPSV 的升级，嵌入式指令体系 MIPS16，MIPS32 到 MIPS64 的发展已经十分成熟。此外，为了使嵌入式设计人员更加方便地应用 MIPS 处理器，MIPS 技术公司推出了一套集成的开发工具——MIPSIDF。

在嵌入式方面，MIPSK 系列微处理器是目前仅次于 ARM 的用得最多的处理器之一，其应用领域覆盖游戏机、路由器、激光打印机、掌上计算机以及机顶盒等各个方面。

（二）嵌入式软件系统

1. 嵌入式软件的基本特征

（1）具有独特的实用性。嵌入式软件是为嵌入式系统服务的，这就要求它与外部硬件和设备联系紧密。嵌入式系统以应用为中心，嵌入式软件是应用系统，根据应用需求定向开发，面向产业、面向市场，需要特定的行业经验。每种嵌入式软件都有自己独特的应用环境和实用价值。

（2）应有灵活的适用性。嵌入式软件通常可以认为是一种模块化软件，它应该能非常方便、灵活地运用到各种嵌入式系统中，而不会破坏或更改原有的系统特性和功能。首先它要小巧，不能占用大量资源；其次要使用灵活，应尽量优化配置，减小对系统的整体继承性，升级更换灵活方便。

（3）规模小，开发难度大。嵌入式软件的规模一般比较小，多数在几 MB 以内，但开发的难度大，需要开发的软件可能包括板级初始化程序、驱动程序、应用程序和测试程序等。嵌入式软件一般都要涉及低层软件的开发，应用软件的开发也是直接基于操作系统的。这需要开发人员具有扎实的软、硬件基础，能灵活运用不同的开发手段和工具，具有较丰富的开发经验。

（4）实时性和可靠性要求高。大多数嵌入式系统都是实时系统，有实时性和可靠性的要求。这两方面除了与嵌入式系统的硬件（如嵌入式微处理器的速度、访问存储器的速度和总线等）有关外，还与嵌入式系统的软件密切相关。

嵌入式实时软件对外部事件做出反应的时间必须要快，在某些情况下还需要是确定的、可重复实现的，不管当时系统内部状态如何，都是可预测的。

嵌入式实时软件需要有处理异步并发事件的能力。在实际环境中，嵌入式实时系统处理的外部事件不是单一的，这些事件往往同时出现，而且发生的时刻也是随机的，即异步的。嵌入式实时软件需要有出错处理和自动复位功能，应采用特殊的容错、出错处理措施，在运行出错或死机时能自动恢复先前的运行状态。

（5）程序一体化。嵌入式软件是应用程序和操作系统两种软件的一体化程序。

2. 嵌入式软件的类型划分

（1）按通常的软件分类，嵌入式软件可分为系统软件、支撑软件和应用软件三大类：

第一，系统软件：控制、管理计算机系统资源的软件，如嵌入式操作系统、嵌入式中间件（CORBAJAVA）等。

第二，支撑软件：辅助软件开发的工具软件，如系统分析设计工具、仿真开发工具、交叉开发工具、测试工具、配置管理工具和维护工具等。

第三，应用软件：是面向特定应用领域的软件，如手机软件、路由器软件、交换机软件和飞行控制软件等。这里的应用软件除包括操作系统之上的应用外，还包括低层的软件，如板级初始化程序、驱动程序等。

（2）按运行平台分类，嵌入式软件可分为运行在开发平台（如 PC 的 Windows）上的软件和运行在目标平台上的软件。

第一，运行在开发平台上的软件：设计、开发及测试工具等。

第二，运行在目标平台即嵌入式系统上的软件：嵌入式操作系统、应用程序、低层软件及部分开发工具代理。

（3）按嵌入式软件结构分类，嵌入式软件可分为循环轮询系统、前后台系统、单处理器多任务系统和多处理器多任务系统等类别。

3. 嵌入式软件的体系结构

（1）驱动层。驱动层是直接与硬件打交道的一层，它对操作系统和应用提供所需驱动的支持。该层主要包括以下三种类型的程序：

第一，板级初始化程序：这些程序在嵌入式系统上电后，初始化系统的硬件环境，包括嵌入式微处理器、存储器、中断控制器、DMA 和定时器等的初始化。

第二，与系统软件相关的驱动：这类驱动是操作系统和中间件等系统软件所需的驱动程序，它们的开发要按照系统软件的要求进行。目前，操作系统内核所需的硬件支持一般都已集成在嵌入式微处理器中，因此操作系统厂商提供的内核驱动一般不用修改。开发人员主要需要编写的相关驱动程序有网络、键盘、显示和外存等的驱动程序。

第三，与应用软件相关的驱动：与应用软件相关的驱动不一定需要与操作系统连接，这些驱动的设计和开发由应用决定。

（2）操作系统层。操作系统层包括嵌入式内核、嵌入式 TCP/IP 网络系统、嵌入式文件系统、嵌入式 GUI 系统和电源管理系统等部分。其中嵌入式内核是基础和必备的部分，其他部分要根据嵌入式系统的需要来决定。

（3）中间件层。目前，在一些复杂的嵌入式系统中也开始采用中间件技术，主要包括嵌入式 CORBA、嵌入式 JAVA、嵌入式 DCOM 和面向应用领域的中间件软件。

（4）应用层。应用层软件主要由多个相对独立的应用任务组成，每个任务完成特定的工作，由操作系统调度各个任务的运行。

第三节　计算机网络安全

随着互联网技术的飞速发展，计算机网络已经融入工作、学习和生活的方方面面，为我们带来了很大的便捷的同时，网络安全问题已变得日益突出。基于此，计算机网络安全技术显得尤为重要。

一、计算机防火墙技术

（一）防火墙的功能

防火墙属于网络安全策略的一部分，设置在不同的网络之间，作用是控制信息、监测信息。防火墙遵循预先设定好的网络安全限制，只有符合网络安全机制要求的数据才能通过，所以，从这个角度来讲，防火墙控制的是对网络的访问。与此同时，它还有记录网络活动的功能。根据实际情况的不同，防火墙的具体功能也不同，但是都具有以下特点：

第一，过滤出入网络的所有数据信息。数据信息想要从网络中通过，必须经过网络边界的防火墙。防火墙会预先设定好信息通过规则，并且会按照规则对数据进行检查。如果不符合防火墙的规则，那么数据信息会被拒之门外，通过这样的方法来保障网络安全。

第二，管理对网络的访问。通常情况下，大多数的数据传输都要利用网络服务才能实现，防火墙中设置了精心选择之后的应用协议，来自外部攻击者的脆弱协议无法通过防火墙的阻碍。

第三，对网络安全进行集中保护。防火墙相当于安全防治中心，防火墙系统中涉及很多安全功能，例如身份认证、查询口令、进行审计等。防火墙会将这些功能集中在自己身上，更有利于安全管理，不仅成本较低，安全性也较高。

第四，监控网络存取以及网络访问。对于防火墙来说，监控网络非常便利，而且一旦发现问题其会发出报警。与此同时，防火墙还会把所有访问记录下来，将网络使用的情况统计起来。它的这一功能非常有利于网络管理员的管理，可以满足网络管理员的网络安全需求。

第五，防火墙是 NAT 技术实施的最佳平台，可以在防火墙中进行网络地址的更换，可以把外部的 IP 地址和内部的 IP 地址进行动态对应或静态对应，这极大地解决了地址空间不足的问题。

（二）防火墙的结构分类

1. 硬件防火墙

硬件防火墙是指所谓的硬件防火墙。之所以加上"所谓"二字是针对芯片级防火墙来说的。它们最大的差别在于是否基于专用的硬件平台。目前市场上大多数防火墙都是这种所谓的硬件防火墙，它们都基于 PC 架构，就是说，它们和普通的家庭用的 PC 没有太大区别。在这些 PC 架构计算机上运行一些经过裁剪和简化的操作系统，最常用的有老版本的 Unix、Limix 和 FreeBSD 系统。值得注意的是，由于此类防火墙采用的依然是别人的内核，因此依然会受到 OS 本身的安全性影响。国内的许多防火墙产品就属于此类，因为采用的是经过裁减内核和定制组件的平台，因此国内防火墙的某些销售人员常常吹嘘其产品是"专用的 OS"等，其实是一个概念误导，下面我们提到的第三种防火墙才是真正的 OS 专用。

2. 软件防火墙

软件防火墙运行于特定的计算机上，它需要客户预先安装好的计算机操作系统的支持，一般来说这台计算机就是整个网络的网关。软件防火墙就像其他的软件产品一样需要先在计算机上安装并做好配置才可以使用。一般操作系统（如 Windows 等）会自带防火墙功能。使用这类防火墙，需要网管对所工作的操作系统平台比较熟悉。

3. 芯片级防火墙

（1）网络层防火墙。网络层防火墙可视为一种 IP 封包过滤器，运作在底层的 TCP/IP 协议堆栈上。我们可以以枚举的方式，只允许符合特定规则的封包通过，其余的一概禁止穿越防火墙（病毒除外，防火墙不能防止病毒侵入）。这些规则通常可以经由管理员定义或修改，不过某些防火墙设备可能只能套用内置的规则。我们也能以另一种较宽松的角度来制定防火墙规则，只要封包不符合任何一项"否定规则"就予以放行。操作系统及网络设备大多已内置防火墙功能。

较新的防火墙能利用封包的多样属性来进行过滤，例如，来源 IP 地址、来源端口号、目的 IP 地址或端口号、服务类型（如 WWW 或是 FTP）也能经由通信协议、TTL 值、来源的网域名称或网段等属性来进行过滤。

（2）应用层防火墙。应用层防火墙是在 TCP/IP 堆栈的"应用层"上运作，使用浏览器时所产生的数据流或是使用 FTP 时的数据流都属于这一层。应用层防火墙可以拦截进出某应用程序的所有封包，并且封锁其他的封包（通常是直接将封包丢弃）。理论上，这一类的防火墙可以完全阻绝外部的数据流进到受保护的机器里。此外，根据侧重不同，可分为包过滤型防火墙、应用层网关型防火墙以及服务器型防火墙。

（三）防火墙的重要技术

随着计算机在各行各业得到越来越广泛的应用，计算机的安全问题也越来越突出。这就要求计算机防火墙技术发挥作用，保障计算机网络的安全。

1. 数据包过滤

（1）数据包过滤策略与过程。

第一，数据包过滤策略。①拒绝来自某主机或某网段的所有连接；②允许来自某主机或某网段的所有连接；③拒绝来自某主机或某网段的指定端口的连接；④允许来自某主机或某网段的指定端口的连接；⑤拒绝本地主机或本地网络与其他主机或其他网络的所有连接；⑥允许本地主机或本地网络与其他主机或其他网络的所有连接；⑦拒绝本地主机或本地网络与其他主机或其他网络的指定端口的连接；⑧允许本地主机或本地网络与其他主机或其他网络的指定端口的连接。

第二，数据包过滤基本过程。①包过滤规则必须被包过滤设备端口存储起来。②当包到达端口时，对包报头进行语法分析。大多数包过滤设备只检查 IP、TCP 或 UDP 报头中的字段。③包过滤规则以特殊的方式存储。应用于包的规则的顺序与包过滤器规则存储顺序必须相同。④若一条规则阻止包传输或接收，则此包便不被允许。⑤若一条规则允许包传输或接收，则此包便可以被继续处理。⑥若包不满足任何一条规则，则此包便被阻塞。

（2）数据包过滤技术。

第一，静态包过滤。静态包过滤技术的实现非常简单，就是在网关主机的 TCP/IP 协议栈的 IP 层增加一个过滤检查，对 IP 包的进栈、转发、出栈时均针对每个包的源地址、目的地址、端口、应用协议进行检查，用户可以设立安全策略，比如某某源地址禁止对外部的访问、禁止对外部的某些目标地址的访问、关闭一些危险的端口等。事实证明，一些简单而有效的安全策略可以极大地提高内部系统的安全，由于静态包过滤规则的简单、高效，直至目前，它仍然得到应用。具体来说，静态包过滤是通过对数据包的 IP 头和 TCP

头或 UDP 头的检查来实现的。

第二，动态包过滤。动态包过滤技术除了含有静态包过滤的过滤检查技术之外，还会动态地检查每一个有效连接的状态，所以通常也称为状态包过滤技术。状态包过滤克服了第一代包过滤（静态包过滤）技术的不足，如信息分析只基于头信息、过滤规则的不足可能会导致安全漏洞、对于大型网络的管理能力不足等。

数据包过滤技术的优点有：①对于一个小型的、不太复杂的站点，包过滤比较容易实现。②因为过滤路由器工作在 IP 层和 TCP 层，所以处理包的速度比代理服务器快。③过滤路由器为用户提供了一种透明的服务，用户不需要改变客户端的任何应用程序，也不需要用户学习任何新的东西。因为过滤路由器工作在 IP 层和 TCP 层，而 IP 层和 TCP 层与应用层的问题毫不相关。所以，过滤路由器有时也被称为"包过滤网关"或"透明网关"，之所以被称为网关，是因为包过滤路由器和传统路由器不同，它涉及传输层。④过滤路由器在价格上一般比代理服务器便宜。

2. 电路级网关

电路级网关，也叫电路层网关，它工作在 OSI 参考模型的会话层，在内、外网络主机之间建立一个虚拟电路进行通信，相当于在防火墙上打开一个通道进行传输。在电路级网关中，包被提交到用户应用层处理。电路级网关用来在两个通信的终点之间转换包，电路级网关是建立应用层网关的一个更加灵活和一般的方法电路级网关在两主机首次建立 TCP 连接时创立一个电子屏障。它作为服务器接收外来请求，转发请求；与被保护的主机连接时则担当客户机角色，起代理服务的作用。它监视两主机建立连接时的握手信息，如同步信号（SYN）、应答信号（ACK）和序列数据等是否合乎逻辑，判定该会话请求是否合法。一旦会话连接有效后网关仅复制、传递数据，而不进行过滤。

电路级网关拓扑结构同应用层网关，电路级网关接收客户端连接请求，代理客户端完成网络连接，在客户和服务器间中转数据。电路级网关一般需要安装特殊的客户机软件，用户同时可能需要一个可变用户接口来相互作用或改变他们的工作习惯。

电路级网关可针对每个 TCP、UDP 会话进行识别和过滤。在会话的建立过程中，除了检查传统的过滤规则之外，还要求发起会话的客户端向防火墙发送用户名和口令，只有通过验证的用户才被允许建立会话。会话一旦建立，则报文流可不加检验直接穿透防火墙。电路级网关通过对客户端的用户名和口令进行验证，有效地避免了网络传送过程中源地址被冒充等问题，可有效地防御 IP/UDP/TCP 欺骗，并可快速定位 TCP/UDP 的攻击发起者。

电路级网关在初次连接时，客户端程序与网关进行安全协商和控制，协商通过之后，网关的存在对应用来说就透明了，客户端与服务器之间的交互就像没有网关一样。只有懂得如何与电路级网关通信的客户端程序才能到达防火墙另一端的服务器。所以，对普通的客户端程序来说，必须通过适当改造，或者借助其响应的处理，才能通过电路级网关访问服务器。

早期的电路级网关只处理 TCP 连接，并不进行任何附加的包处理或过滤。电路级网关就像电线一样，只是在内部连接和外部连接之间来回拷贝。但对于外部网络用户而言，连接似乎源于网关，网关屏蔽了受保护网络的有关信息，因而起到了防火墙的作用。

电路级网关的工作原理包括：其组成结构与应用级防火墙相似，但它并不针对专门的应用协议，而是一种通用的连接中继服务，是建立在运输层的一种代理方法。连接的发起方不直接与响应方建立连接，而是与回路层代理建立两个连接：①在回路层代理和内部主机上的一个用户之间；②在回路层代理和外部主机上的一个用户之间。

通常，实现这种防火墙功能都是在通用的运输层之上插入代理模块，所有的出入连接必须连接代理，通过安全检查之后数据才能被转发。网关的访问控制规则决定是否允许连接。回路层代理可以提供较详尽的访问控制机制，其中包括鉴别和其他客户与代理之间的会话信息交换。回路层代理与应用网关不同的是，对于所网络服务都通过共同的回路层代理，所以这种代理也称为"公共代理"。

电路级网关防火墙的特点包括：①对连接的存在时间进行监测，从而防止过大的邮件和文件传送；②建立允许的发起方列表，并提供鉴别机制；③对传输的数据提供加密保护。

总的来说，电路级网关的防火墙的安全性比较高，但它仍不能检查应用层的数据包以消除应用层攻击的威胁。考虑到电路级网关的优点是堡垒主机可以被设置成混合网关，对于进入的连接使用应用级网关或代理服务器，而对于出去的连接使用电路级网关。这样使得防火墙既能方便内部用户，又能保证内部网络免于外部的攻击。

3. 应用层代理

应用层代理技术针对每一个特定应用，在应用层实现网络数据流保护功能，代理的主要特点是具有状态性。代理能够提供部分与传输有关的状态，能完全提供与应用相关的状态部分传输信息，代理也能够处理和管理信息。应用层代理使得网络管理员能够实现比包过滤更严格的安全策略。应用层代理不用依靠包过滤工具来管理 Internet 服务在防火墙系统中的进出，而是采用为每种服务定制特殊代码（代理服务）的方式来管理 Internet 服务。显然，应用层代理可以实现网络管理员对网络服务更细腻的控制。但是，应用代理的代码并不通用，如果网络管理员没有为某种应用层服务在应用层代理服务器上安装特定的代码，那么该项服务就无法被代理型防火墙转发。同时，管理员可以根据实际需要选择安装网络管理认为需要的应用代理服务功能。

应用层代理技术提供应用层的高安全性，但其缺点是性能差、伸缩性差，只支持有限的应用。

应用代理防火墙实际上并不允许在它连接的网络之间直接通信。相反，它是接受来自内部/外部网络特定用户应用程序的通信，然后建立与外部/内部网络主机单独的连接。应用代理防火墙工作过程中，网络内部/外部的用户不直接与外部/内部的服务器通信，所以内部/外部主机不能直接访问外部/内部网络的任何一部分。

4. 地址翻译技术

网络地址翻译（NAT）的最初设计目的是用来增加私有组织的可用地址空间和解决将现有的私有 TCP/IP 网络连接到互联网上的端口地址编号问题，内部主机地址在 TCP/IP 开始开发的时候，没有人会想象到它发展得如此之快。动态分配外部 IP 地址的方法只能有限地解决 IP 地址紧张的问题，而让多个内部地址共享一个外部 IP 地址的方式能更有效地解决 IP 地址紧张的问题让多个内部 IP 地址共享一个外部 IP 地址，就必须转换端口地址，这样内部 IP 地址不同但具有同样端口地址的数据包就能转换为同一个 IP 地址而端口地址不同，这种方法又被称为端门地址转换（PAT），或者称为 IP 伪装。NAT 能处理每个 IP 数据包，将其中的地址部分进行转换，将对内部和外部 IP 进行直接映射，从一批可使用的 IP 地址池中动态选择一个地址分配给内部地址，或者不但转换 IP 地址，也转换端口地址，从而使得多个内部地址能共享一个外部 IP 地址。

私有 IP 地址只能作为内部网络号，不在互联网主干网上使用。网络地址翻译技术通过地址映射保证了使用私有 IP 地址的内部主机或网络能够连接到公用网络。NAT 网关被安放在网络末端区域（内部网络和外部网络之间的边界点上），并且在源自内部网络的数据包发送到外部网络之前把数据包的源地址转换为唯一的 IP 地址。

网络地址翻译同时也是一个重要的防火墙技术，因为它对外隐藏了内部的网络结构，外部攻击者无法确定内部计算机的连接状态。并且不同的时候，内部计算机向外连接使用的地址都是不同的，给外部攻击造成了困难。同样 NAT 也能通过定义各种映射规则，屏蔽外部的连接请求，并可以将连接请求映射到不同的计算机中。

网络地址翻译和 IP 数据包过滤一起使用，就构成一种更复杂的包过滤型的防火墙。由于仅仅具备包过滤能力的路由器，其防火墙能力还比较弱，抵抗外部入侵的能力也较差，而和网络地址翻译技术相结合，就能起到更好的安全保证。正是内部主机地址隐藏的特性，使网络地址翻译技术成为了防火墙实现中经常采用的核心技术之一。

5. 状态监测技术

无论是包过滤，还是代理服务，都是根据管理员预定义好的规则提供服务或者限制某些访问。然而，在提供网络访问能力和保证网络安全方面，显然存在矛盾，只要允许访问某些网络服务，就有可能造成某种系统漏洞；然而如果限制太严厉，合法的网络访问就受到不必要的限制。代理型的防火墙的限制就在这个方面，必须为一种网络服务分别提供一个代理程序，当网络上的新型服务出现的时候，就不可能立即提供这个服务的代理程序。事实上代理服务器一般只能代理最常用的几种网络服务，可提供的网络访问十分有限。

为了在开放网络服务的同时也提供安全保证，必须有一种方法能监测网络情况，当出现网络攻击时就立即告警或切断相关连接。主动监测技术就是基于这种思路发展起来的，它工作在数据链路层和网络层之间，维护一个记录各种攻击模式的数据库，并使用一个监测程序时刻运行在网络中进行监控，一旦发现网络中存在与数据库中的某个模式相匹配时，就能推断可能出现网络攻击。由于主动监测程序要监控整个网络的数据，因此需要运行在路由器上，或路由器旁能获得所有网络流量的位置。

由于监测程序会消耗大量内存，并会影响路由器的性能，因此最好不在路由器上运行。主动检测方式作为网络安全的一种新兴技术，其优点是效率高、可伸缩性和可扩展性强、应用范围广。但由于需要维护各种网络攻击的数据库，因此需要一个专业性的公司维护。理论上这种技术能在不妨碍正常网络使用的基础上保护网络安全，然而这依赖于网络攻击的数据库和监测程序对网络数据的智能分析，而且在网络流量较大时，使用状态监测技术的监测程序可能会遗漏数据包信息。因此，这种技术主要用于要求较高，对网络安全要求非常高的网络系统中，常用的网络并不需要使用这种方式。

（四）防火墙的选购原则与策略

目前，市场上的防火墙产品种类繁多，价格相差很大。如何选择适合本部门的防火墙产品，需要遵循以下原则策略：

1. 防火墙的选购原则

选购防火墙时要考虑不同的方面，比如防火墙的功能、部门需求、管理难度、售后服务、经济情况等，选购防火墙主要参考以下原则：

（1）可靠性。防火墙产品是否正规，有没有得到权威机构的认证，在市场上销售情况以及维修情况等都需要考虑。

（2）安全性。防火墙是一种网络设备，不可避免地会出现安全问题。如果安全问题比较大，网络安全是无法保障的，所以安全性是选购防火墙时必须要考虑的。

（3）防火墙对部门的特殊需求能否满足。有些部门会有一些特殊的需求，但是不同防火墙功能不同，有些防火墙并不能满足这些特殊需求。比如限制上网人数和上网时间、转换 IP 地址、双重 DNS、DMZ 和病毒扫描等特殊需求，所以采购人员需要根据部门的特殊需要选择合适的防火墙。

（4）防火墙需要选择合适的工作模式。防火墙有很多不同的工作模式，比如硬件形式、软件形式、固件形式等。企业应该综合考虑自身实际情况，选择最合适的防火墙。

（5）防火墙的易用性。防火墙的安装应该以简化为主；防火墙界面要易于管理；功能上要具备集中访问、管理功能；还要便于升级。

（6）兼容性强。防火墙的兼容性主要体现在两个方面：第一，防火墙与部门相关业务软件之间是兼容的，不会发生冲突，能够保证其他软件的正常运行；第二，在防火墙上允许安装第三方软件，比如先进的认证系统等，使其正常运行。

（7）主要技术指标的大小。防火墙的性能优劣可以参考国际标准 RFC2544。网络吞吐量、丢包率、延迟等是防火墙最主要的技术指标。

（8）可扩展性。防火墙应该具备可扩展性，为用户提供多样的解决方案，这样用户就可以根据自身需求选择合适的功能。

2. 防火墙的选购策略

（1）先了解部门的安全需求，根据部门的安全需求选择合适的防火墙体系结构，然后再确定防火墙类型。

（2）为了保证绝对的安全，还要考虑必要的安全措施。比如，需不需要进行身份验证、信息是否要保密、系统访问是否要限制；根据部门要求，防火墙的可扩展性需要多强，这些因素都要考虑，以确保万无一失。

（3）防火墙生产厂商的技术水平，应该选择生产技术过硬的厂商，可以货比三家，有更多的选择。

二、计算机局域网安全防护

局域网技术是因特网当中的一个重要组成节点，近年来，它迎来了快速的发展期，已经应用在各行各业中，并且承担了主要的经营、管理功能。它是现代机构当中非物质类资源的主要存储设施，它的重要性使人们一直关注它的安全问题，如果出现了安全问题，不仅会对局域网本身造成损害，也会对整个网络产生不良影响。

（一）计算机局域网的认知

局域网定义主要涉及到两个方面：一方面，功能性定义，指局域网是由方圆几千米以内的很多台计算机互相连接形成的一个计算机组。功能性定义指出，局域网具有的功能是进行文件管理、共享软件和打印机、传输电子邮件、传真以及进行小组内的日程安排，局域网本身是封闭的，构成局域网的计算机数量没有限制，少则两台，多则可以达到上千台。另一方面，技术性定义，指的是局域网是通过电缆无线媒体或者是光缆这样的特定类型的传输媒体和网络适配器的连接而组合形成的受网络操作系统监控的一种网络系统。两个定义的出发角度不同，它们从不同的方面介绍了局域网，功能性定义是从局域网服务以及局域网的外部行为出发进行阐释的；技术性定义是从局域网的构成基础和构成方法的角度出发进行阐释的。

1. 局域网的拓扑结构

传统的局域网的拓扑结构形式较多，有星形、总线型、环形和树形等结构，覆盖范围一般只有几千米。

（1）星形拓扑。星形拓扑是目前局域网最常使用的结构。它采用双绞线，将多个计算机、网络打印机等端节点设备与网络中心节点（集线器）相连接。所有计算机之间的通信，都必须经过中心节点，因此，这种结构的网络便于集中管理和维护，网络的传输延迟也较小。并且任何一个端节点出现故障，都不会影响网络中的其他端节点，但如果中心节点出现故障，将会使整个网络瘫痪。

（2）总线型拓扑。总线型拓扑是采用一条总线将多个端节点设备连接起来。总线可以是同轴电缆、双绞线，或者光纤。传统的局域网 IEEE 802.3 标准，采用的是同轴电缆。由于总线型的网络中所有节点的通信共用一条线路，而线路的容量是有限的，因此，总线型网络对节点的数目是有限制的。另外，由于信号在线路上会有衰减，因此一条总线的长度也是有限的。

总线型网络的特点是没有中心节点，任何一个节点故障都不会影响整个网络，可靠性高；不需要额外的设备，电缆长度短，易扩充，成本低，安装方便灵活。但由于节点共用一条电缆，需要轮流使用电缆，因此不能全双工通信，且实时性差。

（3）环形拓扑。环形拓扑是指多个用户的端设备通过干线耦合器连接到一个闭合的环形电缆上。在环形电缆上，信号只能沿一个方向传播，环上的端节点依次取得通信权限。当一个端设备 A 取得通信权后传送数据时，将数据送上电缆，数据沿着既定的方向传到下一个端节点 B。节点 B 暂存数据并检查自己是不是目的节点，如果是则保留数据，不再将数据向下一站传送；如果不是则继续将数据传送向下一个端节点，直到回到端设备 A。

环形结构的典型网络是令牌网。在实际应用中，环形拓扑并不是真的将设备通过电缆串起来，形成一个闭合的环，而是在环的两端安装阻抗匹配器，来实现环的封闭，形成一个逻辑上的环形结构。因为在实际组网过程中，由于地理条件的限制，很难真正做到环在物理上两端闭合。

（4）树形拓扑。树形网络拓扑从总线型拓扑演变而来，形状像一棵倒置的树，顶端是树根，树根以下带分支，每个分支还可再带子分支。树形网络拓扑是根据总线型的结构特点进行扩展的　它以总线网为基础，依赖分支的形式进行介质的传输。它的分支数量很多，但是分支线路是开放的，不会形成闭合回路。树形网本质属于分层网的一种，它的结构是对称的，不同层次的网络连接之间相对固定，而且网络本身有一定的容错能力，当其中的一个分支或者一个节点发生故障时，不会对其他的分支和节点产生影响，而且每一个节点都可以向外传输信息，让信息在整个传输介质当中流通，可以说它属于广播式网络。

2．局域网的扩展

一个单位往往拥有多个局域网，通常需要将这些局域网互联起来，以实现局域网间的通信。局域网扩展是将几个局域网互联起来，形成一个规模更大的局域网。扩展后的局域网仍然属于一个网络。常用的局域网扩展方法有集线器扩展、交换机扩展和网桥扩展。

（1）集线器扩展。集线器是一种中心设备，是早期组建以太网的常用设备。由集线器构成的局域网在物理结构上是以集线器为中心设备的星型结构，但实质只是将总线隐藏在集线器内部，在逻辑上仍然是总线型结构。集线器一个端口连接一台工作站或另一台集线器，在一个端口上发数据，所有的端口都能收到。集线器的端口数有 8、12、16、24不等。

在办公环境下，工作站往往集中在几个办公室中。在每个办公室中用一台集线器连接所有工作站构成一个局域网，再将几台集线器连接起来就共同组成了一个较大的局域网。

集线器扩展局域网存在一些缺陷：多个子级的局域网组成一个大的局域网，其冲突域也相应地扩大到了多个局域网中。在这样的扩展局域网中，任意时刻仍然只能有一台主机发送数据。

（2）交换机扩展。局域网交换机是以太网中心连接设备，它也有若干个端口，工作站通过传输介质接在端口上，组成局域网，整个网络构成一个星型结构。它的工作原理类似于电话交换机，是在交换机中将一对欲通信的节点连接起来。交换机的特点是按需连接，利用这一特点可以将不同地域的工作站由交换机连成一个网络，用交换机实现虚拟局域 M（Virtual LAN，VLAN）。

（3）网桥扩展。网桥是一种局域网扩展硬件设备。网桥有若干个端口，每个端口连接一段局域网，网桥本身也通过该端口的连接成为该网段中的一个工作站。一个网桥能够同时成为几个网段中的成员，成为这些网段连接的桥梁。网桥能够把一段局域网上传输过来的数据帧转发到它需要去的另一段局域网上，从而使所有连接网桥端口的局域网段在逻辑上成为一个扩展局域网。网桥只在必要而且可行的情况下才转发帧，并且网桥连接的局域网段两两之间的数据帧转发可以并行进行。网桥转发数据帧时，端口之间仍然是隔离的，因此，网桥扩展的局域网不会像集线器扩展局域网那样，会扩大冲突域。

（二）计算机局域网的安全措施与管理

1. 计算机局域网安全措施

局域网安全方面的技术需要加强，我们必须利用其他的网络技术保护局域网的安全、保护局域网中信息的安全。如果是大规模的局域网，那么我们可以采用以下方法和措施：

（1）规划网络。根据用户的不同为其划分不同的网段，而且要控制用户的访问权限。

（2）定期进行缺漏的排查。如果发现重要的网段当中存在缺漏，那么应该进行及时的修复和处理，并且形成修复报告，报告可以当作是重要的信息参考。

（3）建立 Windows Service Update Service。它是 Windows 的一种内部服务器，它的存在可以对网络漏洞进行及时的修补。

（4）设置对无线网络和有线网络都有效的安全认证机制。机制的存在是网络实行有效接入认证服务的保证

（5）建立行为管理机制。将局域网络当中的有用数据及有价值信息提取出来，然后分析数据、分析信息。

（6）建立网络安全门户网站。网站的建立是为了将与网络信息安全有关的信息发布出去、宣传出去。

（7）如果局域网受到了攻击，那么为了保护信息，我们应该建立有关内容和日志以及配置的备份体系。

（8）建立预警机制以及入侵检测系统，为局域网的安全提供更多的保障。

（9）建立防火墙系统。防火墙系统的设置是为了进行更好的安全隔离，当某一个区域出现问题的时候可以避免其他区域受到不良影响的波及。

实行上述措施之后，局域网会变得更加安全，会成为集预防、检测和恢复于一体的综合平台。

2. 计算机局域网安全管理

日常生活以及工作当中会出现很多安全问题，也会存在一定的安全隐患，之所以会出现这样的情况，是因为管理不到位，局域网也是一样的。局域网当中信息安全的保障最主要的一点是进行管理，要重视管理，人们经常说安全工作三分靠技术、七分靠管理，这足以证明管理对于安全维护的重要性。

虽然可以依靠一些网络技术来维护局域网的安全，但是不可以因此就忽略了对局域网的管理。虽然技术可以在一定程度上维护信息的安全，但是需要通过管理来让技术发挥它的安全保障作用，只有管理是有效的，安全技术的作用才能最大地发挥出来，也就是说，必须落实管理工作，只有这样保障才是切实有效的。所以，必须要实行网络管理，让网络安全地运行。对于网络管理体系来说，信息安全管理是非常重要的一个组成部分。

信息安全管理主要是对网络特性展开管理，为了更好地保障局域网的安全，需要建设网络管理中心。网络管理中心的建设是为了解决三个问题：①组织问题，网络管理中心的建设包括信息安全组织结构的建设，有了结构的存在相关的责任便会落实；②制度问题，制度的建设是管理工作开展的保障；③人员问题，需要对网络管理中心的管理人员进行定期的长期的管理培训、管理教育，只有人员的意识提升了，网络的安全才能得到更好的保障。

（三）计算机局域网的网络监听协议

使用何种方式对网络中的传输数据包展开分析，主要看我们可以使用哪些设备。在网络技术的发展初期，我们使用的设备是集线器，这种设备的使用只需要把计算机和集线器用网线连接起来即可。协议分析发挥作用依靠的是对网络当中流量的分析，举例来说，如果在网络运行期间我们发现有一段网络它的运行报文发送的速度变慢，但是我们无法知道问题的原因，这个时候就可以利用协议分析进行判断。例如，数据包探嗅器。

数据包探嗅器主要有两种类型：①商业类型，这一类型的数据包探嗅器的用途是维护网络安全；②地下类型，这一类型的数据包探嗅器的用途是入侵其他的计算机。

数据包探嗅器主要有六个方面的用途：①可以对网络当中的失效通信展开分析；②可以判断是否存在网络入侵者；③可以转换数据包信息的读取格式，让数据包信息的读取更加方便；④可以对网络当中的通信瓶颈进行探测；⑤可以将网络当中有价值的信息提取出来；⑥记录网络通信，记录网络通信的目的是掌握入侵者的路径。

（四）计算机无线局域网的安全防护

受限于有线网络的局限性，人们日常使用时多有不便，伴随网络科技的不断进步和发展，人们发明了无线网络，由于无线网络非常方便，人们非常喜欢使用它。无线网络被发明后历经快速发展，不过，无线网络不能独立出现，它必须以有线网络为依托，无线网络具有方便灵活的特点，极大地促进了网络的应用。从专业的角度来说，无线网络的基础是无线通信，多种不同设备之间的通信在无线网络上具有个性化、移动化的特点。换言之，无线网络的诞生结合了无线通信技术和网络技术。换成更简单的说法是，无线网络下实现以太互联功能的通信方式不需要安装网线同轴电缆、双绞线等，传输介质是传统局域网系统不可或缺的，而无线局域网进行数据信号传递时需要依赖射频技术。

1. 无线局域网的安全目标

与传统有线网络相同，无线局域网也有相应的网络安全目标，具体内容包含以下五点：

（1）可靠性。无线网络安全的可靠性是指基于给定的条件和时间要求，网络系统可以实现相应的功能。

（2）可用性。无线网络安全的可用性是指实体用户被授权以后可以访问网络信息系统，同时，实体用户访问网络时可以根据需要进行调整。

（3）保密性。无线网络安全的保密性是指，只有获得授权的实体可以通过无线网络使用访问服务，而避免将网络信息泄露给其他人。保密性是维护信息安全十分重要的一项安全目标，同时，它也是信息安全系统运行的基础。

（4）完整性。无线网络安全的完整性是指修改网络信息需要得到授权，如果没有授权，那么已经输出的信息或者处于传输过程中的信息无法被修改，信息也不会遭到破坏和丢失。

（5）真实性。无线网络安全的真实性是指信息在网络信息系统中进行交互传递，在此过程中，任何操作步骤都会被系统记录下来，无法否认和推卸。

2. 无线局域网的安全问题

相比传统的有线网络，无线网络面临更加复杂的安全问题，由于入网方便，黑客和病毒等也会在不知不觉中进入网络。因此，无线网络安全面临的安全问题有如下几个方面：

（1）网络资源的暴露。有些居心叵测的人可以利用无线网络连接进入其他人的无线局域网，进入其他人的无线局域网后，这些人会和此无线局域网的正常用户一样拥有访问整个局域网的权限。为了避免这种情况发生，无线局域网的用户或者管理员会采取相应的防范措施，如果侵入者拥有正常用户的权限，那么可以任意使用网络系统，这必然会造成严重的后果。

（2）数据信息的泄露。数据文档通常涉及很多敏感的信息，例如私密的个人照片、产品的机密配方、客户详细资料等，数据文档本身是独立的，不需要实际的硬件、系统或者网络进行承载，所以，保护和防止电子数据文档不被盗取是十分重要的安全环节。很多操作都会招致信息的暴露，比如共享目录的公开使用、电子邮箱文件夹没有设置密码、未进行有效的备份、错误删除文档、以明文方式提交的在线表单、访问权限管理失控等。不过，防护数据安全的手段具有不同等级，基于用户要求，防护重要和敏感资料时需要采用更加严格的措施，加强授权管控，因为如果关键的数据文档信息遭到暴露会产生无法想象的后果。

（3）网络安全威胁的存在。未经授权的实体用户会对数据资源的保密程度、完整程度、可用程度带来风险，即使合法使用同样会带来风险，这些都是网络面临的安全威胁。无线网络和传统的有线网络在传输模式上具有很大差别，因此它们面对的安全威胁也各不相同，强化日常网络安全保护手段和措施十分有必要。

传统的有线网络和无线网络在网络连接上运用的技术手段是不同的，无线网络进行联网应用的是射频技术，因此，无线网络比有线网络面临的安全风险更多。信息系统的主要功能是向全网络提供各种服务，分辨访问是否合法十分关键，对于拥有庞杂用户群或使用人员的应用信息系统，例如各类网站、电子邮箱、FTP 服务器等，维护网络安全具有核心意义。

3．无线局域网安全技术的应用

应用无线局域网相关技术时会面临各种风险，为有效规避风险，安全的防护手段必不可少，实际操作中需从以下方面入手：

（1）进行数据的加密。无线网络实施数据的辐射、传播以覆盖范围内空气中的微波为媒介，任何无线终端设备均能接收数据，因此应用无线网络时会面临巨大的安全问题和风险，安全有效地防护措施必不可少，传输数据时，特别是机密数据必须进行加密以此保障数据的安全。为了保障企业的各种利益不受损害，防止重要数据外泄，储存数据和传输数据时都需要应用加密手段实现有效的技术保护。加密数据时，为了有效阻止入侵者盗取重要数据、篡改传输数据，可以应用有线等效加密的方案，这是国际电子以及电子工程协会提出的解决方法。

（2）进行访问权限的设定。无线局域网从早期应用时便已实施对访问权限的管控，其操作方法方便快捷，对网络访问的权限进行简单设置后可以起到防患未然的效果。禁止未获授权的实体用户访问网络可切实保护网络内信息数据的安全，设置了终端访问权限以后可有效防范恶意侵犯，同时，这种手段的成本很低，所以获得了广泛的应用。

无线网络技术日新月异，网络组成结构越来越复杂，需要采取更有效的管控手段来维护全部系统内的网络安全，设置不同的访问权限便是一种重要手段，通过这种方式，可以防止恶意入侵和访问其他内容。企业为了加强无线网络的安全机制可以更改验证机制，用"基于用户"的方式代替"基于设备 MAC 地址"的方式。

（3）进行无线局域网络系统的构建。随着无线局域网络技术在企业中的应用越来越普遍，构建网络信息安全系统保障信息数据的安全至关重要，这个系统有助于企业利用网络信息资源保护敏感机密数据，评估无线网络的危险因素和危险等级。比如，AP 内部功能——动态管理钥匙，在阻止黑客侵入的同时还可以防止密钥获取时间短而导致的损害。企业构建无线网络安全管理系统和安全机制，既能够切实有效地降低安全事故的发生次数，又可以根据企业的发展需求更新、升级数据库。总而言之，提升网络安全防范需要进行持续的技术升级创新。

无线网络应用技术不断地推陈出新，与其配套的安全风险防控技术同样需要日益创新发展，只有采取最先进的技术手段进行防护，才能实现切实有效的网络监控和检查。

三、计算机网络安全渗透测试技术

信息化时，网络安全已经引起高度重视。如何维护好计算机网络系统，是目前亟待解决的重要课题。网络渗透测试技术能够准确地评价网络环境安全现状和防御能力，利用评估报告，对目标网络和系统的安全问题进行体现，为各行各业保驾护航。

（一）渗透测试的主要步骤

第一，信息收集。通过 Internet、社会工程等手段，了解目标的相关信息。

第二，扫描。通过扫描软件对目标进行扫描，获取开放的主机、端口、漏洞等信息。

第三，实施攻击、获取权限。对目标主机实施拒绝服务等攻击，破坏其正常的运行。或利用目标主机的漏洞，直接或间接地获取控制权。

第四，消除痕迹、保持连接。攻击者入侵获取控制权后，通过清除系统日志、更改系统设置、种植木马等方式，远程操控目标主机而又不被发现。

第五，生成评估报告。对发现的安全问题及后果进行评估，给出技术解决方案，帮助被评估者修补和提升系统的安全性。

（二）信息收集的常用方法

常用的收集信息的方法有社会工程学法、谷歌黑客技术等。社会工程学法是利用人的弱点，如人的本能反应、好奇心、贪便宜心理等进行欺骗，从而获取利益。谷歌黑客技术是利用谷歌、百度等搜索引擎，收集有价值的信息。谷歌黑客技术的基本语法：

and：连接符，可同时对所有关键字进行搜索。

or：连接符，与几个关键字中的任一个匹配即可。

intext：搜索正文部分，忽略标题、URL 等文字。

intitle：搜索标题部分。

inurl：搜索网页 URL 部分。

allintext：搜索正文部分，配置条件是包含全部关键字。

allintitle：搜索标题部分，配置条件是包含全部关键字。

allinurl：搜索网页 URL 部分，配置条件是包含全部关键字。

site：限定域名。

link：包含指定链接。

filetype：指定文件后缀或扩展名。

＊：代表多个字母。

.：代表一个字母。

“”：精确匹配，可指定空格。

＋：加入关键字。

－：除去关键字。

～：同义词。

（三）扫描技术的类型

1. fping 扫描技术

fping 扫描类似于 Ping 命令，但 Ping 命令一次只能 Ping 一个地址，而 fping 一次可以 Ping 多个地址，而且速度更快。fping 命令常用参数：

－a：在结果中显示出所有可 Ping 通的目标。

－q：安静模式，不显示每个目标 Ping 的结果。

－f：从用户事先定义好的指定文件中获取目标列表。

－g：指定目标列表，有两种形式：

（1）指定开始和结束地址，如－g192. 168. 202. 0192. 168. 202. 255。

（2）指定网段和子网掩码，如－g192. 168. 202. 0/24。

其中，－f 与－g 只能选择其一，不能同时使用。

2. nping 扫描技术

通过 Ping 来扫描存活主机成功率不大，为提高成功率，直连的主机可采用基于 ARP 的扫描；非直连的主机可采用基于 TCP 的扫描。nping 扫描支持 TCP、UDP、ICMP 和 ARP 等多种协议。例如，它能通过 TCP 连接目标主机的某个端口来测试目标主机是否存活。通过发送 TCP 的 syn，根据是否有回复 syn、ack 或回复 reset，来测试对方是否存活。nping 常用的参数有：

-c 数量：表示发送给目标主机的测试包的数量。

-p 端口号：表示目标主机的端口号，根据目标主机是否有回复以及回复的信息可获得目标主机是否存活以及是否开启了相关服务。

-tcp：表示发送 TCP 类型的数据包。

3. Nmap 扫描技术

Nmap 是综合性的端口扫描工具，可用于主机发现、开放服务及版本检测、操作系统检测、网络追踪等。

（1）Nmap 的 Ping 扫描。Nmap 的 Ping 扫描可迅速找出指定范围内允许 Ping 的主机的 IP 地址、MAC 地址。它的参数是-sn。

（2）Nmap 的 TCPConnect 扫描。TCPConnect 扫描是通过操作系统提供的系统调用 connect（）来打开连接的，如果有成功返回，则表示目标端口正在监听，否则表示目标端口不在监听。这种扫描是最基本的 TCP 扫描，但容易被检测到。

（3）Nmap 的 TCPSYN 扫描。TCPSYN 扫描首先尝试向对方的某个端口发出一个 SYN 包，若对方返回 SYN-ACK 包，则表示对方端口正在监听；如果对方返回 RST 包，则表示对方端口未在监听。针对对方返回的 SYN-ACK 包，攻击者主机会马上发出一个 RST 包断开与对方的连接，转入下一个端口的测试。由于不必完全打开一个 TCP 连接，因此 TCPSYN 扫描也被称为半开扫描。

（4）TCPFIN 扫描。采用 TCPSYN 扫描某个端口时，若对方既不回复 ACK 包，又不回复 RST 包，则无法判断对方端口的状态。这时，可采用 TCPFIN 扫描作进一步判断。若 FIN 包到达一个监听端口，则会被丢弃；相反地，若 FIN 包到达一个关闭的端口，则会回应 RST。

（5）UDP 扫描。UDP 扫描用来确定对方主机的哪个 UDP 端口开放。UDP 扫描发送零字节的信息包给对方端口，若收到回复端口不可达，则表示该端口是关闭的；若无回复，则认为对方端口是开放的。UDP 扫描耗时较长，参数是-sU。

（6）端口服务及版本扫描。Nmap 能较准确地判断出目标主机开放的端口服务类型及版本，而不是简单地根据端口号对应到相应的服务，如 http 服务即使被从默认的 80 号端口修改为其他端口号，也能判断出来。端口服务及版本扫描的参数是-sV。

（7）综合扫描。综合扫描会同时打开 OS 指纹和版本探测，其命令的参数是-A。

4. 全能工具 Scapy 扫描技术

（1）进入 Scapy 界面构造包。进入 Scapy 界面，构造一个包，并查看构造的包。

（2）Ping 测试：①构造包；②发送和接收一个三层的数据包，把接收到的结果赋值给reply01，命令是 srl，含义是发送（send）并接收（receive1）个包；③查看接收到的响应包；④提取响应包的详细信息。

5. Nessus 漏洞扫描

（1）下载 Nessus。Nessus 可从官网上下载。若 Nessus 已经提前用真机下载好了，需将下载好的安装文件用 FTP 共享，传到 Kali 上。要注意的是，下载的文件如果直接拖入 Kali 中会导致文件复制不全，无法正常安装。

（2）安装 Nessus。在命令行界面中，进入安装文件所在的目录。

（3）启动 Nessus。

（4）查看服务。

（5）扫描测试。

（6）查看扫描结果。扫描结束后可查看扫描的结果。

第四节　计算机软件及其分类

一、软件的定义及特征

（一）软件的定义

随着计算机技术的发展，不同阶段有不同的认识。计算机发展的初期，硬件的设计和生产是主要问题，那时所谓的软件，就是程序，甚至是机器指令程序。其后，人们认识到在机器上增加软件的功能会使计算机系统的能力大大提高，于是在研制计算机系统时既考虑硬件，又考虑软件，而且开始编制一些大型程序系统。这时的生产方式类似于互助合作的手工方式，所以人们认为软件就是程序加说明书。后来，社会需要对计算机提出了更高的要求，有的大型系统的设计和生产的工作量高达几千人/年，指令数百万条，有的达几千万条。现在，软件在计算机系统中的比重越来越大，而且这种趋势还在增加。所以人们感到传统的软件生产方式已不适应发展的需要，于是提出把工程学的基本原理和方法引进到软件设计和生产中，就像机械产品一样，软件生产也被分成几个阶段，每个阶段都有严格的管理和质量检验，科学家们研制了软件设计和生产的方法和工具，并在设计和生产过程中用书面文件作为共同遵循的依据。这时软件的含义就成了文档加程序。文档是软件的"质"的部分，程序则是文档代码化的形式。

现在软件的正确含义应该是：

（1）当软件运行时，软件是能够提供所要求功能和性能的指令或计算机程序的集合。

（2）该程序具有能够满意地处理信息的数据结构。

（3）该系统具有描述程序功能需求以及程序如何操作和使用所要求的文档。

即"软件＝程序＋数据（库）＋文档"，在这里给出了软件的最基本的组成成分。实际上，还少了一项内容：服务。我们可以用一个简单的公式给出软件的定义：

$$软件＝程序＋数据（库）＋文档＋服务$$

（二）软件的特征

软件是相对硬件而相对存在的。硬件是可以直观感觉到、触摸得到的物理产品。生产硬件时，人的创造性的过程（设计、制作、测试）能够完全转换成物理的形式。

软件是人通过智力劳动产生的，软件产品是人的思维结果，是一个逻辑部件，是对物理世界的一种抽象，或者是某种物理形态的虚拟化。因此，软件具有与硬件完全不同的特征。其主要表现在以下方面。

（1）软件是硬件的灵魂，硬件是软件的基础。计算机硬件必须靠软件实现其功能，如果没有软件，硬件就好比一堆废铁，所以说软件是硬件的灵魂。同时，软件必须依赖于硬件，只有在特定的硬件环境上才能运行。

（2）软件是智慧和知识的结晶。软件是完全的智力产品，是通过技术员的大脑活动创造的结果。软件现在被认为属于高科技产品。软件产业是一种知识密集型产业。

软件的主要成本在于先期的开发人力。软件成为产品之后，其后期维护、服务成本也很高。而软件载体的制作成本很低，如磁盘、光盘的复制是比较简单的，所以软件也就容易成为盗版的主要目标。

（3）软件精度要求高。硬件产品允许有误差，如加工一根轴，其外径精度要求为

500.1。生产时，只要达到规定的精度要求就算合格。而软件产品却不允许有误差，要 1 就是 1。这就给软件开发和维护，及其质量保证体系提出了很高的要求。

（4）软件不会"磨损"，而是逐步完善。随着时间的推移，硬件构件会由于各种原因受到不同程度的磨损，但软件不会。新的硬件故障率很低，随着长时间的改变，硬件会老化，故障率会越来越高。相反，隐藏的错误会引起程序在其生命初期具有较高的故障率，随着使用的不断深入，所发现的问题会慢慢地被改正，其结果是程序越来越完善，故障率会越来越低。

从另一个侧面看，硬件和软件的维护差别很大。当一个硬件构件磨损时，可以用另外一个备用零件替换它，但对于软件，不存在替换，而是通过开发补丁程序不断地解决适用性问题，或扩充其功能。

软件系统的各个模块之间有各种逻辑联系，一起运行于同一个系统空间，模块越多，相互的影响和关联就越复杂，导致整个软件的复杂度随规模增大指数性地增长，因此，软件的维护周期要长得多。软件正是通过不断的维护，改善功能，增加新功能，来提高软件系统的稳定性和可靠性的。

二、计算机软件的组成、功能及特点

（一）计算机软件的组成

计算机系统是由硬件和软件构成的，硬件是基础，软件是灵魂。计算机软件不仅仅指程序，还包括保证程序正确运行的数据和文档。

程序是让计算机完成计算任务并且计算机可以接受的一系列操作指令的集合。

数据是程序要处理的对象和结果，主要指使程序能正常操纵信息的数据结构。计算机直接处理的数据结构只有简单的整数、浮点数、字符、布尔值等，人们可以根据需要在这些基本数据结构的基础上定义复杂的数据结构。

文档是以图、表、文字等方式描述和记录程序设计、开发、运行、维护等各阶段成果、方法的材料，如需求说明书、设计说明书、流程图、用户手册等。文档不仅是软件开发管理者与用户之间的合同书，也是设计者向软件开发人员下达的任务书，是维护人员的技术指导手册，还是用户的操作手册。

此外，在知识产权保护日益被重视的今天，软件许可协议也成了软件的部分。

（二）计算机软件的功能

为方便用户使用计算机，人们就想到用软件来改造硬件，使计算机易于掌握使用。

首先，软件专家设计并实现了计算机语言，这是接近人类自然语言的一种语言，它可以通过一种特定的软件将计算机语言翻译成硬件中的指令，这种软件称为语言处理系统。有了它，用户就不必用指令编程而可直接用计算机语言编程，这样就大大方便了计算机的使用。

其次，计算机专家设计并实现了多种数据结构，它将二进制数转换成十进制数（整数与实数）及西文、中文的转换。此外，还可以组成图形，图像、声音等多媒体数据以及知识表示中的数据，这些都可用一定的数据结构表示。有了它，用户就可以直接使用自己所熟悉的计算对象了。可以进一步将数据结构组织成数据模式，使多个用户能共享使用数据。这种扩充的数据结构称为数据库，而使用、管理数据库的软件称为数据库管理系统。

最后，计算机软件在硬件之上运行，在运行过程中须统一协调软硬件关系，这可用一种软件实现，称为操作系统。

有了操作系统、语言处理系统及数据库管理系统三种软件后，可以对硬件进行本质的改变，极大地改善了用户使用计算机的环境，从而促进了计算机的应用与发展，通常称这三种软件为系统软件。

计算机硬件与系统软件的捆绑组成了一种具有全新功能的计算机，这是计算机硬件功能的第一次扩充。

此后，在系统软件的基础上又出现了 工具软件、接口软件以及中间件等多种软件，它们为用户使用计算机提供了更为有效的支撑作用，因此，此类软件称为支撑软件。

计算机硬件+系统软件+支撑软件组成了计算机功能的又一次扩充，即第二次扩充。

在第二次扩充的基础上再加上直接为用户应用服务的软件（即应用软件）组成了计算机功能的第三次扩充。这三次扩充包括系统软件、支撑软件与应用软件三个部分，构成了计算机硬件上的软件整体，有了硬件与软件后、用户使用计算机就有了全新改变，用户可以方便地开发计算机并且直接应用计算机。因此，计算机硬件与计算机软件组成了一个新的系统，称为计算机系统，这个系统为用户提供了新的功能与使用环境。

（三）计算机软件的特点

软件是相对硬件而言的计算机系统中的重要组成部分，与硬件相比，软件具有以下特点。

第一，软件随着硬件的发展而不断变化，它是人类智慧的延伸，不存在老化和磨损的问题。

第二，软件是有生命周期的（从软件被提出到最终被淘汰），随着软件的不断修改，最后导致软件的退化，从而生命周期结束。

第三，软件是复杂的。由于软件结构和依赖关系的复杂性，人们难以全面理解和描述问题，导致软件存在产品缺陷，影响可靠性，并且软件的任何更改和扩充都有可能产生"雪崩效应"。

第四，相对硬件，软件是无形的，是逻辑上的概念。这使得定义"做什么"成为软件开发的根本问题。

第五，软件在研制成功后，其制作过程相对简单，只需对原版软件进行复制。

第六，软件产品的维护相当复杂，在维护过程中可能需要进行纠错、完善、升级等工作。

第七，软件的开发、运行会涉及很多社会因素，并受到计算机系统的限制。

第八，软件中的错误很难排除干净，总有漏洞等待被发现。即使是大名鼎鼎的微软Windows 操作系统也无法摆脱漏洞的困扰，这就是为什么我们总要安装它的补丁的原因。

第九，软件开发至今也没有摆脱手工方式。

(四) 计算机软件的地位和作用

现代计算机系统包括硬件与软件两个部分，而它所面对的是用户。在硬件、软件及用户三者中，硬件是计算机的物理基础，用户是计算机的直接使用者，而最后，软件则是用户与硬件间的接口，这是一种宏观意义上的接口。它表示用户在使用中不直接操作、应用硬件，而是通过软件实现的，在这里软件起到了中间的接口作用，其具体表现为：软件可为用户使用计算机提供方便；可用软件开发应用替代用户的脑力劳动，为用户减轻脑力负担。

三、计算机软件的特性及分类

(一) 计算机软件的特性

在计算机学科中，软件是一种很特殊的产物，它的个性非常独特，只有充分地了解，才能正确地把握与使用。下面对软件的特性进行介绍。

1. 软件的抽象性

(1) 软件是一种信息产品，它是一种无形实体，即没有具体物理形态。

(2) 软件是一种逻辑产品，它是知识的结晶体软件的抽象性是软件的第一特性，其他特性均可由此特性衍生。

2. 软件的知识性

软件生产是一种大脑知识活动过程，它不需要大量占地、厂房及设备，也不需要大量体力劳动，它所需要的主要是软件的专业知识与能力以及大量的脑力劳动。因此，软件是一种知识性产品。

3. 软件的复杂性

（1）从结构上看，软件是一种结构复杂的逻辑产品。

（2）从制作上看，软件制作是从客观需求到抽象产品的过程，其间需经过多层次的提炼与改造才能转变成可用软件。这就是制作的复杂性，软件的结构复杂性与制作复杂性反映了软件整体的复杂性。

4. 软件的复用性

软件的生产过程是复杂的，它一旦生成后即可反复不断、多次复制与使用，这就是软件的复用性，或称重用性。

软件的复用性是软件有别于其他产品的又一重大特性。人们知道，汽车制造厂生产汽车只能一辆一辆地制造，房地产企业建造楼盘必须一幢一幢地盖建，无捷径可言，不可设想在一天之内复制出成千上万幢楼房，这简直是"天方夜谭"，但软件可以做到，人们只要开发出一个软件（尽管这个软件的开发极其艰苦、复杂）即可大量复制，为成千上万个用户服务。这就是软件的神奇之处。

5. 软件可维护性

既然软件维护是不可避免的，我们当然希望所开发的软件做得容易维护一些。软件的可维护性，就是指维护人员为纠正软件系统出现的错误或缺陷，以及为满足新的要求而理解、修改和完善软件系统的难易程度。提高软件可维护性是软件开发阶段各个时期的关键目标。

决定软件可维护性的因素主要有三个：

（1）可理解性。可理解性被定义为人们通过阅读源代码和相关文档了解软件系统的结构、接口、功能内部过程以及如何运行的难易程度。一个可理解的系统应具备如下一些特性：模块化；程序设计风格的一致性；不使用令人捉摸不定或含糊不定的代码；使用有意义的数据名和过程名；采用结构化的程序设计方法；具有正确、一致和完整的文档。

（2）可测试性。可测试性被定义为诊断和测试系统的难易程度。一个可测试的系统应具备下列特性具有模块化和良好的结构；具有可理解性；具有可靠性；能显示任意的中间结果；以清楚的描述方式说明系统的输出；能根据要求显示所有的输入；能跟踪及显示逻辑控制流程；能适应软件开发每一阶段结束的检查要求；能显示带说明的错误信息；具有正确、一致和完整的文档。

（3）可修改性。可修改性被定义为修改软件系统的难易程度。一个可修改的系统应具备以下的特性、具有模块化和良好的结构；具有可理解性；避免在算术、逻辑表达式、表/数组的大小以及输入/输出设备命名符中使用文字常数；具有用于支持系统扩充的附加存储空间；具有评价修改系统所带来的影响以及修改部分说明的资料；建立公用模块/子程序以取消冗余的代码使用提供常用功能的标准库程序；尽可能固定每一变量的使用；具有通用性和灵活性。此外，影响软件可维护性的因素还包括软件的可靠性、可移植性、可使用性和效率。而且，对于不同类型的维护，这几种因素的侧重点也不相同。当然，文档是影响软件可维护性的另一决定因素。一个好的文档应具有简明性和书写风格的一致性，这样，就能提高系统的可读性和可修改性。

可维护性是所有软件系统都应具备的特点。在软件工程的每一阶段都应该努力提高系统的可维护性，在每个阶段结束前的审查和复审中，应着重对可维护性进行复审。

（二）计算机软件的分类

1. 从计算机系统的分层角度

按照计算机系统的分层体系，通常将计算机软件分为系统软件、支撑软件和应用软件三种类型。

（1）系统软件。操作系统是典型的系统软件。操作系统涉及的内容繁多，是一种相当复杂的系统软件，如 Windows、Linux 等，其源代码规模在上百万至上千万行。系统软件不针对某一个特定的应用领域，它用于管理计算机资源，尽量隐藏硬件细节并为应用软件提供统一的平台，以支持应用软件的开发和运行。常用的系统软件包括操作系统（含通用操作系统、嵌入式操作系统等）、编译器、数据库管理系统、设备驱动程序以及通信处理程序等。

（2）支撑软件。支撑软件是协助各种软件开发和维护的软件，主要指在软件开发过程中使用到的开发工具和环境、建模工具、界面工具、项目管理工具、测试工具等软件。

（3）应用软件。应用软件是专为某种特定应用所编写的软件。它在系统软件的基础上实现用户所需要的功能。例如，我们常用的邮件收发软件、浏览器、文字处理软件、电子表格软件、演示文稿制作软件、游戏软件、多媒体播放软件等。

2. 从软件服务对象的角度

按照软件服务对象来分，计算机软件可分为通用软件和定制软件。

（1）通用软件。通用软件是由软件开发机构开发出来直接提供给市场或为大规模用户服务的公开出售或独立使用的软件产品，如操作系统、办公软件、财务处理软件项目管理工具软件、绘图软件、媒体播放软件等。通用软件的功能设计要满足大规模用户普遍存在的共性需求，要参与市场竞争，通用软件的功能、性能培训以及售后服务将是关键。

（2）定制软件。不同于通用软件，定制软件的功能设计要满足用户的个性化需求，它是由一个或多个软件开发机构受特定客户的委托，在合同约束下为满足客户需求而专门开发的软件，如军用防空指挥软件、机场空中指挥控制软件、金融机构的业务处理软件、天气预报软件、石油地震数据处理软件、卫星控制软件高校教务管理系统等。定制软件在交付使用后还可能会根据用户需要做进一步的开发。

3. 从软件著作权的角度

（1）免费软件。免费软件是指不必支付任何费用，可以免费使用的软件。免费软件的源代码不一定会公开。通常情况下，软件的使用者没有复制、修改和传播的自由，也不得转为其他商业。

（2）收费软件。收费软件指需要付费才可以使用的软件，这类软件受版权保护，不允许自由传播，否则会造成法律上的侵权。收费软件通常也称为商业软件。

（3）共享软件。共享软件更多体现的是一种营销模式，国外通常称之为"Try Before YouBuy"，即"先试用，后购买"，让用户在付费之前先体验一下软件。共享软件受版权法保护，使用者可以从各种渠道免费获得它的拷贝，但需获得许可证后才可以自由传播。在试用期内可以免费使用，但试用期过后如果不付费就要删除或停止使用。共享软件一般有次数、时间、用户数量的限制，不过用户可以通过注册（需要支付注册费）来解除这些限制。

（4）自由软件。自由软件的重点在于自由权，而非价格。根据自由软件基金会的定义自由软件是一种可以不受限制地自由使用、复制、研究、修改、传播、买卖的软件。几乎所有的自由软件都是开放源代码的。大部分的自由软件都是在线发布，并且不收任何费用；也有自由软件是以离线实体的方式发行，有时会酌情收最低限度的费用，如工本费等。

第五节　计算机软件的应用

一、软件测试

使用人工或自动的手段来运行或测试某个系统的过程，其目的在于检验它是否满足规定的需求或弄清预期结果与实际结果之间的差别，这是 1983 年由 IEEE 提出的软件工程标准定义。测试的目的是在软件投入运行之前，尽可能多地发现软件中的错误。

测试是通过一定的方法和工具，对被测试对象进行检验或考查，目的是发现被测试对象具有某种属性或者存在某种问题。测试应该尽早进行，因为软件的质量是在开发过程中形成的，缺陷是在不知不觉中引入的，若不及时排除，就会降低软件的可靠性，甚至导致整个系统的失败。

早期的开发过程中，软件工程师测试时，软件工程师试图通过设计测试案例来"破坏"这个构建好的系统。所以开发是构造的过程，测试是"破坏"的过程。测试的破坏性质主要体现在：为了发现缺陷而执行程序的过程；好的测试方案是能发现迄今为止尚未发现的错误的方案；成功的测试是发现了迄今为止未发现的错误的测试。

（一）测试方法的分类

对于软件测试技术，可以从不同的角度加以分类：从测试是否针对系统的内部结构和具体实现算法的角度来看，可分为白盒测试和黑盒测试，以至于发展到灰盒测试；从是否需要执行被测软件的角度，可分为静态测试和动态测试。

1. 静态测试

对被测程序进行特性分析的一些方法的总称称为静态测试。静态测试无须执行被测代码，而是借助专用的软件测试工具评审软件文档或程序，度量程序静态复杂度，检查软件码，是否符合编程标准，借以发现编写程序的不足之处，减少错误出现的概率。静态测试主要是检查软件的表示和描述是否一致，覆盖程序的编程格式、程序语法、检查独立语句的结构和使用等，是一种不通过执行程序来进行测试的技术。它可以通过人工进行，也可以借助工具自动进行，主要包括代码检查、静态结构分析、代码质量度量等方法。

2. 动态测试

动态测试是实际运行被测程序，输入相应的测试用例，判定执行结果是否符合要求，从而检验程序的正确性、可靠性和有效性。动态测试两种主要的方法是黑盒测试和白盒测试。

白盒测试是按照程序内部的结构测试程序，检查程序中的每条通路是否能够按照预定要求工作，因此白盒测试又称为结构测试。

黑盒测试是通过测试来检测每个功能是否都能正常使用。在完全不考虑程序内部结构和内部特性的情况下，测试者在程序接口进行测试，它只检查程序功能是否按照需求规格说明书的规定正常使用，程序是否能适当地接收输入数据而产生正确的输出信息，并且保持外部信息（如数据库或文件）的完整性。因此，黑盒测试也称为行为测试、功能测试或数据驱动测试，主要关注软件的功能和性能测试，而不是内部的逻辑结构。

（二）测试用例

1. 白盒测试用例

白盒测试在测试过程的早期阶段进行。白盒测试设计的测试用例的目的：保证模块中的独立路径至少被执行一次；保证所有的逻辑值均被测试，在上下边界和可操作范围内运行所有的循环；检查内部数据结构的有效性。贯穿程序的独立路径数可能是天文数字，即使每条路径都测试了仍然可能有错误。

原因有三：第一，穷举路径的测试不能查出程序违反了设计规范，即程序本身是个错误的程序。第二，穷举路径测试不可能查出程序中因遗漏路径而出错。第三，穷举路径测试可能发现不了一些与数据相关的错误。所以，即使程序经过充分的测试，并不能保证程序完全正确。

白盒测试最主要的技术是逻辑覆盖技术，包括判定覆盖、条件覆盖、语句覆盖等。

2. 黑盒测试用例

黑盒测试主要用于测试过程的后期。在黑盒测试中，被测试对象的内部结构、运作情况对于测试人员来说是不可见的，测试人员主要根据规格，验证其与规格的一致性。黑盒测试关注的是结果，它试图发现软件的初始化和终止错误、功能错误或遗漏、数据结构错误或外部访问错误、界面错误和性能错误等。

黑盒测试常见的方法有等价类划分、边界值分析等。

（1）等价类划分。在很多情况下，实现穷举所有的输入是不现实的，测试人员有目的地选择一部分数据作为测试数据，使每类中的代表数据在测试中的作用等价于这类中的其他值，这样就可以减少冗余。等价类划分将输入域划分为若干部分，从每个部分中取少数有代表性的数据作为测试用例。

等价类就是输入域的某个子集合，所有的等价类的并集就是整个输入域、划分等价类需要经验。

第一，如果规定了输入数据的取值范围，则可以确定一个有效等价类和两个无效等价类。

第二，如果规定了输入数据个数，也可以按数量划分出一个有效等价类和两个无效等价类。

第三，如果规定了输入数据的一组值，而且软件要对每个输入值分别进行处理，则可以为每一个值确定一个有效等价类，根据这组值确定一个无效等价类（任何不允许的输入值）

第四，如果规定了输入数据必须遵守的规则或者限制条件，则可以确定一个有效等价类（即符合规则）和若干个无效等价类，即各种违反规则的数据类别）。

第五，如果规定输入数据为整型，则可以划分出正整数、零、负整数和小数作为等价类。

以上启发式原则只是测试中可能遇到的情况中的一小部分，测试用例需要不断思考并积累经验。这些启发式原则不仅适合对输入数据的测试，也适合用于对输出结果的正确性的测试。

（2）边界值分析。边界值分析是一种很实用的黑盒测试用例设计方法，它具有很强的发现程序错误的能力边界值分析关注输入空间的边界，它的原理是"错误更可能发生在输入的边界值附近"。所以边界值分析选取刚好等于、刚刚小于和刚刚大于边界的值作为测试用例。例如，一个输入数据允许输入［0，100］区间的整数，那么，边界值分析的测试用例是-1，0，1，99，100，101。

二、软件调试

程序经过成功的测试后，就进入程序调试。程序调试的任务是诊断和改正程序中的错误。软件测试贯穿于整个软件生命期，而程序调试主要在开发阶段。调试的目的是排错，为了修改程序中的错误，往往会采用"补丁程序"来实现。尽管这种做法会引起整个程序质量的下降，但是从目前程序设计发展的状况看，对大规模的程序的修改和质量保证，又不失为一种可行的方法。

程序调试活动由两部分组成：一是根据错误的迹象确定程序中错误的确切性质、原因和位置；二是对程序进行修改，排除这个错误。

（一）软件调试的步骤

第一步，错误定位。从错误的外部表现形式入手，研究有关部分的程序，确定程序中出错位置，找出错误的内在原因。确定错误位置占据了软件调试绝大部分的工作量。

第二步，修改设计和代码，以排除错误。排错是软件开发过程中一项艰苦的工作，这也决定了调试工作是一个具有很强技术性和技巧性的工作。

第三步，进行回归测试，防止引进新的错误。因为修改程序可能带来新的错误，重复进行暴露这个错误的原始测试或某些有关测试，以确认该错误是否被排除、是否引进了新的错误。

（二）软件调试的原则

软件调试活动由对程序中错误的定性、定位和排错两部分组成，因此调试原则应从以下两方面入手：

一方面，确定错误的性质和位置时的注意事项；分析思考与错误征兆有关的信息；避开死胡同；只把调试工具当作辅助手段来使用；只把试探当作手段。

另一方面，修改错误的原则：修改错误的一个常见失误是只修改了错误的征兆或这个错误的表现，而没有修改错误本身；在出现错误的地方，很可能还有别的错误。注意修改一个错误的同时可能会引入新的错误；修改源代码程序，不改变目标代码；修改错误的过程将迫使人们暂时回到程序设计阶段。

（三）软件调试的方法

调试的关键在于推断程序内部的错误位置及原因。软件调试可以分为静态调试和动态调试，静态调试是指通过人的思维来分析源程序代码和排错，是主要的调试手段，而动态调试是辅助静态调试的。主要的调试方法有：

1. 强行排错法

作为传统的调试方法，其特点是：使用较多、效率较低。其过程可概括为：设置断点程序暂停、观察程序状态、继续运行程序。

2. 回溯法

回溯法适合于小规模程序的排错。它的基本思想：一旦发现了错误，先分析错误征兆，确定最先发现"症状"的位置。然后，从发现"症状"的地方开始，顺着程序的控制流程，逆向跟踪源程序代码，直到找到错误根源或确定错误产生的范围。

3. 原因排除法

原因排除法是通过归纳法和演绎法，以及二分法来实现的。

归纳法是一种从特殊推断出一般的系统化思考方法，其基本思想是从一些线索（错误征兆或与错误发生有关的数据）着手，通过分析寻找到潜在的原因，从而找出错误。演绎法是一种从一般原理或前提出发，经过排除和精化的过程来推导出结论的思考方法。

演绎法排错是测试人员首先根据已有的测试用例，设想及枚举出所有可能出错的原因作为假设，然后再用原始测试数据或新的测试数据，从中逐个排除不可能正确的假设。最后，再用测试数据验证余下的假设确定出错的原因。

二分法是如果已知每个变量在程序中若干个关键点的正确值，则可以使用定值语句（如赋值语句、输入语句等）在程序中的某点附近给这些变量赋正确值，然后运行程序并检查程序的输出，如果输出结果是正确的，则错误原因在程序的前半部分；反之，错误原因在程序的后半部分。对错误原因所在的部分重复使用这种方法，直到将出错范围缩小到容易诊断的程度为止。

三、软件维护

（一）软件维护的原因

开发阶段结束以后，在软件运行过程中仍然存在一些原因需要对软件进行变动。这些原因主要是：

（1）在运行中发现软件错误和设计缺陷，这些错误和缺陷在测试阶段未能发现。

（2）需要改进设计，以便增强软件的功能，提高软件的性能。

（3）要求已运行的软件能适应特定的硬件、软件、外部设备和通信设备等的工作环境，或是要求适应已变动的数据或文件。

（4）为使投入运行的软件与其他相关的程序有良好的接口，以利于协同工作。

（5）为使运行软件的应用范围得到必要的扩充。

维护工作是生存周期中花钱最多、延续时间最长的活动。典型的情况是，软件维护费用与开发费用的比例为 2：1，一些大型软件的维护费用，甚至达到开发费用的 40~50 倍。这也是造成软件成本大幅度上升的一个重要原因。因此，应充分认识到维护工作的重要性和迫切性，否则可能会导致已开发的软件无法发挥其应有的效益。

（二）软件维护的分类

软件维护可分为完善性维护、适应性维护、校正性维护和预防性维护。

1. 完善性维护

在软件漫长的运行时期中，用户往往会对软件提出新的功能要求与性能要求。这是因为用户的业务会发生变化，组织机构也会发生变化。为了适应这些变化，应用软件原来的功能和性能需要扩充和增强。这种增加软件功能、增强软件性能和提高软件运行效率而进行的维护活动称为完善性维护。例如，软件原来的查询响应速度较慢，要提高响应速度，软件原来没有帮助信息，使用不方便，现在要增加帮助信息。这种维护性活动数量较大，占整个维护活动的 50%。

2. 适应性维护

随着计算机的飞速发展，计算机硬件和软件环境在不断发生变化，数据环境也在不断发生变化，为了使应用软件适应这种变化而修改软件的过程称为适应性维护。例如，某个应用软件原来是在 DOS 环境下运行的，现在要把它移植到 Windows 环境下来运行。某个应用软件原来是在一种数据库环境下工作的，现在要改到另一种安全性较高的数据库环境下工作，这些变动都需要对相应的软件进行修改。这种维护活动要占整个维护活动的 25%。

3. 校正性维护

在软件交付使用后，由于软件开发过程中产生的错误在测试中并没有被完全彻底地发现，因此必然有一部分隐含的错误被带到维护阶段来，这些隐含的错误在某些特定的使用环境下会暴露出来。为了识别和纠正错误，修改软件性能上的缺陷，应进行确定和修改错误的过程，这个过程就称为校正性维护，校正性维护占整个维护工作的 21%。

4. 预防性维护

为了提高软件的可维护性和可靠性而对软件进行的修改称为预防性维护。这是为以后进一步的运行和维护打好基础，这需要采用先进的软件工程方法对需要维护的软件或软件中的某一部分进行设计、编码和测试。在整个维护活动中，预防性维护占很小的比例，只占 4%。

（三）软件维护的特点

1. 维护的艰难性

软件维护的艰难性主要是由于软件需求分析和开发方法的缺陷造成的。软件生存周期中的开发阶段没有严格而又科学的管理和规划，就会引起软件运行时的维护艰难。这种艰难表现在如下几个方面：

第一，要修改别人编写的程序，首先是要看懂、理解别人的程序。而理解别人的程序是非常困难的，这种困难程度随着程序文档的减少而很快地增加，如果没有相应的文档，困难就达到非常严重的地步。一般程序员都有这样的体会，修改别人的程序，还不如自己重新编程，读懂别人的程序是困难的。

第二，文档的不一致性。文档的不一致性是造成维护工作困难的又一因素，它会导致维护人员不知所措，不知根据什么进行修改。这种不一致性表现在各种文档之间的不一致以及文档与程序之间的不一致。这种不一致是由于开发过程中文档管理不严造成的，在开发中经常会出现修改程序却遗忘了修改与其相关的文档，或某一文档进行了修改，却没有修改与其相关的另一文档这类现象。要解决文档的不一致性，就要加强开发工作中的文档版本管理工作。

2. 结构化维护和非结构化维护

若采用软件工程的方法开发软件，则各阶段都有相应的文档，容易进行维护工作，这是一种结构化的维护。若不采用软件工程的方法开发软件，则软件只有程序而无文档，维护工作非常困难，这是一种非结构化的维护。软件的开发过程对软件的维护有较大的影响。

其一，结构化维护。用软件工程思想开发的软件具有各个阶段的文档，这对于理解、掌握软件功能、性能、软件结构、数据结构、系统接口和设计约束有很大作用。进行维护活动时，必须从评价需求说明开始，搞清楚软件功能、性能上的改变。对设计说明文档进行评价对设计说明文档进行修改和复查，根据设计的修改，进行程序的变动，根据测试文档中的测试用例进行回归测试。最后，把修改后的软件再次交付使用。这对于减少精力、减少花费和提高软件维护效率有很大的作用。

其二，非结构化维护。维护活动只能是阅读、理解和分析源程序。这是由于只有源程序而文档很少或没有文档。

3. 软件开发和软件维护在人员和时间上的不一致

如果软件维护工作是由该软件的开发人员来进行，则维护工作就变得容易，因为他们熟悉软件的功能、结构等。但通常开发人员与维护人员是不同的，这种差异会导致维护的困难。

（四）软件维护技术

1. 面向维护技术

在软件开发阶段用来减少错误、提高软件可维护性的技术是面向维护技术。面向维护的技术涉及软件开发的所有阶段。

ISDOS 系统就是需求分析阶段使用的一种分析与文档化工具，可以用它来检查需求说明书的一致性和完备性。这就说明在需求分析阶段，对用户的需求进行严格地分析定义，使之没有矛盾和易于理解，可以减少软件中的错误。而在设计阶段，划分模块时充分考虑将来改动或扩充的可能性。使用结构化分析和结构化设计方法，采用容易变更的、不依赖于特定硬件和特定操作系统的设计。

2. 维护支援技术

在软件维护阶段用来提高维护作业的效率和质量的技术是维护支援技术。

维护支援技术包括以下几方面的技术：错误原因分析；软件分析与理解；代码与文档修改；修改后的确认；维护方案评价；信息收集；远距离的维护。

第二章　计算机软件技术基础知识

第一节　计算机数据结构分析

一、数据结构的基本概念

数据，是信息的载体，能够被计算机识别、存储和加工处理。在计算机领域中，人们通常将数据分为两大类：一类是数值型数据，如代数方程求解程序中所使用的整数或实数数据；另一类是非数值型数据，如音视频播放器程序播放的声音或视频、互联网络中的Web 数据等。

数据元素，是数据的基本单位，在计算机程序中通常作为一个整体进行处理。例如，学生成绩单中每个学生的信息就是一个数据元素。有些情况下，数据元素也称为元素、节点、顶点或记录。

数据项，是构成数据元素的不可分割的最小单位。每个数据元素可以包含多个不同的数据项，每个数据项具有独立的含义。例如，学生成绩单中每个学生的信息可以包含学生的班级，学号、姓名、成绩等，这些都是数据项。有时也将数据项称为字段或域。

数据类型，是具有相同性质的计算机数据的集合以及在这个数据集合上的一组操作。数据类型可以分为简单类型（或称为原子类型）和构造类型（或称为结构类型）。例如，C++语言中，整数、实数、字符等都是简单的数据类型，而数组、结构类型、类等都是构造类型。每种类型的数据都有各自的特点及相关运算。

抽象数据类型是指一个数学模型及定义在该数学模型上的一组操作。抽象数据模型的定义取决于它的一组逻辑特性，与其在计算机内部如何表示和实现无关。抽象数据类型的范畴更加广泛，不局限于已固有的数据类型，还包括了用户自定义的数据类型。因此，在抽象数据定义时定义三元组：D 为数据对象，S 为数据对象间的关系，O 为数据集上所完成的基本操作集——（D，S，O）。

数据结构是指按照某种逻辑关系组织起来的一组数据，按一定的存储方式存储在计算机的存储器中，并在这些数据上定义了一组运算的集合。

二、数据结构类型

（一）数据的逻辑结构

数据的逻辑结构是从逻辑关系上描述数据，它与数据的存储无关，是独立于计算机的。因此，数据的逻辑结构可以看成从具体问题抽象出来的数学模型。数据的存储结构是逻辑结构用计算机语言的实现（亦称为映像），它是依赖于计算机语言的，对机器语言而言，存储结构是具体的，但我们只在高级语言的层次上来讨论存储结构。数据的运算是定义在数据的逻辑结构上的，每种逻辑结构都有一个运算的集合。例如，最常用的运算有检索、插入、删除、更新、排序等。从逻辑上可以把数据结构分为线性结构和非线性结构，主要包括集合、线性、树形和图状结构。

1. 集合结构

集合结构中的数据元素除了"同属于一个集合"的关系外，再无其他关系。如整数集、字符集等。

2. 线性结构

线性结构中的数据元素之间在"一对一"的关系。

（1）线性表。线性表是一种线性结构，一个线性表是 n（n≥0）个数据元素的有限序列。线性表中的数据元素根据不同的情况可以是一个数、一个符号或更复杂的信息，但在同一个线性表中的数据元素必定属于同一数据对象。例如，英文字母表（A，B，C，…，Z）是一个线性表，表中的每个字母是一个数据元素。

根据线性表的不同物理结构，又可将线性表分为顺序表和线性链表。

顺序表是以元素在计算机内的存储位置的相邻来表示线性表中数据元素之间的逻辑关系。每个数据元素的存储位置都与线性表的起始位置相差一个和数据元素在线性表中的位序成正比的常数。

线性链表是用任意的存储单元存储线性表的数据元素的一种存储结构，使用的存储单元可以是连续的，也可以是不连续的，数据元素的逻辑顺序是通过链表中的指针链接次序实现的。链表由一系列结点组成，每个结点包括两个部分：一部分用于存储数据元素信息（称为数据域），另一部分用于存储下一个结点的存储位置（称为指针域）。根据链表的第一个结点是否保存数据元素信息，可将其分为带头结点的线性链表和不带头结点的线性链表。

（2）栈和队列。栈和队列是两种重要的线性结构，它们的基本操作较线性表有更多的限制。

栈是限定仅在表尾进行插入或删除操作的线性表。它按照后进先出的原则存储数据，先进入的数据被压入栈底（线性表的头端），最后进入的数据在栈顶（线性表的尾端），需要读取数据时，仅能从栈顶开始弹出数据。

队列是一种先进先出的线性表。它是只允许在表的一端进行插入操作，而在另一端进行删除操作的线性表。允许插入的一端称为队尾，允许删除的一端称为队头。

（3）数组。在程序设计中，为了处理方便，把具有相同类型的若干变量按有序的形式组织起来。这些按序排列的同类数据元素的集合称为数组。在 C 语言中，数组属于构造数据类型。一个数组可以分解为多个数组元素，这些数组元素可以是基本数据类型或是构造类型。因此，按数组元素的类型不同，数组又可分为数值数组、字符数组、指针数组、结构数组等各种类别。

3. 树形结构

树形结构指的是数据元素之间存在着"一对多"的树形关系的数据结构，是一类重要的非线性数据结构。比如人机对弈等。

在树形结构中，树根节点没有前驱节点，其余每个节点有且只有一个前驱节点。叶子节点没有后续节点，其余每个节点的后续节点数可以是一个也可以是多个。

4. 图状结构

图状结构是一种比线性表和树形结构更复杂的非线性数据结构。线性结构中，数据元素之间具有单一的线性关系；树形结构中，节点间具有一对多的分支层次关系。比如城市交通图等。

在图形结构中，任意两个节点间可能有关系也可能不存在任何关系，节点间是多对多的复杂关系。可以说，树是图的特例，线性表是树的特例。

（二）数据的存储结构

数据的存储结构可用以下 4 种基本存储方法得到：

1. 顺序存储方法

该方法把逻辑上相邻的节点存储在物理位置上相邻的存储单元里，节点间的逻辑关系由存储单元的邻接关系来体现。由此得到的存储表称为顺序存储结构，通常借助程序语言的数组描述。

该方法主要应用于线性的数据结构。非线性的数据结构也可通过某种线性化的方法实现顺序存储。

2. 链接存储方法

该方法不要求逻辑上相邻的节点在物理位置上亦相邻，节点间的逻辑关系由附加的指针字段表示。由此得到的存储表称为链式存储结构，通常借助于程序语言的指针类型描述。

3. 索引存储方法

该方法通常在储存节点信息的同时，还建立附加的索引表，索引表由若干索引项组成。若每个节点在索引表中都有一个索引项，则该索引表称之为稠密索引。若一组节点在索引表中只对应一个索引项，则该索引表称为稀疏索引。索引项的一般形式是：

（关键字、地址）

关键字是能唯一标识一个节点的那些数据项。稠密索引中索引项的地址指示节点所在的存储位置；稀疏索引中索引项的地址指示一组节点的起始存储位置。

4. 散列存储方法（不知道存储地址，要计算得到该地址）

该方法的基本思想是：根据节点的关键字直接计算出该节点的存储地址。四种基本存储方法，既可单独使用，又可组合起来对数据结构进行存储映像。同一逻辑结构采用不同的存储方法，可以得到不同的存储结构。选择何种存储结构来表示相应的逻辑结构，视具体要求而定，主要考虑运算方便及算法的时空要求。

第二节　计算机操作系统分析

一、操作系统概述

操作系统是直接控制和管理计算机硬件资源和软件资源，合理组织计算机工作流程，以及方便用户使用计算机的软件集合。操作系统属于系统软件。

操作系统的基本目标主要有 3 个。

（1）方便用户使用计算机。操作系统为用户提供一个良好的工作环境和清晰、简洁、易于使用的友好界面。

（2）提高系统资源的利用率。操作系统尽可能地使计算机系统中的各种资源得到充分利用。

（3）软件开发的基础。操作系统为软件开发提供有关的工具软件和其他系统资源，并提供运行环境。

（一）操作系统的功能

在操作系统中，将计算机系统称为系统资源。计算机的系统资源分为硬件资源和软件资源。硬件资源包括中央处理器（CPU）、内存储器、外部设备；软件资源则指程序和数据。

相应于计算机系统的 4 大资源，操作系统提供了处理器管理（又称 CPU 管理）、存储管理、设备管理、文件管理等方面的基本管理功能，此外，针对用户请求执行的程序任务，操作系统必须对其整个运行过程进行管理，因此又提供了进程及作业管理。它们构成了操作系统的五大管理功能。

作业，是用户在一次解题或事务处理过程中，要求计算机系统所做工作的集合。一般，一个作业由以下 3 个部分组成：

作业＝控制命令序列+程序集+数据集

其中，控制命令序列说明了用户对作业的控制意图以及作业对系统资源的要求；程序集是作业的执行文本；数据集是程序的操作对象。

进程，是计算机运行程序的动态过程，是"执行中的程序"。操作系统的 5 大管理功能如下。

1. 处理器管理

所有程序都要在 CPU 上运行，宏观上允许多个程序同时在计算机上运行（例如，Windows 系统的多任务），而在微观上，CPU 在某一时刻只能运行一个程序。如何分配 CPU，如何在多个任务中选择一个任务运行，运行多少时间？处理器管理的主要任务是制定对处理器的分配策略和调度策略，完成对处理器的分配、调度和回收工作。

2. 存储管理

内存是系统的工作存储器，CPU 可以直接访问，程序必须进驻内存才能被 CPU 执行。内存一般比较小，需要运行的所有程序不能被完全装入，有时只能装入一部分。因此，存储管理的主要任务是制定内存的分配策略，完成对内存空间的划分、分配与回收，保护内存中的程序和数据不被破坏，解决内存的虚拟扩充问题。

3. 设备管理

在操作系统中，设备管理是最复杂的部分。外部设备的品种繁多、用法各异；各类外部设备之间以及主机与外部设备之间的速度极不匹配。因此设备管理的主要任务是：对各类外部设备提供统一的接口，制定外部设备的分配策略，完成对外部设备的分配、检测、启动和回收，负责主机与外部设备之间实际的数据传输。

4. 文件管理

对存储在外存储器上的程序与数据进行管理，又称信息管理。文件管理是操作系统的最基本功能，各种操作系统（包括最简单的单用户单任务操作系统）都想方设法地提供良好的文件管理。外存储器上的程序与数据是以文件为单位进行存储的。文件管理负责文件存储空间的组织、分配与回收，完成对文件的存储、检索、修改和删除工作，解决文件的共享、保护和保密问题。

5. 进程及作业管理

作业和进程是系统中资源的分配对象，它们都是按照"分配—使用—释放"的原则与资源发生联系。作业与进程分别是作业处理的静态和动态的两个方面。作业是静态的；进程是作业的运行过程，是动态的（进程也是系统程序的运行过程）。计算机中可以同时运行多个作业。进程及作业管理的主要任务是合理地协调、调度各个进程与各个作业之间的运行活动，使每个作业和每个进程都能有效地运行。

（二）操作系统的分类

根据操作系统的使用环境，操作系统可划分为批处理系统、分时系统和实时系统。根据操作系统的用户数目和执行任务的数目，操作系统可划分为单用户单任务操作系统、单用户多任务操作系统、多用户系统、单机系统和多机系统。

根据计算机的硬件结构，操作系统可划分为网络操作系统、分布式操作系统和多媒体操作系统。

二、典型操作系统介绍

（一）DOS 操作系统

DOS 的全称是 Disk Operating System，即磁盘操作系统。它是 20 世纪 80 年代微型计算机上使用最广泛的一种操作系统，其功能简单，操作也比较方便。DOS 系统属于单用户单任务操作系统，它的主要功能是进行文件管理和设备管理。

DOS 系统由一个引导程序和 3 个系统模块以及命令处理程序组成。

1. 引导程序

引导程序是在对磁盘进行格式化时写入磁盘的，它保存在磁盘的第 0 面第 0 道第 1 扇区。每当 DOS 启动时，首先进入固化的 I/O 程序 ROM BIOS，对系统进行初始化和自测试，然后进入 ROM BIOS 的 BOOT-STRAP（引导中断），读入引导程序模块。引导程序进入内存后，将 DOS 的其余部分：目录表、IO. SYS, MSDOS. SYS 装入内存，并将控制转向执行 IO. SYS。

2. 输入输出管理程序（IO. SYS）

输入输出管理系统包括固化在只读存储器 ROM 中的 BIOS 和输入输出管理程序 IO. SYS，其功能是驱动和控制各种外部设备的工作。

BIOS 称为基本 IO 系统 ROMBIOS，它处于操作系统的最底层，它并没有纳入 DOS 系统模块中，而是独立出来，驻留在 ROM 中。BIOS 是直接与系统硬件打交道的软件，主要包括系统的自测试、IO 设备驱动程序、特殊功能的中断服务程序等。

IO. SYS 作为 ROM BIOS 与 MSDOS. SYS 模块之间的接口，实现将数据从外部设备读入内存或将数据从内存送到外部设备。此外，IO. SYS 还起着修改和扩充包括 BIOS 的某些功能的作用。

3. 文件管理程序（MSDOS. SYS）

文件管理程序是 DOS 系统的核心，它提供了系统与用户之间的高级接口，它的功能是管理所有的磁盘文件（包括系统程序文件、应用程序文件以及数据文件等）。MSDOS. SYS 负责完成磁盘文件的建立、删除、读写和检索，负责 IO. SYS 与 COMMAND. COM 之间的通信联系，负责提供大量的系统功能以备用户的调用。

4. 命令处理程序（COMMAND. COM）

命令处理程序是用户和 DOS 系统之间的接口，是 DOS 系统的最外层。其功能是对用户输入的 DOS 命令进行识别、解释并执行。命令处理程序包括 DOS 系统的内部命令、批文件处理程序以及装入和执行外部命令的程序等，此部分还将产生 DOS 系统的提示符。

（二）Linux 操作系统

1. Linux 的优点

（1）免费。Linux 是免费的。任何人都可以从因特网上下载 Linux，不必支付任何使用费，这与商用操作系统动辄成百上千，甚至几万元的价格形成了鲜明的对比。此外，现在商用操作系统升级非常频繁，每次升级，用户都必须支付一定费用，采用 Linux 后，可以随时免费升级，再也不必担心被掏空腰包了。

虽然 Linux 是一套免费的操作系统，Linux 发行版中的应用程序也大多是免费的，但免费并不意味着作者放弃了版权，事实上，这些软件都受到 GNU 通用公共许可证的保护。

（2）多任务。多任务是指一台计算机同时运行多个程序，并且互不干扰。CPU 在每一时刻只能做一件事，但它能在非常短的时间内完成一项独立的任务，转而去执行另外的任务。由于执行每个独立任务的时间非常短，人的感官根本无法察觉到存在的时间间隔，从而认为这些任务是同时执行的。

一个典型的例子可以很好地说明多任务。当你在字处理软件中编辑完一篇文章，进行打印的时候，你不必等到打印完成，就可以使用电子表格软件处理数据。由于表格软件和打印处理程序在同时运行，这就是多任务。

多任务的优点，除了减少"等待时间"之外，在打开和使用其他应用程序窗口前不必关闭当前窗口的灵活性更是大大地方便了用户。

（3）多用户。多用户是指一台计算机可以同时响应多个用户的访问请求，最显著的特点在于允许多个用户同时运行同一个应用程序。

多用户的典型例子是在网络环境下，多个用户可以在不同的计算机，同时运行服务器上的同一个应用程序。

Linux 是一个真正的多用户、多任务操作系统，既可以作为桌面操作系统满足个人用户的需求，又可以作为网络操作系统满足企业用户的需求。在提供如此强大的功能的同时，Linux 对硬件的要求却很低，既可以运行在高档计算机中，又可以运行在过时的 486 计算机上。

（4）网络能力。因特网的核心——TCP/IP 协议最初是在 Unix 的基础上建立的，两者紧密结合，因此，Unix 的网络能力优于其他操作系统。Linux 兼容 Unix，沿袭 Unix 使用 TCP/IP 作为主要的网络通信协议，内置完整的网络功能，加之高性能、高稳定性（Linux 几乎不会"死机"），使许多企业用户采用 Linux 来架设 Web Server，FTP Server 和 Mai Server 等服务器。个人用户可以采用拨号等方式轻松地连接上因特网，尽情享受网上冲浪的乐趣。

（5）可移植性。可移植性是指将操作系统从一个硬件平台转移到另一个平台，使它仍然按其自身的方式运行的能力。Linux 可以运行在今天能够得到的所有类型的计算机上，没有一个商用操作系统的移植性能够接近这个水平。

2. Linux 的缺点

（1）缺乏技术支持。免费是一把双刃剑，既给 Linux 带来了巨大成功，也是 Linux 最致命的弱点。正因为 Linux 是免费的，所以没有一家机构愿意对它的发展负责。如果出了差错或者有了问题，只能依靠自己或者网友的帮助解决。不过，现在许多商业公司都在销售 Linux 应用程序，对于购买它们产品的用户，这些公司通常免费提供 Linux 的发行版本，并对该版本提供技术支持。

（2）缺乏应用软件。现在大多数用户习惯使用 Windows 应用软件，而这些软件很可能不能在 Linux 上使用，因此，极大地打击了用户向 Linux 迁移的积极性。

第三节　计算机数据库分析

一、数据库基础知识

（一）数据库系统基本概念

数据库在我们的生活中已经无处不在，对事物的描述，充满了信息与数据的概念。因此在认识数据库技术之前，先要了解数据库系统一些基本的概念。

1. 数据与信息

数据是对客观事物、事件的记录与描述，也是对客观事物的逻辑归纳，它是用一定方式记录下来的客观事物的特征。数据就是对客观事物的一种反映或描述。数据是数据库中存储的基本对象。例如，某学生的学号、姓名、性别、出生日期、地址、成绩等，就是反映该生基本状况的数据，它们是学生信息数据库的基本对象。

数据可以是连续的，如声音、图像等；也可以是离散的，如符号、文字等。数据与其语义密不可分，语义指数据的含义。

信息是数据处理的结果，表示数据内涵的意义，是数据的内容和解释。例如，"95"是一个数据，被赋予特定的语义后，它可以表示某学生某门课的成绩，这就是信息。又如用 X、Y 这一信息来表示某一点的平面位置，（3263245.462，21534357.126）这一记录就是描述某一个点的通用坐标数据。

简单来讲，信息是对数据的解释，即

信息=数据+语义

例如，有一条学生成绩信息：信息学院计算机一班的张三同学在数据库原理及应用考试中取得了 95 分的成绩，转换成计算机中的数据，可以描述为（张三，信息学院，计算机一班，数据库原理及应用，95）。

只有经过了数据处理的数据才有可能成为信息。注意数据与信息的概念是相对的，而不是绝对的。

2. 数据处理

数据处理是将数据转换成信息的过程，包括对数据进行采集、管理、加工、变换和传输等一系列活动。数据处理的目的有两个：一是从大量的原始数据中抽取和推导出有价值的信息，作为决策的依据；二是借助计算机科学地保存和管理大量复杂的数据，以便于人们能够充分地利用这些信息资源。

（1）人机直接交互式环境。这种环境是用户为操作员，由操作员直接访问数据库中的数据，这是一种最为原始与简单的访问方式。在数据库发展的初期就采用此种方式，于 20 世纪六七十年代最为流行。

（2）单机集中式环境。这种环境是用户应用程序，应用程序在计算机内（单机）访问数据库中的数据。这种访问方式在 20 世纪七八十年代较为流行，这也是一种较简单的访问方式。

（3）网络分布式环境。在计算机网络出现后，数据访问方式出现了新的变化，在此种环境中数据与用户（应用程序）可分别处于网络不同结点，用户使用数据可采用接口调用的方式。这种方式目前应用广泛，其典型结构是 C/S 结构。

在 C/S 结构方式中它由一个服务器 S（Server）与多个客户机 C（Client）组成，它们之间由网络相连并通过接口进行交互。在 C/S 结构中，服务器中存放共享数据而客户机存放并运行应用程序和人机交互界面并与用户接口。

（4）互联网环境。在当前互联网时代，用户是以互联网中的 XML 为代表，而数据访问方式则是 XML 对数据库的调用。这种方式也是目前广泛应用的方式，其典型结构是 B/S 结构，它是基于互联网上的一种分布式结构方式，是一种典型的三层结构方式，这三层结构分别是数据库服务器、Web 服务器及浏览器，它们之间由网络相连并通过接口交互。其大致内容可介绍如下：

第一，数据库服务器。数据库服务器主要存放与管理共享数据资源。

第二，Web 服务器。Web 服务器统一集中存放应用程序、人机交互界面以及与互联网的接口。

第三，浏览器。浏览器是 B/S 结构中与用户直接接口的部分，它一般有多个，分别与多个用户接口。

这三层结构通过功能分布构成一个逻辑上完整的系统。浏览器通过 Web 服务器提出处理要求（包括数据处理要求），再通过数据库服务器获得相关数据，将其转换成 XML 或 HTML 形式传回浏览器。

目前，这四种数据处理环境都普遍存在，它为数据处理提供了多种应用手段。

3. 数据管理

数据管理是数据处理的核心，是利用计算机硬件和软件技术对数据进行有效的收集、存储、处理和应用的过程，其过程比较复杂。对于这些数据管理操作，人们需要一个通用、高效且使用方便的管理软件，将数据有效地管理起来。数据库技术正是瞄准这一目标，研究、发展并完善起来的。数据库技术是基于数据管理的各项任务的需要而产生的。数据管理其目的在于充分有效地发挥数据的作用。实现数据有效管理的关键是数据组织。

（1）人工管理阶段。人工管理阶段是指 20 世纪 50 年代中期以前。当时，计算机处于发展的初期，主要用于科学计算，所用的数据并不多，而且数据的结构一般都比较简单；计算机系统本身的功能还很弱，没有大容量的外存和操作系统，程序的运行由简单的管理程序来控制；软件只有汇编语言，没有操作系统，没有数据管理方面的软件；数据处理的方式基本上是批处理。

（2）文件系统阶段。文件系统阶段是从 20 世纪 50 年代后期到 60 年代中期。在这一阶段，由于计算机技术的发展，计算机不仅用于科学计算，还用于信息管理。随着数据量的增加，数据的存储、检索和维护成为紧迫的需要，致使数据结构和数据管理技术迅速发展起来。此时，外部存储器已有磁盘、磁鼓等直接存取数据的存储设备。软件领域出现了高级语言和操作系统，计算机的应用范围也由科学计算领域扩展到数据处理领域。

（3）数据库系统阶段。数据库系统阶段从 20 世纪 60 年代后期开始。随着计算机硬件和软件技术的发展，开展了对数据组织方法的研究，并开发了对数据进行统一管理和控制的数据库管理系统，在计算机科学领域，逐步形成了数据库技术这一独立分支。数据管理中的数据的定义、操纵及控制统一由数据库管理系统来完成。数据库系统阶段与文件系统阶段相比，克服了文件系统的缺陷。

（4）高级数据库技术阶段。高级数据库技术阶段大约是从 20 世纪 70 年代后期开始的。在这一阶段中，计算机技术获得更快的发展，并更加广泛地与其他科学技术相互结合和相互渗透，在数据库领域中诞生了很多高新技术，并产生了许多新型数据库，其中包括分布式数据库和面向对象数据库。分布式数据库的重要特征是数据分布的透明性。在分布式数据库系统中，个别节点的失效不会引起系统的瘫痪，而且多台处理机可以并行工作，提高了数据处理的效率。面向对象数据库系统具有面向对象技术的封装性（把数据与操作定义在一起）和继承性（继承数据结构和操作）的特点，提高了软件的可重用性。

4. 数据库

数据库（DB）是存储在计算机内，有组织的、可共享的相关数据的集合，这种集合按一定的数据模型组织、描述并长期存储，同时能够以安全可靠的方法对数据进行检索。数据库数据具有冗余度小、独立性高、延展性强、共享性好，以及结构化和永久性等特点。

5. 数据库系统

数据库系统（DBS）是指在计算机系统中引入数据库后的系统。它主要由数据库、数据库用户、计算机硬件系统和计算机软件系统等几部分组成。有时人们也将数据库系统简称为数据库。

其中，数据库用户指开发、管理和使用数据库的人员，包括系统分析员、数据库设计员、应用程序员、数据库管理员和最终用户等。系统分析员负责确定应用系统的需求分析和规范说明，他们和最终用户及数据库管理员一起确定系统的硬件配置，参与数据库的概要设计；数据库设计员负责确定数据库中的数据和设计数据库的各级模式；应用程序员负责编写使用数据库的应用程序；数据库管理员负责数据库的总体信息控制；最终用户利用系统的接口或查询语言访问数据库。

（二）数据库技术的主要研究范围

目前虽然已有了一些比较成熟的数据库技术，但随着计算机硬件的发展和应用领域的扩大，数据库技术也需要不断向前发展。当前数据库学科的主要研究范围如下。

1. 数据模型

数据模型是描述数据、数据联系、数据语义以及一致性约束的概念工具的集合；或者，把表示实体及实体之间联系的数据库的数据结构称为数据模型；或者把数据库系统中所包含的所有记录，按照它们之间的联系组合在一起，构成一个整体，这个整体的结构就称为数据库的数据模型。我们可以把数据模型分为概念数据模型和结构数据模型。数据模型的研究可以说是数据库系统的基础性研究，它重点研究如何构造数据模型，如何表示数据及它们之间的联系。

（1）概念模型。概念模型用于信息世界的建模，是现实世界到信息世界的第一层抽象，是数据库设计人员进行数据库设计的有力工具，也是数据与设计人员和用户之间进行交流的语言。因此，概念模型一方面应该具有较强的语义表达能力，能够方便、直接地表达应用中的各种语义知识；另一方面它还应该简单而且易于使用和理解，这样才能满足用户在使用过程中的需求。概念模型的表示方法有很多，图来描述现实世界的概念模型，E-R 图提供了表示实体型、实体型——用矩形表示，矩形框内写明实体名。属性——用椭圆形表示，并用无向边将其与相应的实体连接起来。联系——用菱形表示，菱形框内写明联系名，并用无向边分别与有关实体连接起来，同时在无向边旁标上联系的类型（1：1，1：n 或 m：n）。

（2）网状模型。用有向图结构来表示实体类型及实体间联系的数据模型称为网状模型。网状模型允许一个以上的结点没有双亲结点；一个结点可以有多个双亲结点。在网状模型中，结点间的联系可以是任意的，任意两个结点间都能发生联系，更适于描述客观世界。网状模型的特点是结点间联系通过指针实现，多对多的联系也容易实现，查询效率较高；网状模型的缺点是数据结构复杂和编程复杂。由于网状模型系统的天生缺点，从 20 世纪 80 年代中期起其市场已被关系模型产品所取代。

（3）层次模型。在现实世界中，有许多事物是按层次组织起来的。例如，一个学校有若干个系，一个系有若干个班级和教研室，一个班级有若干个学生，一个教研室有若干名教师。

在层次模型中，一个结点可以有几个子结点，也可以没有子结点。层次数据模型支持的操作主要有查询、插入、删除和更新。在对层次模型进行插入、删除、更新操作时，要满足层次模型的完整性约束条件：进行插入操作时，如果没有相应的双亲结点值就不能插入子女结点值；进行删除操作时，如果删除双亲结点值，则相应的子女结点值也被同时删除；进行更新操作时，应更新所有相应记录，以保证数据的一致性。

层次模型的数据结构比较简单。对于实体间联系是固定的且预先定义好的应用系统，层次模型有较高的性能；同时，层次模型还可以提供良好的完整性支持。但层次模型不适合于表示非层次性的联系。

（4）关系模型。与层次模型和网状模型相比，关系模型的概念简单、清晰，并且具有严格的数据基础，形成了关系数据理论，操作也直观、容易，因此易学易用。20 世纪 70 年代，美国 IBM 公司首次提出了数据系统的关系数据模型，标志着数据库系统新时代的来临，开创了数据库关系方法和关系数据理论的研究，为数据库技术奠定了理论基础。1980 年后，各种关系数据库管理系统的产品迅速出现，如 Oracle、Ingress、Sybase、Informix 等，关系数据库系统统治了数据库市场，数据库的应用领域迅速扩大。

无论是数据库的设计和建立，还是数据库的使用和维护，都比非关系模型时代简便得多。关系型数据库使用的存储结构是多个二维表格，即反映事物及其联系的数据描述是以平面表格形式体现的。

在每个二维表中，每一行称为一条记录，用来描述一个对象的信息；每一列称为一个字段，用来描述对象的一个属性。数据表与数据库之间存在相应的关联，这些关联可被用来查询相关的数据。

2. 数据库管理系统软件的研制

数据库管理系统是一个软件产品。当企业想要搭建一个数据库时，要先购买一个数据库管理系统产品，将其安装在数据库服务器上，然后通过它来创建数据库、表。随后用户就可访问数据库，进行数据操作。多媒体数据库系统、面向对象的数据库系统、扩展的数据库系统等就是在这些新的需求和应用背景下产生的。

3. 数据库设计

数据库设计的主要任务是在 DBMS 的支持下，按照应用的要求，为某一部门、团体或者组织设计一个结构合理、使用方便、效率较高的数据库及其应用系统。数据库设计主要包括数据库设计方法、设计工具和设计理论的研究，计算机辅助数据库设计方法及其软件系统的研究，数据库设计规范和标准的研究，等等。

4. 数据库理论

数据库理论的研究主要集中于关系的规范化理论、关系数据理论等方面。随着人工智能与数据库理论的结合，以及并行计算机的发展，并行算法、数据库逻辑演绎和知识推理等理论，以及演绎数据库系统、知识库系统和数据仓库都已经成为新的研究方向。

二、数据库安全问题分析

（一）数据库安全机制

1. 身份识别和认证

数据库系统要求严格的用户身份标识和认证。身份标识确保用户身份的唯一性，从而确保用户行为的可靠性。认证确保用户身份的真实性，以防假冒。安全的数据库系统应设置必要的标识和认证机制，确保相应的授权。用户在被准许访问数据库之前必须主动出示身份证据进行认证。

鉴定过程可采用这些方法中的一种或几种，要求用户出示其拥有的某种东西，包括使用磁卡密钥、证书或其他不易仿造的设备；要求用户出示只有他知道或只有他拥有的某种东西，包括口令、指纹或视网膜式样等。

2. 强制访问控制 MAC

这里以 SeaView 的 MAC 为例说明 MISDBMS 的强制访问控制。该强制策略遵循 Bell-LaPadula（BLP）安全模型，访问控制粒度为数据元素，即元组中每个数据元素都有一个安全类标签。元素级控制粒度是关系 DBMS 能支持的最细控制粒度。每个元组也有一个安全类标签，元组标签值是该元组中所有元素安全类标签的最小上界。

为了防止由较高安全数据所派生数据的外流，SeaView 要求外流数据的安全类必须支配其所有派生源数据的安全类。因此，为元组分配一个安全类标签，该标签支配该元组中所有数据的安全类；或者该标签支配该元组所有派生源数据的安全类，该元组中的元素个体带有存储于数据库中元素的原始分级。在 SeaView 中，这些元素标签是建议性的，即它们并不通过仅包含可信代码的路径提供。这样，它们可以被路径中的不可信代码（如应用）修改。

3. 自主访问控制 DAC

仅有强制访问控制还不够。例如，在强制访问控制下，设安全类的范畴成分最小粒度是同一公司的一个部门，该部门的职员间不再划分范畴，且其权力级别相同。这些职员间的互相访问强制策略并无限制，这时，就要用到自主访问控制。强制控制和自主控制犹如两道关卡，有力地保证了访问安全。SeaView 就是同时实施这两种访问控制的。

SeaView DAC 所控制的客体包括整个数据库或整个关系，由此可见，与 MAC 的精细粒度相比，DAC 被用于较粗粒度。可应用自主控制的关系包括基表和视图等，可应用自主控制的主体包括用户和用户组。SeaView 用访问模式来表达自主控制性质，即可授予主体对自主客体的特定访问模式，包括 insert、delete、retrieval、update、reference、null 和 grant 等。SeaView 保证以前授予的访问模式可在未来某个时候被收回。

4. 基于角色的访问控制 RBAC

近年来开发的基于角色的访问控制（RBAC）是一个新兴事物。RBAC 是一个应行业需要而开发的 MAC，其基本理念是权限与角色相关联，用户被分配以适当的角色。

基于角色的访问控制 RBAC 的简化模型中，用户是一个人，角色是一种工作岗位，权限则是访问某客体的许可或执行某任务的特权。通过关联权限和角色，并给用户分配角色，用户就能获得相关的权限。角色应单位组织内不同工作任务而创建，执行任务所需权限则与角色相联系，当有新的应用和系统时，可以为角色授予新的权限，并可以收回不再需要的权限。实践中根据责任和资格为用户分配角色，还可以为用户从一个角色重新分配到另一个角色。通过这种方式，极大地简化了用户与权限的管理。RBAC 技术适用于大规模企业系统内管理和实施安全措施。

5. 多实例问题

多级数据库与普通单级数据库的不同点在于，在多级环境中，如果提升用户的安全类，就会出现新的实体；反过来，如果降低用户的安全类，就会隐藏一些实体。因此，不同安全类的用户看到不同版本的现实世界，而且，这些不同版本必须保持连贯性和一致性，而不能引入任何向下的信令信道（当查询更新数据库时，必须考虑发信号的速度和可能的特洛伊木马软件）。

"没有向下的信令信道"为构造多级安全 DBMS 带来了一个新概念——多实例。多实例显著复杂化了多级关系的语义。有四种方式给多级关系中的数据分配安全类：把安全类分配给关系、单独元组、单独属性或单独元素。

给元组或元素分配安全类时常会发生多实例的情形，这里以元组级标记为例进行说明。当一个多级关系至少包含两个具有相同表面主键值的元组时，称该关系是多实例化。

表面主键是用户定义的主键，其值可以相同。但这些元组分属不同的安全类，这时，这些元组有可能指向同一个真实世界实体而记录了不同的事件；也有可能指的是完全不同的真实世界实体而被赋予了相同的名字。

设计 MILSDBMS 必须考虑多实例问题。当一项数据存在于多个安全类时，有可能相同的数据在不同的安全类拥有不一致的值。有多种多实例方案，比较简单的一种是明确通知用户存在于数据中的约束或不一致性，以便控制多实例。

6. 数据库加密

对高度敏感的数据而言，单从访问控制和数据库的完整性方面考虑安全还不够，因其存在一个严重的不安全因素，即原始数据以可读形式存储在数据库中，对于某些计算机内行人士，完全可以打入系统或从存储介质中导出数据。为此，可以借助加密措施。加密数据不可能被解读，除非读数据的人知道如何对加密数据进行解密。

加密技术应具有如下性质：①对授权用户来说，加密数据和解密数据相对简单；②加密模式不应依赖于算法的保密性，而应依赖于密钥；③对入侵者来说，确定密钥极其困难。

数据库系统中，对数据进行加密的单位可以是数据库、关系、元组和数据元素。加密方法可采用 DES 数据加密标准、子密钥数据库加密及秘密同态技术。加密方式有库外加密、库内加密和硬件加密。数据库密钥管理是一个很难解决的问题，简单的办法是采用集中式密钥管理，但权力集中有很大的安全隐患。较好的办法是采用主密钥和子密钥管理相结合的公钥密码算法。

7. 数据完整性

数据库的数据完整性总的说来是 DBNS、操作系统及计算机系统管理程序的职责。在 RDBMS 范围内，实体完整性和引用完整性是最基本的两个完整性需求，它们有助于防止不正确数据进入数据库。

8. 可信恢复

可信恢复是数据库安全完整性目标的一个重要机制。数据库系统必须预先采取措施，以保证即使发生故障，也可以保持事务的原子性和持久性。有两种不同的恢复机制：基于日志的恢复机制和影子分页的恢复机制。单事务的恢复可以使用这两种恢复机制；并发事务可以使用基于日志的技术，但不能使用影子分页技术。

恢复机制的有效实现要求写数据库和稳定存储器次数尽量少。具有这两者之一情形时日志记录必须写入稳定存储器：

第一，在日志记录<Ti 提交>输出到稳定存储器前，所有与事务 T 有关的日志记录必须已被输出到稳定存储器中。

第二，在主存中的数据块输出到数据库前。所有与该块中数据有关的日志记录必须已被输出到稳定存储器中。

为从导致非易失性存储器中数据丢失的故障中恢复，需要定期将整个数据库的内容转储到稳定存储器上。

9. 审计

审计作为一种事后追查手段来保证数据库系统的安全。审计的目的是检查访问模式、发现绕过系统控制的企图、发现特权的使用扮演监督角色及提供附加保证。记录和追查是审计的两个主要方面。

为了精确、规范地描述审计记录，审计应包括以下三个基本对象：用户，谁初始化了一个事务？从哪个终端？什么时候？事务，被初始化的确切事务是什么？数据，事务的结果是什么？在事务初始化之前和之后的数据库状态是什么？

同时，需要对审计数据施加一个逻辑结构。比较好的模型是双时关系，用两个时间元逻辑组织审计数据。具体地讲，就是给每个客体贴上两个时间元，一个时间元是事务时间，用于排序对某客体的操作流水账；另一个时间元是有效时间，用于记录该客体在真实世界的有效时间段。

除了实际记录发生在数据库系统中的所有事件之外，审计跟踪还必须提供审计的查询支持。由于审计系统记录了数据库中全部行为的信息所以应限制用户对数据库的访问。有两种方法限制用户访问：给事务分配安全标记和根据用户等级对数据库进行过滤。原则上，应当有可能审计数据库中的每个事件，即"零信息损失"。但是，审计会消耗定的系统资源。实际被审计的事件应取决于所涉及事件的敏感性及对风险的仔细分析，应允许用户按照各自需要选择开启不同的审计。另外，如果将审计功能与告警功能结合起来，那么，每当发生违反数据库系统安全的事件或者涉及系统安全的重要操作，就可以向安全操作员终端发送告警信息。

（二）数据库加密技术

与一般的数据加密不同，数据库系统加密有其独特的方法。在数据库中，记录的长度一般较短，数据的生命周期一般较长，密钥的保存时间也相应较长。

1. 数据库加密系统应该满足的要求

一般来说，一个好的数据库加密系统应该满足以下几个方面的要求。

第一，加密算法应具有足够的加密强度。因为数据存储时间长，因此需要保证数据长时间不被破译。

第二，加密后的数据库存储量不应明显地增加。由于数据库中数据自身所具有的特点和受到所选用的密码算法的限制，数据被加密后，占用的存储空间可能会增加，加密粒度越细，这个问题越突出。对此在定义数据库表时就应充分考虑到。

第三，加密和解密的速度足够快，影响数据操作响应时间尽量短。用户对数据库中数据的访问是大量的和随机的。随着用户的每一次访问，DBMS 都要对相应的数据进行加解密操作，并且对用户的要求特别是查询请求要做出快速反应。如果响应时间过长，将直接影响数据库系统的实用性。

第四，数据库数据的加密不应影响系统的原有功能，应保持对数据库操作（数据查询、数据修改、更新等）的灵活性和简便性。

第五，加解密对数据库操作是透明的。合法用户在进行操作时应感受不到数据是加密的。

第六，应具有灵活的密钥管理机制，加解密密钥存储安全，使用方便可靠。在现代密码技术中，加密所采用的算法是公开的，密文的保密性依赖于对密钥的保密，因此密钥的安全对于数据的安全是至关重要的。由于数据库中大量的数据需要长期保存。因此也就有大量需要长期保存的密钥，随时供加解密数据使用，对这些密钥的产生、存储、更新必须有一套安全，灵活的管理机制。

以上要求说明，加密既要通过数据库系统的安全性，又要使系统的正常功能不受影响，并且在时间和空间开销上不能过大。因此，在对数据库中存储数据进行加密时，需要结合它们的特点和要求，对加密算法、加密粒度以及加密方式进行合理选择。

2. 数据库加密算法的选择

加密算法的强度直接决定的数据库加密技术的安全程度，所以加密算法会对其安全和性能产生直接的影响。"加密算法是数据加密的核心，一个好的加密算法产生的密文应该频率平衡，随机无重码规律，周期足够长，确保不可能产生重复现象。"[1]

（1）对称加密。对称加密也可以称为共享密钥加密。本算法应用相对较早，在对称加密算法中，原始数据和加密密钥会通过数据发信方的特殊加密算法处理后，将其转化成加密密文，然后发送出去。如果收信方想要解读，就需要利用密钥以及相同的逆算法来对密文进行解密处理，然后才可以恢复成为能够阅读的明文。考虑到对称加密算法的公开性、速度快、计算量小，所以成为最常见的机密技术手段之一，一般包含了 IDEA、AES 和 DES。

（2）非对称加密。非对称加密也称为公钥加密。其所使用的是完全不同的，但是又能够匹配一对钥匙，即公钥和私钥。基本原理：当发信方只希望收信方才可以解读相应的信息，首先发信方就应该了解收信方拥有的公钥；然后利用其进行原文的加密处理；当收信方受到之后，就可以使用私钥进行解密处理。在进行双方通信之前，收信方需要将随机生成的公钥先发送给收信方。因为两个密钥的存在，这一类方式很适合分布式系统数据加密中使用。一般来说，RSA 是最常见的加密算法，不仅可以实现数据的加密，同时还可以实现数据完整性的认证以及身份的认证。

（3）混合加密。对称加密算法因为同一个密钥的使用，所以相对非对称加密，其速度要快很多，因为适合大量的数据处理。但是其缺点在于相同的密钥使用，所有的发送方和接收方必须知道密钥，或者是只需要密钥就可以进行文件的访问，因此，在生成密钥、分发密钥、备份密钥等方面很容易出现问题。但是公钥加密就不会存在分发的问题，所以，在网络系统和多用户中管理密钥非常简单，但是因为难解的数学问题，因此，安全强度相比对称加密要低，并且速度偏慢。

---

[1] 郝莉娟，尹绍宏．数据库加密技术及其在 SQL Server 2005 中应用研究．福建电脑，2012，28（11）：70-71，55.

为了将对称加密和非对称加密的优势展现出来，就提出了混合加密。在混合加密中，首先需要对称加密算法以及一个随机生成的密钥来加密数据，之后，利用公钥进行随机密钥的加密处理，再将密文一起发送给接收方。通过私钥，接收方可以先解密随机密钥，然后利用其进行密文的解密处理。这一方案兼顾了速度快、安全强度高的特点，在每一次加密中，都会使用随机密钥，并且密钥不会出现重复的现象。但是在加密过程中，产生密钥和保存密钥还存在一定的难度，因此在实际应用中还欠缺应用广泛度。

3. 数据库加密粒度的选择

加密粒度是指数据库加密的基本单位，它的选择与数据库的结构有关，可以是数据库、表、记录和字段等。加密粒度越大，数据库访问时加解密的数据范围就越大，在加密和解密处理上消耗的时间就越多，但操作就越简单；加密粒度越小，数据库访问时加解密的数据范围就越小，在加密和解密处理上消耗的时间就越少，但操作上相对要复杂一些。

（1）数据库级加密。数据库级加密是把数据库作为加密的基本单位，通常就是对构成数据库的各个物理文件进行加密。用户每次访问数据库时都要对整个数据库进行加密或解密处理，而大多数情况下用户可能只需要访问数据库中极小一部分数据，对整个数据库进行加解密处理会消耗很多时间，因此，这种加密方式的时间效率比较低，不适合用于大型数据库或访问频率较高数据库的加密，一般只用于小型数据库或后备数据库的加密。

（2）表级加密。表级加密是把表作为加密的基本单位，即只对数据库中部分表实施加密。在实际应用中，信息系统一般只有极小一部分信息是私密的，这些私密信息只会存储在数据库的少数表中，我们可以只对这些存储有私密信息的表进行加密处理，而其他的表仍然以明文的形式存储。这样加密的范围比数据库级加密减小很多，加解密上消耗的时间也就要少得多，时间效率明显提高。表级加密的时间性能虽然有所改善，操作的灵活度有所提高，但在更新数据时，需要先对整个表进行解密，然后修改数据，最后再对整个表重新加密，因此更新操作时间开销仍然很大；在检索数据时，即使只检索表中少量记录也要对整个表进行解密，时间效率同样不理想，只适用于数据量较少表的加密。

（3）记录级加密。记录级加密是把记录作为加密的基本单位，即只对表中部分记录实施加密。多数情况下，只有部分表中少数记录涉及私密信息，只对这些含有私密信息的记录进行加密，而其他记录仍然以明文形式存储，这样每次访问数据库时只需要对加密的记录进行加密或解密处理，而其他记录可以直接访问，加解密处理的数据范围比表级加密进一步减小，加解密消耗的时间也就进一步减少，时间效率进一步提高。虽然记录级加密效率提高了，操作也更加灵活，但需要标记哪些是加密记录，实现起来较为麻烦。

（4）字段级加密。字段级加密是把字段作为加密的基本单位，即只对表中部分字段实施加密。在实际应用中，绝大多数情况下，私密信息只存储在部分表的少数字段中，只对这些含有私密信息的字段进行加密，而其他字段仍然以明文形式存储，从而使加密数据范围减到最小，访问数据时在加解密上消耗的时间也就最少，时间效率最高，操作最灵活，这种方式在数据库加密中被广泛采用。

4. 数据库加密方式的选择

对数据进行加密，主要有三种方式：系统中加密、客户端（DBMS 外层）加密、服务器端（DBMS 内核层）加密。客户端加密的好处是不会加重数据库服务器的负载，并且可实现网上的传输加密，这种加密方式通常利用数据库外层工具实现。而服务器端的加密需要对数据库管理系统本身进行操作，属核心层加密，如果没有数据库开发商的配合，其实现难度相对较大。此外，对那些希望通过 ASP 获得服务的企业来说，只有在客户端实现加解密，才能保证其数据的安全可靠。

信息安全主要指三个方面。一是数据安全，二是系统安全，三是电子商务的安全。核心是数据库的安全，将数据库的数据加密就抓住了信息安全的核心问题。

对数据库中数据加密是为增强普通关系数据库管理系统的安全性，提供一个安全适用的数据库加密平台，对数据库存储的内容实施有效保护。它通过数据库存储加密等安全方法实现了数据库数据存储保密和完整性要求，使得数据库以密文方式存储并在密态方式下工作，确保了数据安全。

（三）数据库的安全特性

为了保证数据库数据的安全可靠和正确有效，DBMS 必须提供统一的数据保护功能。数据保护也称为数据控制，主要包括数据库的安全性、完整性、并发控制和恢复。

1. 数据库的安全性

数据库的安全性是指保护数据库以防止不合法的使用所造成的数据泄露、更改或破坏。在数据库系统中有大量的计算机系统数据集中存放，为许多用户所共享，这样就使安全问题更突出。在一般的计算机系统中，安全措施是一级一级设置的。在数据库存储一级可采用密码技术，若物理存储设备失窃，它能起到保密作用。在数据库系统中可提供数据存取控制，来实施该级的数据保护。

2. 数据库的完整性

数据库的完整性是指保护数据库数据的正确性和一致性。它反映了现实中实体的本来面貌。数据库系统要提供保护数据完整性的功能。系统用一定的机制检查数据库中的数据是否满足完整性约束条件。

3. 数据库的并发控制

数据库是一种共享资源库，可为多个应用程序所共享。在许多情况下，由于应用程序涉及的数据量可能很大，常常会涉及输入/输出的交换。为了有效地利用数据库资源，可能多个程序或一个程序的多个进程并行地运行，这就是数据库的并发操作。

4. 数据库的恢复

当使用一个数据库时，总希望数据库的内容是可靠的、正确的，但由于计算机系统的故障（硬件故障、软件故障、网络故障、进程故障和系统故障等）影响数据库系统的操作，影响数据库中数据的正确性，甚至破坏数据库，使数据库中数据全部或部分丢失。因此当发生上述故障后，希望能尽快恢复到原数据库状态或重新建立一个完整的数据库，该处理称为数据库恢复。数据库恢复子系统是数据库管理系统的一个重要组成部分。具体的恢复处理因所发生的故障类型、所影响的情况和结果而变化。

第三章　计算机软件开发设计原理体系

第一节　计算机软件的开发流程分析

软件工程是关于软件产品研发与维护的工程方法学，是软件开发者、软件项目负责人、软件分析师、软件设计师、软件程序员、软件测试员研发与维护软件时的作业指南。软件工程正随软件产业的发展而进步。目前，软件工程已是计算机科学领域中的一个重要分支，其已有了结构化、面向对象等比较成熟的工程方法学体系，并已有了对技术、管理、经济的比较全面的工程方法支持。然而，直至今天，软件工程还仍处于成长过程中，仍需要工程探索，需要逐步完善。

一、软件的开发计划阶段

（一）系统可行性分析

1. 可行性分析的目的

（1）技术可行性分析。技术可行性分析是可行性研究的重要内容。技术可行性分析最主要是完成三个方面分析。

第一，在给定的时间内能否实现系统定义中的功能。如果在项目开发过程中遇到难以克服的技术问题，轻则拖延进度，重则终止项目。

第二，软件的质量。有些应用对实时性要求很高，如果软件运行速度很慢，即便具备很多功能也毫无实用价值。有些高风险的应用对软件的正确性与精确性要求极高，如果软件出了差错而造成客户利益损失，那么软件开发方就要承担全部的责任。

第三，软件的生产率。如果生产率低下，能赚到的钱就少，并且会逐渐丧失竞争力。在统计软件总的开发时间时，不能漏掉用于维护的时间。如果软件的质量不好，将会导致维护的代价很高，企图通过偷工减料而提高生产率，是得不偿失的事。

（2）经济可行性分析。经济可行性分析就是通过成本效益分析，评估系统的经济效益是否超过它的开发成本，也就是给出系统开发的成本论证，并将估算的成本与预期的利润进行对比，分析系统开发对其他产品或利润的影响。

第一，系统成本。购置硬件/软件；有关设备的工程安装费用；系统开发费；系统的安装、运行和维护费用；人员培训费用等。

第二，系统效益。①经济效益，系统为用户增加的经济收入，它可以通过直接的或者统计的方法估算；②社会效益，只能用定性的方法估算，如产品广告宣传、影响。

2. 可行性分析的步骤

（1）确定项目规模和目标。分析员对有关人员进行调查访问，仔细阅读和分析有关资料，对项目的规模和目标进行定义与确认，清晰地描述项目的一切限制和约束，确保分析员正在解决的问题确实是要解决的问题。

（2）研究正在运行的系统。正在运行的系统可能是一个人工操作的系统，也可能是旧的计算机系统，因而需要开发一个新的计算机系统来代替现有系统。现有的系统是信息的重要来源，人们需要研究它的基本功能存在什么问题，运行需要多少费用，新系统有什么新的功能要求，新系统运行时能否减少使用费用等。

（3）建立新系统的高层逻辑模型。注意，现在还不是软件需求分析阶段，不是完整详细地描述，只是概括地描述高层的数据处理和流动。

（4）导出和评价各种方案。分析员建立了新系统的高层逻辑模型之后，要从技术角度，提出实现高层逻辑模型的不同方案，即导出若干较高层次的物理解法。根据技术可行性、经济可行性和社会可行性对各种方案进行评估，去掉行不通的解法，得到可行的解法。

（5）推荐可行的方案。根据上述可行性研究的结果，应该决定该项目是否值得去开发。若值得开发，那么可行的解决方案是什么，并且说明该方案可行的原因。

（6）编写可行性研究报告。将上述可行性研究过程的结果写成相应的文档，即可行性研究报告，提请用户和使用部门仔细审查，从而决定该项目是否进行开发，是否接受可行的实现方案。

（二）软件开发计划

1. 软件开发计划的内容

（1）计划概述。说明计划的各项主要工作；说明软件的功能、性能；为完成计划应具有的条件；用户及合同承包者完成工作的期限及其他限制条件；应交付的程序名称；所使用的语言及存储形式；应交付的文档。

（2）实施计划。说明任务的划分、各个任务的责任人、计划开发的进度、计划的预算、各阶段的费用支出、各阶段应完成的任务，用图表说明每项任务的开始和完成时间。

（3）人员组织及分工。所需人员类型、数量和组成结构。

（4）交付期限。

第一，资源计算。①人力资源，人力是软件开发中最重要的资源。在安排开发活动时必须考虑人员的情况，如技术水平、数量、专业设置，以及在开发过程中各个阶段对各种人员的需要。②硬件资源，硬件作为软件开发的一种工具，对其资源要求考虑三种情况，即宿主机、目标机、其他硬件设备。宿主机指在软件开发阶段使用的计算机和有关外部设备；目标机指运行所开发软件的计算机和外部设备；其他硬件设备指设备进行专用软件开发时，所需要的某些特殊的硬件资源。③软件资源，软件资源可划分为支持软件和实用软件两类。其中，支持软件包括操作系统编译程序、数据库和图形包等开发工具。为促成软件的重复利用，可将一些实用软件结合到新的开发系统中，建立可复用的软件部件库，以提高软件的生产率和质量。

第二，成本预算。成本预算就是要估计总的开发成本，并将总的开发费用合理地分配到开发的各个阶段中。采用确切的估算方法和估算模型是非常重要的。

第三，进度安排。进度安排要确定最终的软件提交日期，并在限定的日期内安排和分配工作量；或在合理利用各种资源分配工作量的基础上，确定最终交付日期，形成一份管理性的软件文档，同时将软件的开发计划交给有关人员备查。

2. 软件开发计划进度安排

软件开发计划进度安排可以从两个不同的角度来考虑：①计划的最后交付日期已经确定，负责开发工作的软件机构限制在一个规定的时间范围内分配其工作量。②计划的最后交付日期由软件机构自己决定，可以从合理地利用各种资源的角度出发来分析工作量，而最后的交付日期则是在对软件各部分仔细进行分析之后才确定下来。但在实际工作中，人们经常遇到的是第一种情况，而不是第二种情况。

（1）人与工作量的关系。对于一个小型的软件开发计划来说，一个人就可以进行需求分析、设计、编码及测试等一系列工作。随着软件开发计划规模的增加，将有更多的人共同参与同一开发计划的工作。事实上，单纯地增加人员并不一定能提高开发计划的效率。

（2）安排的方法。计划人员需要协调可以使用的资源与开发计划工作量之间的关系；考虑各个任务之间的相互联系并尽可能合理安排工作；预见可能存在的问题或瓶颈现象并提出应付措施；规定各阶段完成的标志，组织复审和指定应交付的文档，这些将准确地反映出开发工作进展的情况。

一个软件开发计划的进度安排与任何一个多重任务开发工作的进度安排类似，因此，只要稍加修改，一般的研制项目进度安排工具和技术都可以应用于软件开发计划进度安排，如计划评审技术、甘特图、时间网状图和关键路径方法等。有关软件开发计划安排的具体方法和管理等内容，属于软件管理的范畴。

（三）软件的需求分析理论

1. 需求分析的目标

（1）对实现软件的功能做全面的描述，帮助用户判断实现功能的正确性、一致性和完整性，促使用户在软件设计启动之前周密地、全面地思考软件需求。

（2）了解和描述软件实现所需的全部信息，为软件设计、确认和验证提供一个基准。

（3）为软件管理人员进行软件成本计价和编制软件开发计划书提供依据。

需求分析的具体内容可以归纳为六个方面：软件的功能需求，软件与硬件或其他外部系统接口，软件的非功能性需求，软件的反向需求，软件设计和实现上的限制，阅读支持信息。

软件需求分析应尽量提供软件实现功能需求的全部信息，使得软件设计人员和软件测试人员不再需要需求方的接触。这就要求软件需求分析内容应正确、完整、一致和可验证。此外，为保证软件设计质量，便于软件功能的修整和验证，软件需求表达要求无岔意性，并具有可追踪性和可修改性。

2. 需求分析的过程

（1）获取用户需求。在此阶段，必须充分地了解用户目标、业务内容、系统流程，通过各种方式与用户进行广泛的交流，然后确定系统的整体目标和工作范围，弄清楚所有数据项的来源及数据的流动情况。

（2）分析用户需求。在此阶段，分析人员从数据流和数据结构出发，根据功能需求、性能需求和环境需求，分析是否满足用户要求、是否合理，然后把数据流和数据结构综合成系统的解决方案，给出目标系统的逻辑模型。分析和综合工作需要反复进行。

（3）编写需求文档。在此阶段，需要把已经确定的需求清晰准确地描述出来，描述需求的文档称为需求规格说明书。需求文档可以采用结构化语言编写文本型的文档，也可以建立图形化的模型，还可以使用数学上精确的形式化逻辑语言来定义需求。

（4）进行需求评审。需求分析直接关系到软件开发计划能否顺利进行，因此要求进行需求评审来控制需求分析的质量。需求评审可以通过内部评审、同行评审、用户评审等方式进行，在需求分析评审中，用户的意见是第一位的。

3. 需求分析的要求

（1）完整性。在需求分析中，没有遗漏用户的任何一个必要的要求。

（2）一致性。在需求分析中，用户和开发人员对于需求的理解应当是一致的。

（3）现实性。需求应当是以现有的开发技术作为基础来实现的。

（4）有效性。需求必须是正确且有效的，保证可以解决用户真正存在的问题。

（5）可验证性。对于已经定义的需求是可以准确验证的。

（6）可跟踪性。对于已经定义的功能、性能可以被追溯到用户最初的需求。

4. 需求分析的方法

软件需求分析方法由对软件的数据域和功能域的系统分析过程及其表示方法组成。它定义了表示系统逻辑视图和物理视图的方式。大多数的需求分析方法是由数据驱动的，也就是这些方法提供了一种表示数据域的机制，分析人员根据这种表示，确定软件功能及其他特性，最终建立一个待开发软件的抽象模型，即目标系统的逻辑模型。数据域具有三种属性：数据流、数据内容和数据结构。通常，一种需求分析方法总要利用其中的一种或几种属性。

传统需求分析即结构化分析方法（SA），是一种面向数据流的需求分析方法，适用于分析大型数据处理系统，是一种简单、实用的方法。结构化分析方法的基本思想是自顶向下逐层分解。分解和抽象是人们控制问题复杂性的两种基本手段。对于一个复杂的问题，人们很难一次性考虑到问题的所有方面和全部细节，通常可以把一个大问题分成若干个小问题，每个小问题再分成若干个更小的问题，经过多次逐层分解，每个最底层的问题都是足够简单、容易解决的，于是复杂的问题也就迎刃而解了。

结构化分析方法的实质是着眼于数据流，自顶向下，逐层分解，建立系统的处理流程，以数据流图和数据字典为主要工具，建立系统的逻辑模型。

（1）通过对用户的调查，以软件的需求为线索，获得当前系统的具体模型。

（2）去掉具体模型中非本质因素，抽象出当前系统的逻辑模型。

（3）根据计算机的特点分析当前系统与目标系统的差别，建立目标系统的逻辑模型。

（4）完善目标系统并补充细节，写出目标系统的软件需求规格说明。

（5）评审，直到确认完全符合用户对软件的需求。

二、软件的系统设计阶段

（一）软件概要设计概论

在概要设计过程中，需要完成的工作有以下六项：

第一，制定规范。在进入软件开发阶段之初，应为软件开发组制定在设计时应共同遵守的标准，以便调整组内各成员的工作。

第二，软件系统结构的总体设计。采用某种设计方法，将系统按功能划分成模块的层次结构，确定每个模块的功能，确定模块间的调用关系。

第三，处理方式设计。确定为实现系统的功能需求所必需的算法，评估算法的性能；确定为满足系统的性能需求所必需的算法和模块间的控制方式，使得系统的周转时间、响应时间、吞吐量、精度等符合需求定义的目标。

第四，数据结构设计。确定输入、输出文件的详细的数据结构；结合算法设计，确定算法所必需的逻辑数据结构及其操作。

第五，可靠性设计。在软件开发一开始就要确定软件可靠性和其他质量指标，考虑相应措施，以使得软件易于修改和易于维护。

第六，编写概要设计阶段的文档。概要设计阶段需要编写的文档有概要设计说明书和初步的用户操作手册。概要设计的主要目标是把需求转换为软件的体系结构，而软件体系结构包括程序的模块结构和数据结构。

（二）软件概要设计原理

1. 程序设计的模块结构

程序的模块结构表明了程序各个部件（模块）的组织情况，是软件的过程表示。模块结构分成两类：树状结构、网状结构。结构图反映程序中模块之间的层次调用关系和联系，以特定的符号表示模块、模块间的调用关系和模块间信息的传递。

（1）模块。模块用矩形框表示，并用模块的名字标记它。

（2）模块的调用关系和接口。模块之间用单向箭头连接，箭头从调用模块指向被调用模块，表示调用模块调用了被调用模块。

（3）模块间的信息传递。当一个模块调用另一个模块时，调用模块把数据或控制信息传送给被调用模块，以使被调用模块能够运行。而被调用模块在执行过程中又把它产生的数据或控制信息回送给调用模块。

2. 程序设计的数据结构

（1）确定软件涉及的文件系统的结构以及数据库的模式、子模式，进行数据完整性和安全性的设计。

（2）确定输入、输出文件的详细的数据结构。

（3）结合算法设计，确定算法所必需的逻辑数据结构及其操作。

（4）确定逻辑数据结构所必需的那些操作的程序模块（软件包）。

（5）限制和确定各个数据设计决策的影响范围。

（6）若需要与操作系统或调度程序接口相关的所必需的控制表等数据，则确定其详细的数据结构和使用规则。

（7）数据的保护性设计。

第一，防卫性设计。在软件设计中就加入自动检错、报错和纠错的功能。

第二，一致性设计。①保证软件运行过程中所使用的数据的类型和取值范围不变；②在并发处理过程中使用封锁和解除封锁机制，保持数据不被破坏。

第二节　计算机软件设计的原则、模式与技巧

一、计算机软件设计的原则

（一）开-闭原则

开-闭原则（OCP）是指软件应该对扩展开放，对修改关闭。在设计一个模块时，应当使这个模块可以在不被修改源代码的前提下被扩展——改变这个模块的行为。

满足开-闭原则的软件系统通过扩展已有的软件系统，可以提供新的行为，以满足对软件的新需求，使变化中的软件系统有一定的适应性和灵活性。同时，已有的软件模块，特别是最重要的抽象层模块不能再修改，这就使变化中的软件系统有一定的稳定性和延续性。这样的软件系统是一个在高层次上实现了复用的系统，也是一个易于维护的系统。

在运用开-闭原则时，需要考虑设计中可能会发生变化的元素。注意考虑的不是什么会导致设计改变，而是允许什么发生变化而不让这一变化导致重新设计。

尽管在很多情况下，无法百分之百地做到开-闭原则，但是即使是部分满足，也可以显著地改善一个系统的结构。

（二）里氏代换原则

里氏代换原则（LSP）是指子类型必须能够替换掉它们的父类型。子类继承了父类，子类可以以父类的身份出现。即在软件里面，把父类都替换成它的子类，程序的行为没有变化。

里氏代换原则是继承复用的基础。只有当子类可以替换掉父类，软件单位的功能不受到影响时，父类才能真正被复用，而子类也能够在父类的基础上增加新的行为。例如，狗是继承动物类的，以动物的身份拥有吃、喝、跑、叫等行为。当需要猫、羊也拥有类似的行为时，由于它们都是继承于动物，所以除了更改实例化的部分外，不需要改变程序的其他部分。

正是由于子类型的可替换性才使得使用父类类型的模块在无须修改的情况下就可扩展。所以，有了里氏代换原则，才能够满足开-闭原则。而依赖倒转原则中指出，依赖了抽象的接口或抽象类，就不怕更改，原因也在于里氏代换原则。

（三）合成/聚合复用原则

合成也称组合，是一种强的拥有关系，体现了严格的部分和整体的关系，部分和整体的生命周期一样。

聚合表示一种弱的拥有关系或者整体与部分的关系，体现的是 A 对象可以包含 B 对象，但 B 对象不是 A 对象的一部分。

合成/聚合复用原则（CARP）是指在一个新的对象里面使用一些已有的对象，使之成为新对象的一部分；新的对象可以调用已有对象的功能，从而达到复用已有功能的目的。换句话说，要尽量使用合成/聚合，尽量不使用继承。

合成/聚合复用原则会使类和类继承层次保持较小规模，避免成为不可控制的庞然大物。

（四）依赖倒转原则

依赖倒转原则（DIP）讲的是要依赖于抽象，不要依赖于具体。而实现开-闭原则的关键就是抽象化，并且从抽象化导出具体化实现。

在面向对象的系统里，两个类之间有零耦合、具体耦合和抽象耦合三种类型的耦合关系。零耦合是指两个类没有耦合关系；具体耦合是指在两个具体类之间的耦合，一个类对另一个具体类直接引用；抽象耦合是指一个具体类和一个抽象类/Java 接口之间的耦合，有最大的灵活性。依赖倒转原则要求客户端依赖于抽象耦合。

依赖倒转原则是面向对象设计的核心原则，设计模式的研究和应用是以依赖倒转原则为指导原则的。例如，工厂模式、模板模式和迭代模式等。

但是，依赖倒转原则是最不容易实现的。为满足依赖倒转原则，对象的创建一般要使用对象工厂，以避免对具体类的直接引用。同时，依赖倒转原则还会导致大量的类。

此外，依赖倒转原则假定所有的具体类都是会变化的。实际上有一些具体类可能是相当稳定、不会发生变化的，使用这个具体类实例的客户端完全可以依赖于该具体类型，而不必为此设计一个抽象类型。

（五）迪米特法则

迪米特法则（LoD）又称最少知识原则（LKP），是指一个对象应当对其他对象有尽可能少的了解。

1. 广义的迪米特法则

一个设计得好的模块应该将自己的内部数据和与实现有关的细节隐藏起来，将提供给外界的 API 和自己的实现分隔开。这样，模块与模块之间只通过彼此的 API 相互通信，而不理会模块内部的工作细节。这就是面向对象的封装特性。

通过封装实现的信息隐藏可以使各个子系统之间脱耦，它们可以独立地开发，并且可以独立地同时开发各个模块，从而可以有效地加快系统的开发过程。同时，模块间相互没有影响，可以很容易维护。信息的隐藏可促进软件的复用，每一个模块都不依赖于其他模块，因此每一个模块都可以独立地在其他地方使用。

2. 狭义的迪米特法则

狭义迪米特法则是指如果两个类不是必须要彼此直接通信，那么这两个类就不应当发生直接的相互作用。这时，如果其中的一个类需要调用另一个类的某一个方法，可通过第三者转发这个调用。

迪米特法则的缺点是会在系统里造出大量的小方法，散落在系统的各个角落。这些方法的作用是传递间接的调用，与系统的商务逻辑无关。从类图看系统的总体架构时，这些小的方法会造成迷惑。

遵循迪米特法则会使一个系统的局部设计简化，因为每一个局部都不会和远距离的对象有直接关联。但这也会造成系统的不同模块之间的通信效率降低，也会使系统的不同模块之间不容易协调。

（六）接口隔离原则

接口隔离原则（ISP）是指使用多个专门的接口比使用单一的总接口要好。接口通常指一个类所提供的所有方法的特征集合，这是一种在逻辑上才存在的概念。这样，接口的划分就直接带来类型的划分。如果把一个接口看成电影中的一种角色，接口的实现就可以看成这个角色由哪一个演员来演。因此，一个接口应当只代表一个角色，而不能代表多个角色。如果有多个角色，那么每一个角色都应当由一个特定的接口代表。这种角色划分的原则称做角色隔离原则。

另外，可以将接口狭义地理解为 Java 语言中的接口类型 Interface。接口隔离原则就是指针对不同的客户端，为同一个角色提供宽、窄不同的接口。这可以称作定制服务。每一个 Java 接口都仅仅提供对应的客户端需要的行为，而客户端不需要的行为没有放到接口中。这是适配器模式的应用。

迪米特法则要求任何一个软件实体尽量不要与外界通信，即使必须进行通信也应当尽量限制通信的广度和深度。显然，接口隔离原则不向客户端提供不需要提供的行为，是符合迪米特法则的。

（七）单一职责原则

单一职责原则（SRP）表示功能要单一。就一个类而言，应该仅有一个引起它变化的原因。

编程时有时会给一个类加各种各样的功能。比如写一个窗体应用程序，会把各种各样的代码（算法、数据库访问的 SQL 语句）都写到窗体类中。这样，无论有任何需求，都要更改这个窗体类，可维护性和可复用性都不好。

如果一个类承担的职责过多，就等于把这些职责耦合在一起，一个职责的变化可能会削弱或者抑制这个类完成其他职责的能力。当变化发生时，设计会遭到破坏。所以，要发现职责并把职责相互分离。

运用单一职责原则，把计算和显示分开，也就是让业务逻辑与界面逻辑分开，这样耦合度下降，易于维护或扩展。

二、计算机软件设计的模式

（一）计算机软件设计的创建型模式

创建型模式分为类的创建模式和对象的创建模式两种。类的创建模式使用继承改变被实例化的类；使用继承关系，把类的创建延迟到子类，从而封装了客户端得到的具体类的信息，并隐藏了这些类的实例是如何被创建和放在一起的。类的创建模式包括工厂方法模式。对象的创建模式把对象的创建过程动态地委派给另一个对象；可以动态地决定客户端得到哪些具体类的实例，以及这些类的实例是如何被创建和组合在一起的。对象的创建型模式包括简单工厂模式、工厂方法模式、抽象工厂模式、单例模式、建造者模式、原始模型模式等。

第一，简单工厂模式。工厂模式专门负责将大量有共同接口的类实例化。工厂模式可以动态决定将哪一个类实例化，不必事先知道每次要实例化哪一个类。工厂模式包括简单工厂模式、工厂方法模式和抽象工厂模式几种形态。

第二，工厂方法模式。工厂方法模式又称虚拟构造器模式或者多态工厂模式。简单工厂模式的致命缺点就是处于核心地位的工厂类，工厂方法模式解决了这一问题。在工厂方法模式中，核心工厂类不再负责所有产品的创建，而是将具体创建的工作交给子类去做，成为一个抽象工厂角色，仅负责给出具体工厂类必须实现的接口，而不接触哪一个产品类应当被实例化这种细节。工厂方法模式完全符合开-闭原则。

第三，抽象工厂模式。抽象工厂模式又称 Kit 模式，它提供一个创建一系列相关或相互依赖对象的接口，而无需指定它们的具体的类。抽象工厂模式与工厂方法模式最大的区别在于：工厂方法模式针对的是一个产品的等级结构，而抽象工厂模式则针对多个产品的等级结构。

第四，建造者模式。建造者模式将一个复杂对象的构建与它的表示分离，使得同样的构建过程可以创建不同的表示。

第五，原始模型模式。原始模型模式通过给出一个原始模型对象来指明所要创建的对象的类型，然后用复制这个原始模型对象的办法创建出更多同类型的新的对象。其实就是从一个对象再创建另一个可定制的对象，而且不需要知道任何创建的细节，核心是克隆自身。

第六，单例模式。单例模式确保某个类只有一个实例，而且自行实例化并向整个系统提供这个实例，提供一个访问它的全局访问点。核心是创建私有的构造函数。可拓展到有限个实例。

（二）计算机软件设计的结构型模式

结构模式可以分为类的结构模式和对象的结构模式两种。

类的结构模式使用继承把类、接口等组合在一起，以形成更大的结构，包括适配器模式。

对象的结构模式描述怎样把各种不同类型的对象组合在一起，以实现新的功能的方法，包括适配器模式、桥接模式与装饰模式等。

第一，适配器模式。适配器模式又称为转换器模式、变压器模式、包装模式。适配器模式把一个类的接口变换成客户端所期待的另一种接口，从而使原本因接口不匹配而无法一起工作的两个类能够一起工作。该模式的目标是通过一个代理，在原来的类和客户之间进行协调，从而达到兼容的目的。其核心是解决一致性的问题。

第二，桥接模式。桥接模式将抽象部分与实现部分脱耦，使两部分可以独立的变化。抽象类和实现类之间使用组合/聚合关系而不是继承关系，设计更有扩展性，客户端调用时不用知道实现细节；并减少了子类。

第三，装饰模式。装饰模式又名包装模式。装饰模式以对客户透明的方式给一个对象动态地添加一些额外的职责，客户端并不会觉得对象在装饰前和装饰后有什么不同。装饰模式是继承关系的一个替代方案，可以在不使用创造更多子类的情况下，将对象的功能加以扩展；与生成子类相比，它更具有灵活性。

第四，组合模式。组合模式也称合成模式、部分-整体模式，主要是用来描述部分与整体的关系。组合模式将对象组合成树形结构以表示"部分-整体"的层次结构，可以使客户端把一个个单独的成分对象和由它们复合而成的组合对象同等看待。

第五，外观模式。外观模式提供一个统一的接口去访问多个子系统的多个不同的接口。定义了一个高层次的接口，使得子系统更容易被使用。

外观模式提供了一个简单而且公用的接口去处理复杂的子系统，并且没有减少子系统的功能。它遮蔽了子系统的复杂性，避免了客户与子系统直接连接，它减少了子系统与子系统间的连接，每个子系统都有它的 Facade 模式，每个子系统采用 Facade 模式去访问其他子系统。外观模式的缺点是限制了客户的自由，减少了可变性。

第六，享元模式。享元模式以共享的方式高效支持大量的细粒度对象，大幅度地降低内存中对象的数量。也就是说在一个系统中如果有多个相同的对象，那么只共享一份即可，不必每个都去实例化一个对象。

享元模式能做到共享的关键是区分内部状态和外部状态。内部状态就是共性，存储在享元内部，不会随环境的改变而有所不同，是可以共享的；外部状态是个性，是不可以共享的，它随环境的改变而改变，由客户端来保持（因为环境的变化是由客户端引起的）。在享元模式中，由于要产生各种各样的对象，所以在享元模式中常出现工厂模式。

第七，代理模式。代理就是一个人或一个机构代表另一个人或者一个机构采取行动。

代理模式给某一个对象提供一个代理对象，并由代理对象控制对原对象的引用。某些情况下，客户不想或者不能够直接引用一个对象，代理对象可以在客户和目标对象直接起到中介的作用。客户端分辨不出代理主题对象与真实主题对象。

（三）计算机软件设计的行为型模式

行为型模式分为类的行为模式和对象的行为模式两种。

类的行为模式使用继承关系在几个类之间分配行为，包括解释器模式和模板方法模式。

对象的行为模式是使用对象的聚合来分配行为，包括策略模式、模板方法模式、观察者模式、迭代器模式、责任链模式、命令模式、备忘录模式、状态模式、访问者模式、调停者模式、解释器模式。

第一，策略模式。策略模式针对一组算法，将每一个算法封装到具有共同接口的独立的类中，从而使得它们可以相互替换。策略模式使得算法可以在不影响客户端的情况下发生变化。策略模式把行为和环境分开，环境类负责维持和查询行为类，各种算法在具体的策略类中提供。由于算法和环境独立开来，算法的增减、修改都不会影响到环境和客户端。

第二，模板方法模式。模板方法模式定义一个操作中的算法的骨架，而将一些步骤延迟到子类中。使得子类可以不改变一个算法的结构即可重定义该算法的某些特定步骤。

第三，状态模式。状态模式允许一个对象在其内部状态改变时改变其行为，这个对象看上去就像是改变了它的类一样。状态模式在对象内保存特定的状态，并且就不同的状态履行不同的行为。状态模式把所研究的对象的行为包装在不同的状态对象里，每一个状态对象都属于一个抽象状态类的一个子类。当系统的状态变化时，系统便改变所选的子类。

第四，命令模式。命令模式又称为行动模式或交易模式。命令模式通过被称为 Command 的类封装了对目标对象的调用行为以及调用参数。把一个请求或者操作封装到一个对象中，允许系统使用不同的请求把客户端参数化，便请求排队或者记录请求日志，可以提供命令的撤销和恢复功能。

命令模式把发出命令的责任和执行命令的责任分隔开，完全解耦委派给不同的对象。每一个命令都是一个操作：请求的一方发出请求要求执行一个操作；接收的一方收到请求，并执行操作。命令模式允许请求的一方和发送的一方独立开来，使得请求的一方不必知道接收请求的一方的接口，更不必知道请求是怎么被接收，以及操作是否执行，何时被执行以及是怎么被执行的。因此，命令模式提供了灵活性和可扩展性。

第五，责任链模式。责任链模式避免请求发送者与接收者耦合在一起。很多对象由每一个对象对其下家的引用而接起来形成一条链，请求在这个链上传递，直到链上的某一个对象决定处理此请求。发出这个请求的客户端并不知道链上的哪一个对象最终处理这个请求，这使得系统可以在不影响客户端的情况下动态地重新组织链和分配责任。处理者有承担责任或者把责任推给下家两个选择，一个请求可以最终不被任何接收端对象所接收。

第六，备忘录模式。备忘录模式在不破坏封装的前提下，捕获并且保存一个对象的内部状态，从而可以在将来合适的时候把这个对象还原到原先保存的状态。备忘录对象是一个用来存储另外一个对象内部状态的快照的对象。

第七，观察者模式。观察者模式又称发布-订阅模式、模型-视图模式、源-监听器模式或从属者模式。观察者模式定义了对象间一种一对多的依赖关系，让多个观察者对象同时监听某一个主题对象。这个主题对象在状态上发生变化时，会通知所有观察者对象，使它们能够自动更新自己。

第八，调停者模式。调停者模式，也称中介者模式，包装了一系列对象相互作用的方式，使得这些对象不必明显相互作用，从而使其耦合更加松散。当某些对象之间的作用发生改变时，不会立即影响其他的一些对象之间的作用，从而保证这些作用可以彼此独立的变化。调停者模式将多对多的相互作用转化为一对多的相互作用。调停者模式将对象的行为和协作抽象化，把对象在小尺度的行为上与其他对象的相互作用分开处理。

第九，访问者模式。访问者模式封装了施加于某种数据结构元素之上的操作，这些操作修改时，数据结构保持不变。访问者模式适用于数据结构未确定的系统，数据结构和作用于结构上的操作解耦，操作集合可以相对自由的演化。

第十，迭代器模式。迭代器模式可以顺序访问一个容器对象中各个元素，而又不需要暴露该容器对象的内部细节。多个对象聚在一起形成的总体称之为聚集，聚集对象是能够包容一组对象的容器对象。每一个聚集对象都可以有一个或一个以上的迭代器对象，每一个迭代器的迭代状态可以是彼此独立的。

第十一，解释器模式。解释器模式针对给出的一种语言，定义这种语言文法的一种表示。定义一个解释器，客户端可以使用这个解释器用它来解释使用这种语言的句子。在有了一个简单的文法后，解释器模式将描述怎样使用模式设计解释这些语句。在解释器模式中需要定义一个代表文法命令类的等级结构，也就是一系列的组合规则。每一个命令对象都有一个解释方法，代表对命令对象的解释。

解释器模式描述了一个语言解释器是怎么构成的，使用面不是很广，在实际应用中可能很少去构造一个语言的解释器。

三、计算机软件设计的经验技巧

一个计算机系统，经常会遇到黑客等的攻击，特别是一些能够给黑客带来利益的计算机系统，最容易受到攻击。因此，保护计算机系统的安全是一个非常重要的问题。黑客的攻击，主要是通过软件方面的漏洞、缺陷来实施，因此，在设计开发软件系统时，除了完成用户要求的各种必要功能，达到用户要求的各种性能之外，还必须考虑软件系统的安全漏洞等问题。

在软件这个行业中，为提高代码质量付出了大量的心血。尽管代码质量非常重要，但我们不能只关注完善代码正确性的问题。暂时假定此时代码是完美的，它也只是按照目前的标准而言是完美的——它只反映了在开发时的最佳做法。然而，漏洞研究领域在不断地发展。四年前，整数溢出攻击几乎闻所未闻，但现在它们俨然已成为常见的攻击手段。设想一下将这一范围扩大到你曾经交付给客户的所有代码中。你需要将观点从"我的代码质量非常好"转变为"虽然以目前的知识来看，我的代码是最好的，但它仍可能存在安全缺陷"。一旦进入这一思想境界，攻击面减少（ASR）的基本原理就变得非常容易领会了。应用程序的攻击面是所有用户都可以使用的代码、接口、服务、协议和准则的并集，并侧重于未经身份验证的用户可以访问的内容。

ASR 的核心原则是所有代码都可能具有一个或多个漏洞，且某些漏洞会导致客户的利益受到损害。因此，确保客户利益不会受到损害的唯一方式就是将代码的使用率降低为零。考虑到安全和未知的风险，ASR 是理想的折中方案——它将暴露在不受信任用户面前的代码减少到最低限度。代码质量与攻击面减少相结合，可以帮助生成更安全的软件——完美的代码无法单独达到这一目标。请记住，永远不要忘记对你的客户的追踪服务：他们需要应用你的所有安全更新方案和策略。

在这里，作者将说明一个简单的过程，以便帮助减少攻击面，并提高应用程序的安全性。ASR 有三个主要目标：①减少在默认情况下执行的代码数量；②减少不受信任的用户在默认情况下可访问的代码数量；③在代码受到攻击时降低受损害程度。

（一）减少运行代码数量

将 80/20 规则应用于所有功能领域，如果 80% 的用户不能使用，就会考虑关闭该功能。此举相对容易——只需关闭一些功能即可。应用 80/20 规则，并问自己一下，如果答案是否定的，则将其关闭并使其很容易重新打开。在 WindowsServer2003 中，关闭了 20 个以上的服务功能，因为如果服务不运行，它就不会受到攻击。例如，默认情况下不会安装

计算机软件基础及其软件开发设计策略

Web 服务器 IIS6.0，如果确实安装了它，则默认情况下它只提供静态文件，所有形式的动态 Web 内容都是可选择性加入的。举个例子来说，如果在 WebDAV 中存在安全缺陷，则受到影响的客户只是那些频繁使用 IIS 和 WebDAV 的客户，而不是 WindowsServer2003 的所有用户。

显然，关闭部分应用服务功能可能会导致原来能够正确操作的应用程序失败，并且当人们想要使用该功能时，可能会增加复杂性。然而，ASR 不仅仅是一个"打开或关闭"建议，它可以通过限制在代码运行后可以访问它的用户的权限来减少攻击面。这会导致一个有趣的副作用：许多功能仍然可用，但是攻击者无法访问。

（二）限制不受信任的用户的访问权限

限制可访问指定 Web 站点上的 WebDAV 功能的另一个方式是：使用 WebDAV 限制对任何站点的访问。默认情况下，大多数 Web 站点都可供所有用户访问（不管他们有什么意图），因此 Internet 上的任何攻击者都可能利用此缺陷。但是，如果 Web 服务器将访问权限只授予受信任的用户或特定子网上的用户，则只有较少的用户可以利用该缺陷。这样做很好，因为代码可以为那些需要该功能的用户工作。

例如，WindowsXP ServicePack2 中的防火墙，当打开该防火墙时，一个很常见的方案崩溃了：小型家庭网络（其中，一台中心计算机充当家庭中其他计算机的文件和打印服务器）。通过在防火墙中关闭端口来禁用该功能是一项不可行的选择，因为这可能会损害成百上千个用户的利益。折中的方案是打开这些端口，但是只在用户的本地子网上这样做。合法用户可以访问文件并打印它们，但是那些攻击者则无法这么做。

另一个减少可与可能存在漏洞的代码进行通信的人员数量的方式是，在调用方访问代码之前对其进行身份验证（当然攻击者也将尝试攻击身份验证代码），在 WindowsXP SP2 中就是这样做的。系统将对远程过程调用（RPC）终结点的访问权限授予合法的 Windows 用户，而匿名用户（可能是攻击者）则无法访问该终结点，因而也无法攻击代码。请记住，大多数攻击者都没有经过身份验证，并且通过稍微提高一些身份验证的门槛，就可以消除大量潜在的攻击者的威胁。对于每台 Web 服务器，禁用的首要设置之一就是匿名访问。

（三）减少特权以限制受损害的可能性

暂时假设此时的代码没有漏洞，并且不使用上述建议的某些简单措施来限制对代码的访问。用户仍然可以通过用减少的特权操作代码来降低损害可能性。

　　例如，正在开发的工具需要一个"危险"的 Windows 特权——备份特权。这很可怕，因为在具有该特权的账户下运行的任何进程都可以读取文件系统中的任何文件，而不管文件上的访问控制列表（ACL）是如何设定的。这就是为什么它被称为备份特权的原因——用户不会希望备份应用程序因为存在 ACL 冲突而只备份某些文件，却不备份其他文件。有两个解决该问题的办法：可以用 SYSTEM 账户（它具有特权）运行该服务，或者可以在只具有该特权的特定账户下运行该服务。SYSTEM 的问题在于它具有备份特权，同时它还具有还原特权、调试特权以及"充当操作系统的一部分"的特权，并且它还是管理账户——我想你可以猜到我的选择。除非你已经尝试了所有其他可能，否则你永远都不应该用 SYSTEM 账户作为 ROOT 账户的守护程序，或使用具有管理权限的用户账户来运行服务，因为代码中的缺陷可能会导致灾难性的故障。将默认账户设置成较低的权限，并且如果边界方案不能工作，请让管理员知道哪些方案执行失败，并允许他进行更改（如果他认为利益胜过风险的话）。当人们考虑到减少攻击面时，他们通常会想到安全设计，但是开发人员（而不仅仅是设计人员和架构师）也可以通过分析匿名代码路径来帮助推动这一过程。

（四）匿名代码路径

　　对建模过程构成威胁的行动可涉及生成数据流关系图（DFD）或类似技术的使用。举例来说，可以使用统一建模语言（UML）的交互关系图，以标识应用程序的入口点，而这些入口点可能会被攻击者访问。作为开发人员，首要任务是确保所有代码入口点已经整合到 DFD 中。接下来，需要仔细研究每个入口点，以确定访问该入口点所需的权限。然后，通过 DFD 进行追踪，以找出代码可能接触到的所有潜在数据流、数据存储和进程，或更准确地说，找出攻击者可能接触到的代码。

　　假设代码只有两个面向网络的入口点：一个是匿名的，另一个只有管理员可以访问——因为代码在用户能够继续执行之前对他们进行身份验证。现在考虑一下：攻击者将从哪个位置进行攻击，他将通过匿名数据路径（也称威胁路径）攻击代码，原因仅仅是因为他能够这样做。他不会尝试通过管理员代码路径进行攻击，因为如果他能这样做，那他就已经是管理员了。

第三节 计算机软件的开发设计技巧

一、清晰的需求分析

在计算机软件开发设计中经常存在一些问题影响设计效果，因此需要针对存在的常见性问题制定有效的改善措施提高设计质量，进而推动计算机技术快速发展。

在软件开发的早期阶段，进行充分的需求分析是至关重要的。与客户、用户和利益相关者密切合作，确保对系统功能和性能需求的准确理解，这有助于避免后期的设计修改和重构，并确保软件满足用户的期望和需求。需求分析是软件开发过程中的关键步骤，它涉及与相关利益、相关者进行有效沟通和合作，以了解他们的期望、需求和约束条件。

（一）沟通与合作

与客户、用户和其他利益相关者进行积极的沟通和合作是需求分析的核心。通过面对面的会议、讨论会和工作坊等形式，与相关方准确沟通，收集和梳理他们的需求、期望和问题。通过与他们密切合作，可以确保对需求的准确理解。

第一，面对面会议。面对面会议是一种直接交流的形式，通过与相关方面对面地讨论需求、期望和问题，促进深入理解和有效沟通。

第二，讨论会。讨论会是一个团队集会，旨在共同讨论和解决需求相关的问题。通过集思广益的讨论，可以促进各方对需求的认识和理解。

第三，工作坊。工作坊是一种以合作和互动为基础的工作会议形式，旨在促进需求的收集、整理和共享。通过参与者之间的合作和协作，可以深入探讨和澄清需求。

第四，需求收集。需求收集是指通过与相关方交流、观察和研究等方式，收集和获取需求信息的过程。这包括识别相关方的需求、期望和问题，并将其转化为明确的需求文档或规范。

第五，需求澄清。需求澄清是指与相关方进一步沟通和验证需求，以确保对需求的准确理解。通过与相关方的反馈和确认，可以澄清需求的细节和特定要求。

第六，利益相关者管理。利益相关者管理是指与各个利益相关者建立和维护积极的合作关系，以确保他们的需求和期望得到充分考虑。这包括识别利益相关者、了解他们的需求和利益，并在需求分析过程中积极与他们进行沟通和合作。

第七，协作工具。协作工具是指用于支持沟通和合作的软件工具和平台。这些工具可以帮助团队成员实时共享和编辑文档、进行在线讨论和会议，并跟踪需求的变化和进展。

（二）需求收集

需求分析的第一步是收集和整理各方的需求。这可以通过面谈、问卷调查、焦点小组讨论等方式进行。需求收集的目标是获得全面而准确的信息，包括功能需求、非功能需求、用户界面要求、性能要求等。同时，也要收集相关的约束条件，如时间、预算、法律法规等。

第一，面谈。面谈是一种直接交流的方式，通过与相关方进行一对一的访谈，可以深入了解他们的需求和期望。面谈可以提供详细和具体的信息，并促进双方的互动和理解。

第二，问卷调查。问卷调查是一种收集大量意见和反馈的方式，可以通过编制调查问卷并分发给相关方，收集他们的需求和看法。问卷调查具有广泛的参与性和匿名性，但可能限制了深入的交流和对细节的了解。

第三，焦点小组讨论。焦点小组是一种团体讨论的形式，由一组相关方共同参与。在焦点小组讨论中，可以促进不同观点的交流和碰撞，收集多样化的需求，并深入探讨特定问题和主题。

第四，观察和研究。观察和研究是通过观察用户和相关方的实际行为和环境，了解他们的需求和工作流程。通过观察和研究，可以发现隐藏的需求和问题，并提供实际的数据支持。

第五，需求工作坊。需求工作坊是一个集体讨论和协作的活动，旨在收集和整理需求。在工作坊中，可以邀请各方参与，通过小组讨论、角色扮演和头脑风暴等方式，梳理需求、识别优先级和解决矛盾。

第六，需求优先级。需求优先级是指对不同需求的重要性和紧迫程度进行排序和划分。通过与相关方的沟通和协商，可以确定需求的优先级，以便在资源有限的情况下做出明智的决策。

第七，需求文档。需求文档是记录和描述需求的文件或规范。它包括功能需求、非功能需求、用户界面要求、性能要求等。需求文档是与相关方共享和验证需求的重要工具。

（三）需求分析与规划

在需求收集的基础上，需进行需求分析和规划，将需求进行整理、分类和优先级排序。这包括识别关键需求、梳理需求之间的依赖关系、确定需求的优先级和稳定性，以及制订合理的需求计划和时间表。

第一，需求整理和分类。通过对收集到的需求进行整理和分类，可以将它们按照功能、性能、安全性等方面进行归类，以便更好地理解和组织需求。

第二，关键需求识别。在众多的需求中，有些需求对系统或产品的成功至关重要。通过识别关键需求，可以将重点放在满足这些需求上，以确保核心功能和价值的实现。

第三，需求依赖性分析。需求之间可能存在依赖关系，某些需求的实现可能依赖于其他需求的完成。通过分析需求之间的依赖关系，可以确定先后顺序和相互关联的需求组合。

第四，需求优先级排序。根据项目的目标、战略和约束条件，对需求进行优先级排序。这可以帮助确定哪些需求应该在早期实现，以及哪些需求可以在后续阶段进行。

第五，需求的稳定性评估。需求的稳定性指需求是否会随着时间和项目进展的变化而发生较大的变动。评估需求的稳定性有助于确定是否应该对其进行进一步详细规划和实施。

第六，需求计划和时间表。基于需求的优先级和稳定性，制订合理的需求计划和时间表。这可以帮助项目团队进行资源分配、任务安排和进度管理，以确保按时交付满足需求的产品或系统。

（四）需求验证

需求验证是确保需求准确性和一致性的过程。通过与相关方进行反馈和确认，验证需求是否满足他们的期望和需求。这可以通过原型设计、用户验收测试和需求评审等方式进行。需求验证的目的是尽早发现和纠正可能存在的问题，减少后期的调整和修改。

第一，原型设计。通过创建原型或模型，以可视化和实际的方式展示系统或产品的功能和用户界面。原型设计可以帮助相关方更好地理解和验证需求，提供具体的参考和反馈。

第二，用户验收测试。将系统或产品交付给最终用户进行测试和验证。用户验收测试可以验证需求是否满足用户的期望和使用场景，发现潜在的问题和改进的机会。

第三，需求评审。通过与项目团队、相关方和利益相关者的讨论和审查，对需求进行评审和确认。需求评审可以帮助发现需求的不一致性、遗漏或冲突，并提供相应的解决方案。

第四，需求追踪矩阵。建立需求追踪矩阵，将需求与设计、开发和测试等阶段的工作进行关联。需求追踪矩阵可以帮助跟踪需求的实现情况，并确保每个需求都得到验证和满足。

第五，反馈和确认。与相关方进行积极的沟通和反馈，确保需求的理解和准确性。通过与相关方的确认，验证需求是否满足他们的期望，并及时调整和纠正可能存在的问题。

二、合适的数据结构和算法

在计算机软件开发中，选择合适的数据结构和算法对于系统的性能和效率至关重要。了解各种数据结构和算法的特点、时间复杂度和适用场景，并根据具体问题选择最合适的实现方式，是开发高效软件的关键。

（一）数据结构的选择

在软件开发中，数据结构用于组织和存储数据。不同的数据结构具有不同的特点和适用场景。例如，数组适用于随机访问和固定大小的数据集，链表适用于频繁插入和删除操作，哈希表适用于快速查找等。了解不同数据结构的优缺点，并根据问题的需求选择合适的数据结构，可以提高系统的效率和性能。

（二）算法的选择和优化

算法是解决问题的具体步骤和方法。在软件开发中，选择合适的算法对系统的性能至关重要。例如，排序算法中，快速排序适用于大规模数据集，而插入排序适用于小规模或基本有序的数据集。此外，通过对算法的优化，可以进一步提高系统的响应速度和资源利用率。例如，通过使用空间换时间的方法，可以降低算法的时间复杂度。

（三）算法的实现和调优

选择合适的算法后，优化算法的实现是提高系统性能的关键。合理使用数据结构和算法的 API 和功能，避免不必要的内存或计算开销。同时，对算法进行细致的调优，例如通过减少循环次数、避免重复计算等，可以进一步提高算法的效率。

（四）基于实际问题的分析和优化

在选择数据结构和算法时，需要综合考虑实际问题的特点和要求。对于不同类型的问题，可能需要有针对性地选择特定的数据结构和算法。例如，图算法适用于解决网络相关的问题，字符串匹配算法适用于文本处理等。对问题进行深入分析，结合算法和数据结构的知识，可以找到最优的解决方案。

（五）持续学习和更新

计算机领域的数据结构和算法在不断发展和更新。为了保持竞争力和应对不断变化的需求，开发人员应持续学习和掌握最新的数据结构和算法。参加培训、阅读相关的学术论文和书籍，参与开源社区的讨论，可以帮助开发人员不断提升自己的技能和知识。

三、进行测试和调试

在软件开发过程中，进行全面的测试和调试是必不可少的。使用各种测试方法和工具进行单元测试、集成测试和系统测试，以确保软件的功能和性能达到预期，及时发现和修复错误，提高软件的质量和稳定性。

（一）单元测试

单元测试是软件开发过程中的一种测试方法，用于对最小可测试单元进行独立测试，例如函数、方法或模块。它的目的是验证每个单元的功能是否按照预期工作，并检查代码的正确性和可靠性。

在进行单元测试时，开发人员编写针对每个单元的测试用例，包括各种输入和预期输出的组合。通过执行这些测试用例，开发人员可以检查单元的行为是否符合预期，是否满足设计要求。单元测试通常涵盖了各种正常情况、边界情况和异常情况，以尽可能覆盖不同的代码路径和执行逻辑。

在进行单元测试时，通常会使用测试框架和断言库来辅助测试编写和执行。测试框架提供了一组工具和方法，用于组织和执行测试用例，而断言库用于验证实际结果与预期结果是否一致。

（二）集成测试

集成测试是在单元测试之后的一个测试阶段，它的目标是验证多个单元（组件或模块）之间的协作和交互是否正常工作。在集成测试中，将已通过单元测试的独立单元组合在一起，以测试它们在整个系统中的集成和整体功能。

集成测试的主要任务是确保不同单元之间的集成过程是正确的，各个单元之间的接口和数据传递是可靠的。通过模拟真实的系统环境和场景，集成测试可以发现在单元测试阶段未曾发现的问题和错误，例如接口不匹配、数据传递错误、依赖关系问题等。

集成测试可以按照不同的策略进行，如自上而下集成测试和自下而上集成测试。自上而下集成测试从系统的高层开始，逐步添加和测试下层的单元，以确保整个系统的功能完整性和正确性。自下而上集成测试则从底层的单元开始，逐步添加和测试上层的单元，以验证各个单元的集成过程。

在集成测试过程中，测试人员会设计和执行一系列集成测试用例，以验证不同单元之间的协作和交互。测试用例涵盖了各种场景和情况，包括正常情况、异常情况和边界情况。通过集成测试，可以评估整个系统的集成和整体功能的正确性，发现和解决可能存在的问题和缺陷。

集成测试通常需要使用模拟数据和模拟环境，以确保测试的独立性和可控性。测试人员会记录和跟踪测试结果和问题，与开发团队进行沟通和协调，以确保问题得到及时修复。

通过集成测试，可以验证整个系统的集成和整体功能是否满足预期，减少后续阶段的集成问题和风险，并提高软件的质量和可靠性。它是软件开发过程中不可或缺的一环，帮助确保各个单元之间的协作和交互的正确性和稳定性。

（三）系统测试

系统测试是软件开发的最后阶段进行的全面测试，其目的是验证整个系统的功能、性能和可靠性。系统测试模拟真实的用户场景和使用环境，以确保软件能够在实际运行中正常工作并满足用户的需求。

在系统测试中，测试人员会测试整个系统的各个组件之间的交互和集成。这包括测试用户界面的交互性和易用性，验证数据在系统内的流动和处理是否正确，以及测试系统的错误处理和异常情况的响应能力。系统测试还包括对系统性能的评估，如测试系统在负载情况下的响应时间、吞吐量和资源利用率等。

系统测试的重点是验证整个系统的完整性和一致性。测试人员会根据需求规格和系统设计文档，设计和执行一系列测试用例，以确保系统的各个功能在不同的测试场景下正常运行。这包括功能性测试，用于验证系统的核心功能是否按照规定的要求工作；兼容性测试，用于测试系统在不同平台、操作系统和浏览器上的兼容性；安全性测试，用于评估系统的安全性和防护能力等。

在系统测试过程中，测试人员通常会记录和跟踪测试结果和问题。他们会生成测试报告，将测试结果和发现的问题进行汇总和分析，并与开发团队进行沟通和协调，以确保问题得到及时修复。系统测试还可以与用户进行用户验收测试，以确保系统满足用户的实际需求和期望。

通过系统测试，可以发现和修复系统中存在的缺陷和问题，提高软件的质量和可靠性。它是软件开发过程中至关重要的一环，帮助确保软件的功能完整、性能稳定，并满足用户的需求和期望。

（四）自动化测试

自动化测试是利用专门的工具和脚本来执行测试过程，以减少人工操作并提高测试效率的一种方法。它通过编写脚本和配置测试工具，实现对软件系统的自动化测试。

自动化测试的主要优势是它可以覆盖大量的测试用例，并且可以重复执行这些用例。相比于手动测试，自动化测试可以快速执行大量的测试脚本，从而更全面地检查软件的各个功能和模块。这有助于发现隐藏的错误和缺陷，并提高软件的质量和可靠性。

另一个重要的优势是自动化测试可以加快测试速度。由于测试用例是以自动化脚本的形式运行，测试过程可以在较短的时间内完成，而无须手动操作。这样可以大大缩短测试周期，提高测试效率，加快软件的上线速度。

此外，自动化测试还可以及时进行回归测试。当软件代码发生变化时，自动化测试可以迅速执行相关的测试脚本，以验证修改后的代码是否引入了新的问题或导致了已有功能的故障。这有助于捕捉潜在的问题，并确保软件在不断迭代和演进的过程中仍然保持稳定和一致性。

尽管自动化测试具有许多优势，但也需要注意其适用性和限制。不是所有的测试都适合自动化，特别是对于一些复杂的测试场景和用户交互方面的测试。在选择自动化测试时，需要评估测试对象的特点和测试需求，确定哪些测试可以自动化，并制定合适的测试策略和计划。

（五）错误修复和调试

在软件开发过程中，测试是一个关键的环节，它帮助发现和纠正各种错误和问题。测试过程中发现的错误需要开发人员及时修复，以确保软件的质量和稳定性。为了有效地进行错误修复，开发人员可以使用各种调试工具和技术。

一种常用的调试方法是使用日志记录。通过在代码中插入适当的日志语句，可以跟踪程序的执行流程和状态信息。日志记录可以帮助开发人员定位问题所在，并提供有关错误发生的详细信息。开发人员可以根据日志信息追踪错误发生的原因，并进行逐步排查和修复。

断点调试是另一种常见的调试技术。开发人员可以在代码中设置断点，当程序执行到断点处时会暂停，允许开发人员逐行查看程序状态和变量值。通过断点调试，开发人员可以逐步追踪代码的执行，找出错误的具体位置，并进行修复。

　　性能分析工具也是调试过程中常用的工具之一。性能分析工具可以帮助开发人员评估程序的性能瓶颈和资源消耗情况。通过分析程序的运行时性能指标，开发人员可以找出影响程序性能的问题，并进行相应的优化和改进。

　　除了以上提到的调试工具和技术，还有许多其他的调试方法和工具可供开发人员使用，如内存调试工具、代码静态分析工具等。根据具体的问题和需求，开发人员可以选择适合的调试工具和技术，以提高错误修复的效率和准确性。

　　通过仔细的错误修复和调试过程，开发人员可以逐步提高软件的可靠性和用户体验，确保软件能够按照预期的方式运行，并满足用户的需求和期望。

第四章　计算机软件结构化开发设计技术

第一节　计算机程序执行的机理

计算机出现前，人类已经积累了许多解决问题的经验。解决问题时并不一定使用计算机，如果使用计算机，只不过在解决问题的时间、空间、精度等方面提供更大的方便而已。

在计算机与人类交互的界面操作系统环境下，如果希望运行一个程序，就要把包含这个程序的文件名称告诉操作系统，再由操作系统运行程序。如果你想编辑一个文件，也要告诉操作系统文件名是什么，它会启动编辑器，以便对那个文件进行处理。对于大多数用户来说，操作系统就是计算机。没有操作系统，大多数用户就不能使用计算机。一些常用的操作系统有 UNIX、DOS、Linux、Windows、Macintosh 和 VMS。最早的计算机程序只不过是计算机能直接执行的一些基本指令表。随着时间的推移，程序员写出了更复杂的程序，这些表变得很难管理，原因是它们缺乏结构，不便于人脑的管理。对机器来说，执行一个包含几千条指令的表不会有什么问题，因为机器机械地执行每一条指令而不管它的意义和结果。但对于关心程序意义的程序员来说，要了解由几千条很难区别的指令组成的表是很困难的。程序设计语言的历史，在很大程度上是记录了在这些基本的指令表上怎样加上了利于人读的结构。

在计算机存储器中，虽然信息实际上表示成 0 和 1，但用编程语言（如 C++）编程时，不必过多关心这一事实。但是，一旦开始写程序，许多人仍然希望知道 0 和 1 是如何使用和转换的。计算机必须将这些 0、1 序列解释成字母、数字、指令或者其他类型的信息。计算机根据特定的编码方案来自动执行这些解释。针对存储在计算机存储器中的每种类型的数据项，都要采用一个不同的编码；字母使用一个代码，整数使用另一个代码，小数使用另一个代码，指令使用另一个代码，依此类推。例如，在一个常用的代码集中，01000001 是字母 A 的编码，也是数字 65 的编码。为了确定特定位置中的 01000001 代表的是什么，计算机必须跟踪了解目前在此位置使用的哪一个编码。庆幸的是，程序员很少关心这些编码，并可放心地假定位置中实际包含的字母、数字或者其他数据项。

我们已经知道，数据结构在程序设计中起着重要的作用。计算机解决问题方法的效率与算法的巧妙程度有关，而精心选择的数据结构可以带来高效率的算法。正因如此，可以说数据结构与算法是计算机科学的核心。

数据的逻辑结构反映了数据内部的逻辑关系，是面向实际问题的；而存储结构是面向计算机具体实现的，其目标是将数据及其逻辑关系存储到计算机中。仅有逻辑结构，只能确定对数据有哪些操作，而如何实现这些操作是不得而知的。因此，只有确定了数据的存储结构，才能设计对数据的具体操作算法。而且对于相同逻辑结构的同一种操作，如果采用不同的存储结构进行存储，对数据处理的效率往往也是不同的。因此，需要根据对数据的操作来设计合理的存储方式，以提高处理效率。

程序设计的实质是针对实际问题选择一种好的数据结构，加之设计千个好的算法，而好的算法在很大程度上取决于描述实际问题的数据结构。

通常用计算机解决一个具体问题需要如下步骤：首先从问题中抽象出一个适当的数学模型，再设计一个解该数学模型的算法，然后编写程序，进行测试、调整直至得到最终解答。

计算机解决的问题可以概括为两类：一类是数值计算问题，指有效使用计算机求数学问题近似解的方法与过程；另一类是非数值计算问题，处理与自然界和人类社会的相关的文字、图形、图像、声音等数据。前者涉及的问题的数学模型能通过数学方程描述，操作对象一般是简单的整形、实型或布尔类型数据，无须重视操作对象之间的关系及存储；后者涉及的操作对象不再是简单的数据类型，其形式更多样、关系及结构更复杂，数学模型无法直接用数学方程进行问题及操作对象之间关系的描述。下面所列举的就是属于这一类的具体问题。

例如，在 n 个城市之间建立通信网络，要求在其中任意两个城市之间都有直接的或间接的通信线路。在已知城市之间直接通信线路建设预算造价的情况下，选择恰当的网络结构使网络的总造价最低。当 n 很大时，这样的问题只能用计算机来求解。我们用图状结构来描述 7 个城市之间的通信线路，如用圆圈表示一个城市，两个圆圈之间的连线表示对应城市之间的通信线路，连线上的数值表示该通信线路的造价，利用计算机可以求出满足要求的通信网络。

诸如此类的结构还有校园网拓扑结构图、工程建设项目图、铁路交通网、公路交通网等等，这些都是典型的网络结构，每个节点与多个其他节点互连，形成了元素之间的多对多的网状关系，图的操作依然为查找、插入和删除等，但它不同于树结构、线性结构的操作，比如最短路径求解、最短工期安排等等。这类数学模型称为图状的数据结构。

"数据结构"的研究在不断发展，一方面，面向各个专门领域中特殊问题的数据结构正在研究和发展；另一方面，从抽象数据类型的观点来讨论数据结构，已经成为一种新的趋势，越来越被人们所重视。学习数据结构的目的是为了掌握计算机处理对象的特性，将现实世界的问题所涉及的处理对象在计算机的信息世界中表示出来并对它们进行处理，这是构造性思维能力的锻炼和提高，它将实现对程序抽象能力和数据抽象能力的强化。

算法就是解题的方法。从计算机处理的角度看，算法是由若干条指令组成的有穷序列。

通常一个问题可以有多种不同的算法，每个算法必须满足以下 5 个准则。

输入：具有 0 个或多个输入的参数。

输出：算法执行要有输出结果，不同的输入通常对应不同的输出。

有穷性：算法中每条指令的执行次数必须是有限的，也就是说，算法在执行了有穷步后能够结束。

确定性：每条指令必须有确切的含义，无二义性。

可行性：每条指令的执行时间都是有限的。

算法与程序的概念略有差别，程序可以不满足有穷性。例如，操作系统这种特殊的程序或者其中的服务程序，只要系统不关闭或不遭破坏，它们就不会停止，而是无限循环地执行下去。一般来讲，将一个算法用计算机程序设计语言来编写后，便形成一个程序。

第二节　软件开发工具的结构

一、软件开发工具类型

（一）需求分析工具

需求分析工具是在软件系统分析阶段用来严格定义需求规格的工具，可以将软件系统的逻辑模型清晰地表达出来。需求分析工具主要包括数据流程图绘制工具、图形化的 E-R 图编辑工具等。

（二）设计工具

设计工具是用来进行系统设计的。设计工具将设计结果表达出来形成设计说明书，并检查设计说明书中是否有错误，然后找出并排除这些错误。设计工具主要包括系统结构图的设计工具以及面向对象的可视化建模工具。

（三）编码工具

编码工具为程序员提供各种便利的编程作业环境，辅助程序员用某种程序设计语言编制源程序，并对源程序进行翻译，最终转换成可执行的代码。编码阶段的工具主要包括代码编辑器、常规的编译器、链接程序、调试器等。目前，广泛使用的编程环境就是这些工具的集成化环境。例如，早期微软的 VB、微软的 VS 系列等。

（四）测试工具

测试工具支持整个软件测试过程，包括测试用例的选择、测试程序与测试数据的生成、测试的执行及测试结果的评价。测试过程中使用测试工具在很大程度上提高了测试效率。例如，用于功能和回归测试的 QTP 工具、用于性能负载测试的 Load Runner 工具等。

（五）配置管理工具

软件项目通常是由一个研发小组共同完成的。在整个开发过程中，需要涉及各个方面的人员对软件的各类修改，势必会形成众多的软件版本，而且并不能保证不出现错误的修改，因此迫切需要一个有效的手段进行管理。例如，配置管理工具 VSS，提供了完善的版本和配置管理功能，以及安全保护和跟踪检查功能。

（六）运行维护工具

软件运行维护工具主要包括源程序到程序流程图的自动转换工具、日常运行管理和实时监控程序等。

（七）项目管理工具

项目管理工具可以帮助用户跟踪收集与工作有关的所有信息、以标准格式呈现项目计划、高效地安排任务和资源以及管理项目。例如，项目规划和管理软件 Microsoft Project 2016。

二、软件开发工具的结构

已清楚地了解程序执行的原理，同时也知道程序在计算机中的重要地位。用计算机解决问题，必须要编制相应的程序，程序或软件开发用什么编写？编写的工具是好是坏？这就需要对目前用到的计算机编程工具有一定的了解。目前，程序设计语言仍然是编写程序的主要工具。本节主要介绍高级程序设计语言的组成结构。

程序设计语言需要有语言文本来精确地规定其功能、源程序的表示、语义和其限制，以及语用、语境等其他信息。语言文本是实现者（包括厂商和开发人员）和使用者（包括编程人员）之间的界面。文本是实现系统的抽象。因此，用户使用语言 A 的某个版本 i，那么使用 i 编出的源程序，理论上讲可以在任何配置有 i 的实现系统 Ai 的计算机系统上进行编译和运行，其功能应当是相同的，即运行结果是一样的。但由于实现系统和算法的不同，其性能可能有很大的差距。

在了解程序设计语言时，应该注意 3 个方面。

1. 语法。语法是程序的结构或形式，即表示构成语言的各个记号之间的组合规律，但不涉及记号的特定含义，也不涉及使用者。它刻画的是什么样的符号串可组成一个有效的程序，人们根据语法描述可判断一个程序是否符合规定的语法。程序的语法错误是不难纠正的，因为编译软件会自动进行语法检验。

2. 语义。语义指程序的含义，描述的是用这种语言编写的程序的含义。亦即表示程序表示中各个记号的特定含义，但不涉及使用者。程序语义错误是难以发现的，因为它是在源程序编译通过后，在程序运行时才出现和发生，属于算法类的错误。

3. 语用。语用是指程序设计语言和用户之间的人机交互。用户是多层次的，包括使用该程序设计语言的软件开发人员，程序设计语言成分和设施的设置、实现需要考虑软件开发人员的需求和心理因素。如界面成分和输入输出数据是最终用户主要的人机交互内容，因此语用把它作为重点讨论部分。对语用概念的深入讨论，会有利于语言设施和设计方法学的发展，对提高可靠性会有帮助。

总之，程序设计语言有有限的语法规则集，有限的词汇集，有严格的语义解释。不同程序设计语言文本的描写方法有相当大的差别，字数篇幅详简程度也很不相同，但仍有许多共同点。首先，人们定义程序设计语言是一套表达计算过程的符号系统，其表达形式能够同时被计算机和人所理解。根据冯·诺依曼提出的计算机体系结构，数据和指令被存储在存储器中，而中央处理器按顺序执行存储器中的计算机指令。程序设计者就认识到使用符号来表示指令代码和数据存储地址将带来极大的方便。

在基于冯·诺依曼体系结构的计算机语言中，语言成分包括数据说明，加工传送、流程控制、输入输出和程序封装结构等 5 类。这 5 类成分有的变化很大，有的变化较小，这是程序设计语言发展中程序设计方法学等因素在起作用。程序设计语言是沿着以过程为核心，以数据为核心，以对象为核心，以组件为核心，以中间件为核心和软件体系结构为核心，向着更加智能（认知）的成分发展。

第三节 结构化程序设计与良结构的程序

一、结构化设计方法

"针对一些大型项目的开发，为了提升软件的质量及其开发效率，在我们对程序进行详细设计之前，必须要对软件的总体结构进行确定，而在软件总体结构确定的过程中，结构化设计方法属于一个主要的手段。"[1] 结构化设计方法（也称为基于数据流的设计方法），作为概要设计（总体设计）的主要方法，它与结构化分析方法衔接起来使用，以结构化分析方法得到的数据流图为基础，通过映射把数据流图变换成软件的模块结构。结构化设计方法尤其适用于变换型结构和事务型结构的目标系统。

（一）数据流的类型

面向数据流的设计方法把信息流映射成软件结构，信息流的类型决定了映射的方法。典型的信息流有如下两种类型。

1. 变换流

根据基本系统模型，信息通常以"外部世界"的形式进入软件系统，经过处理以后再以"外部世界"的形式离开系统。

变换型系统结构图由输入、变换中心、输出三部分组成。信息沿输入通路进入系统，同时由外部形式变换成内部形式，进入系统的信息通过变换中心，经加工处理以后再沿输出通路变换成外部形式离开软件系统。当数据流图具有这些特征时，这种信息流就叫作变换流。

2. 事务流

基本系统模型意味着变换流，因此，原则上所有的信息流都可以归结为这一类。事务流是"以事务为中心的"。也就是说，数据沿输入通路到达一个处理 T，这个处理根据输入数据的类型在若干个动作序列中选出一个来执行。

---

[1]刘薇. 关于软件工程之中的结构化设计方法探究 [J]. 计算机光盘软件与应用，2013, 16 (01): 242, 264.

这类数据流应该划为一类特殊的数据流，称为事务流。其特点是：接受一项事务，根据事务处理的特点和性质选择分派一个适当的处理单元，然后给出结果。事务中心完成下述任务：

（1）接收输入数据（输入数据又称为事务）。

（2）分析每个事务以确定它的类型。

（3）根据事务类型选取一条活动通路。

（二）变换分析

变换分析是一系列设计步骤的总称，经过这些步骤把具有变换流特点的数据流图按预先确定的模式映射成软件结构。

一旦确定了软件结构就可以把它作为一个整体来复查，从而能够评价和精化软件结构。在这个时期进行修改只需要很少的附加工作，却能够对软件的质量特别是软件的可维护性产生深远的影响。

仔细体验上述设计途径和"写程序"的差别，如果程序代码是对软件的唯一描述，那么软件开发人员将很难站在全局的高度来评价和精化软件，而且事实上也不能做到"既见树木，又见森林"。

（三）事务分析

虽然在任何情况下都可以使用变换分析方法设计软件结构，但是在数据流具有明显的事务特点时，也就是有一个明显的"发射中心"（事务中心）时，还是以采用事务分析方法为宜。

事务分析的设计步骤和变换分析的设计步骤大部分相同或类似，主要差别仅在于由数据流图到软件结构的映射方法不同。

由事务流映射成的软件结构包括一个接收分支和一个发送分支。映射出接收分支结构的方法和变换分析映射出输入结构的方法很像，即从事务中心的边界开始，把沿着接收流通路的处理映射成模块。发送分支的结构包含一个调度模块，它控制下层的所有活动模块；然后把数据流图中的每个活动流通路映射成与它的流特征相对应的结构。

对于一个大系统，常常把变换分析和事务分析应用到同一个数据流图的不同部分，由此得到的子结构形成"构件"，可以利用它们构造完整的软件结构。

一般来说，如果数据流不具有显著的事务特点，最好使用变换分析；反之，如果具有明显的事务中心，则应该采用事务分析技术。但是，机械地遵循变换分析或事务分析的映射规则，很可能会得到一些不必要的控制模块，如果它们确实用处不大，那么可以而且应该把它们合并。反之，如果一个控制模块功能过分复杂，则应该分解为两个或多个控制模块，或者增加中间层次的控制模块。

（四）设计过程和原则

1. 设计过程

结构化设计的步骤如下：

（1）评审和细化数据流图。

（2）确定数据流图的类型。

（3）把数据流图映射到软件模块结构，设计出模块结构的上层。

（4）基于数据流图逐步分解高层模块，设计中下层模块。

（5）对模块结构进行优化，得到更为合理的软件结构。

（6）描述模块接口。

2. 设计原则

结构化设计应遵循如下原则：

（1）使每个模块执行一个功能（坚持功能性内聚）。

（2）每个模块用过程语句（或函数方式等）调用其他模块。

（3）模块间传送的参数作数据用。

（4）模块间共用的信息（如参数等）尽量少。

（5）设计优化应该力求做到在有效的模块化的前提下使用最少量的模块，以及在能够满足信息要求的前提下，使用最简单的数据结构。

二、良结构的程序

人们称结构清晰、易于理解和验证的程序为好结构程序。但是，这样的程序并不一定是效率最高的程序。人们通常用"优美"来描绘人物或事物时，表达的意思是他们比较完美。同样地，程序员在使用"优美"来描绘程序时，表明程序是良好设计的，易于理解和维护。为了使程序得到更优的结果指令，可在写出这样的程序之后，将某些关键部分加以变换和改进。例如，用循环替换递归、代码复制、消除布尔变量等等，要实施这些改善，往往需要使用 goto 语句。由于在这种特定场合引进 goto 后的程序只不过是原来的好结构程序变换之后的另一文本，借助原来文本的设计思想去理解它们还是容易做到的，而后者的执行效率却大为提高。结构程序设计的方法，宁可损失一些效率，也要保证程序的好结构。用这种方法可以得到好结构的程序，然而，这种程序设计方法往往用降低程序效率（时间和空间效率）来换取程序的可读性和正确性。

结构程序设计的目标是得到一个好结构的程序。结构化程序由若干个基本结构组成，一个基本结构可以包含一条或若干条语句。目前，在一般的高级语言中都使用 3 种最基本的结构，即顺序结构、选择结构和循环结构。回顾计算机程序设计的历史，大多数程序是面向过程的。面向过程的程序是由一系列步骤或一个接一个的代码段构成的。程序员确定过程执行的确切条件，多长时间发生一次，以及什么时候终止。

程序中各条语句的执行次序对程序结果会产生很大影响。在以上的所有程序中的语句都是按程序员书写的次序逐句执行的，这是一种最自然、最简单的程序控制结构，称为顺序结构。然而，有顺序结构是无法解决千变万化的实际问题的。

当程序变得比较大，同时也越来越复杂的时候，就要求进行合适的安排和良好的设计。例如，一个字处理软件或一个电子表格软件需要用户选择项目和类型繁多，如果单独一个程序员不进行详细安排与设计，编写如此程序不但不可能，而且众多组件相互间也不会很好地配合工作。在理想情况下，每一个程序都应当像一个单独的模块或像大系统的一个元素一样良好地运行。设想一所房子没有良好的排污系统或者一辆汽车没有牢靠的刹车，将是致命的缺陷。如果程序的每一个单元或组件都进行了完美的设计，那么一个基于计算机的应用程序将也是非常完美的。

三、结构化程序设计工具

控制结构对于程序相当重要。为了更简明、更直观地反映程序中的控制结构，人们经常使用图形工具来表示，以帮助程序员理解程序。图形工具的另一种、也是更重要的用法是在程序未开发出来之前使用，作为编写程序的蓝图，即是一种程序设计工具，程序员可根据图形表示完成编码工作。在多人合作设计程序时，设计程序蓝图与将蓝图转换为编码这两个步骤可能是由不同的程序员完成的。

早期程序设计使用的图形工具以程序框图（又称程序流程图）为主。但使用程序框图作为程序设计工具时，由于图中的控制流可以随意地转向，程序员设计出来的控制结构可能非常杂乱。为适应结构化程序设计的要求，人们又开发出一些新的图形工具，包括 N-S 图（又称盒图），PAD 图、Jackson 结构图、Warnier 图等。这些新工具均支持 3 种基本控制结构，并严格约束控制流在程序中的跳转，可较好地帮助程序员自顶向下、逐步求精地解决问题，同时还支持大型程序的分层嵌套及自动转换为程序文本。

N-S 图由 Nassi 和 Schneiderman 提出，图中一个特定控制结构的作用域明确，很容易表示嵌套控制结构。由于图中不使用箭头，所以不允许随意转移控制。

PAD 图由日本日立软件公司提出，目前已经有一些软件工具可让人们直接在计算机上以图形交互方式编辑 PAD 图，并转换为源程序代码。

此外，PDL 也是一种常用的工具。它以正文形式表示数据和处理过程，表示控制结构和数据结构时借用某种程序设计语言（如 Pascal 或 C++语言）严格的语法，表示实际操作和条件时可使用灵活的自然语言，因而有时称它为伪码。PDL 的优点是其设计结果最终可以注释形式保留在程序中，用一般的正文编辑程序即可处理 PDL，不需要专门的图形编辑程序。

以上结构化程序设计工具均可作为设计或表达程序控制结构的工具，以处理程序中的顺序结构、选择结构和循环结构。

第四节　计算机软件结构化开发策略

计算机软件结构化开发是一种系统化的方法，用于设计、开发和维护软件系统。它强调将软件系统分解为模块化的组件，并通过定义清晰的接口和良好的模块间交互方式来提高软件的可读性、可维护性和重用性。计算机软件的开发有利于计算机功能的拓展，提升计算机应用领域的价值，带动社会的发展。

一、结构化编程

结构化编程是计算机软件结构化开发的基础。它强调使用结构化的控制流程，如顺序、选择和循环，以及避免使用无限制的跳转语句。结构化编程使程序的逻辑更清晰、易于理解，并降低了程序中出错的可能性。使用结构化编程的技术，如模块化、函数和过程的使用，可以将复杂的问题分解为更小的、可管理的部分，并更好地组织和管理程序代码。

第一，模块化。结构化编程鼓励将程序划分为模块或函数的集合。每个模块负责特定的任务，并通过参数传递和返回值进行通信。这种模块化的方法使程序更易于理解、测试和维护。同时，模块的复用性也得到提高，可以在不同的项目中重复使用已经编写和测试过的模块。

第二，自顶向下设计。结构化编程强调从高层到低层的逐步设计方法。程序的主要功能从总体上分解为更小的子任务，并在逐步实现和测试的过程中逐步细化。这种自顶向下的设计方法有助于保持代码的清晰性和可读性，并且可以更好地管理程序的复杂性。

第三，控制结构。结构化编程提倡使用顺序、选择和循环等结构化的控制流程。这些控制结构使程序逻辑更加清晰明确，易于理解和调试。与无限制的跳转语句相比，结构化编程的控制结构减少了程序中出错的可能性，提高了代码的可靠性和可维护性。

第四，编程规范。结构化编程通常倡导一些编程规范和最佳实践，如良好的命名约定、代码缩进和注释等。这些规范有助于统一团队成员的编程风格，提高代码的可读性和可维护性。同时，使用一致的编程规范还有助于团队合作和代码交流。

第五，结构化编程语言。为了更好地支持结构化编程，一些编程语言提供了结构化编程的特性和工具。例如，C 语言提供了顺序、选择和循环等控制结构，并支持函数和模块的定义。这些语言的设计使结构化编程更加方便和有效。

二、清晰的接口定义

在计算机软件结构化开发中，定义清晰的接口对于模块之间的交互至关重要。接口定义应该明确规定输入、输出和预期的行为，以确保模块之间的正确通信。良好定义的接口有助于降低模块之间的耦合度，使得模块的替换和重用更加容易。同时，接口文档应该详细说明模块的使用方式和限制条件，以便其他开发人员能够正确地使用和集成模块。

第一，输入和输出。接口定义应该明确规定模块所接收的输入数据和输出结果。这包括指定输入参数的类型、格式和范围，以及定义返回值的类型和格式。通过明确指定输入和输出，可以确保模块之间的数据传递是正确和一致的。

第二，预期行为。接口定义还应该明确描述模块在接收特定输入时的预期行为。这包括指定模块的功能、处理逻辑和异常情况的处理方式。通过定义预期行为，可以确保模块在与其他模块交互时能够正确地执行其功能。

第三，接口一致性。在多个模块之间定义一致的接口是非常重要的。一致的接口使模块之间的交互更加可靠和可预测，并且方便了模块的替换和重用。在定义接口时，应该遵循一致的命名约定、数据格式和调用约定，以确保不同模块之间的互操作性。

第四，文档化。接口定义应该详细记录在接口文档中，包括对接口的描述、输入和输出的规范、使用示例和注意事项等。接口文档的编写有助于其他开发人员理解和正确使用模块，提供了一个标准的参考指南。

第五，版本控制。随着软件的演进和更新，接口可能会发生变化。为了确保模块之间的兼容性和稳定性，应该使用版本控制来管理接口的变更。通过适当地记录和追踪接口的版本，可以避免不同模块之间的冲突和兼容性问题。

三、规范和命名约定

在计算机软件结构化开发中，制定和遵循一系列规范和命名约定对于保持代码的一致性和可读性至关重要。规范包括代码格式化、注释风格、命名规则等。良好的规范和命名约定使代码易于理解和维护，提高团队协作的效率。通过统一的代码风格，可以减少不必要的混淆和错误，并使代码更具可维护性。

第一，代码格式化。制定统一的代码格式化规范，包括缩进、空格、换行等方面的约定。通过保持一致的代码格式，可以使代码更易读、易理解，并且减少不必要的混淆和错误。

第二，注释风格。定义清晰、有意义的注释规范。注释应该解释代码的意图、实现细节、重要的决策和逻辑。良好的注释可以帮助其他开发人员理解代码的意图和功能，加快代码的维护和调试。

第三，命名规则。制定统一的命名约定，包括变量名、函数名、类名等的命名规则。命名应该具有描述性，能够清晰地反映其用途和功能。良好的命名约定可以使代码更易读、易懂，并提高代码的可维护性。

第四，一致性。在整个项目中保持一致的规范和命名约定非常重要。团队成员应该共同遵守规范，避免个人风格的差异。通过一致的代码风格和命名约定，可以提高团队的协作效率，减少代码审查和集成过程中的冲突。

第五，自动化工具。使用代码规范检查和格式化工具来自动化执行规范检查和代码格式化。这些工具可以帮助团队成员快速发现不符合规范的代码，并进行自动修复。通过使用这些工具，可以确保代码始终符合规范，减少人为错误和争议。

四、软件工程工具的使用

在计算机软件结构化开发中，合理利用软件工程工具可以提高开发效率和质量。例如，版本控制工具可以帮助团队协作和代码管理；调试器可以帮助定位和修复问题；自动化构建工具可以自动化编译、测试和部署过程。选择适合的工具，并熟练地使用它们，可以提升开发人员的工作效率和软件的质量。

第一，版本控制工具。版本控制工具如 Git、Subversion 等可以帮助团队协作和代码管理。通过版本控制工具，开发人员可以跟踪代码的修改历史、解决冲突、分支管理等。版本控制工具还能提供备份和恢复的功能，以免代码数据丢失。

第二，编译器和解释器。编译器将高级语言代码转换为机器可执行的代码，而解释器逐行解释和执行源代码。合理选择和使用编译器和解释器可以优化代码的执行效率和资源利用率。

第三，调试器。调试器是一种工具，用于定位和修复代码中的错误。它提供了断点设置、变量监视、单步执行等功能，帮助开发人员逐步跟踪代码的执行过程，并定位错误的根源。

第四，静态代码分析工具。静态代码分析工具可以对源代码进行静态分析，发现潜在的编码错误、不规范的代码风格、安全漏洞等。通过使用静态代码分析工具，可以在早期发现和修复问题，提高代码质量和可靠性。

第五，自动化构建工具。自动化构建工具如 Maven、Gradle 等可以自动化编译、测试和部署过程。通过配置构建脚本，开发人员可以自动执行烦琐的构建任务，减少人为错误，提高开发效率和一致性。

第六，单元测试框架。单元测试框架如 JUnit、PyTest 等可以帮助开发人员编写和执行单元测试。这些框架提供了断言和测试用例管理等功能，帮助开发人员验证代码的正确性和预期行为。

第七，集成开发环境（IDE）。IDE 是集成了多种开发工具和功能的开发环境。它提供了代码编辑器、调试器、编译器等功能，并具有智能代码补全、代码重构、项目管理等功能，提高开发人员的工作效率。

五、文档和注释

在计算机软件结构化开发中，编写清晰的文档和注释对于代码的可理解性和可维护性至关重要。文档应该包括系统的设计概述、模块的功能描述、接口规范等。注释应该解释代码的逻辑、算法和重要的决策。通过编写良好的文档和注释，可以帮助其他开发人员更好地理解和使用代码，并在需要时进行维护和修改。

第一，设计文档。设计文档应该对系统的整体设计进行概述，包括系统的架构、模块之间的关系和交互，以及主要功能和算法的设计思路。设计文档提供了系统的高层视图，帮助开发人员理解系统的整体结构和设计原则。

第二，模块文档。模块文档对每个模块进行详细描述，包括模块的功能、输入输出、接口规范和关键算法等。模块文档应该清晰地说明模块的用途和使用方法，以及它与其他模块之间的关系和依赖。

第三，接口文档。接口文档定义了模块之间的接口规范，包括输入参数、输出结果和预期行为。接口文档应该明确规定接口的使用方式、限制条件和异常处理，以确保模块之间的正确通信。

第四，注释。注释是在代码中添加的解释性文字，用于解释代码的逻辑、算法和重要决策。注释应该清晰、简明地描述代码的意图和目的，帮助其他开发人员理解代码的执行流程和关键步骤。良好的注释应该包括函数和方法的说明、重要变量的解释、算法的解析等。

第五，文档工具。使用适当的文档工具可以帮助规范和自动化文档的生成和维护过程。例如，使用标记语言（如 Markdown）编写文档可以方便地生成格式良好的文档，并与版本控制系统集成，便于团队协作和更新。

第五章　计算机软件工程学开发设计技术

第一节　软件生命周期与开发过程

一、软件生命周期

人们在研究人的成长过程时，通常把特征相同的时期划分为一个阶段，如孕育期、婴儿期、幼儿期等，这样使研究目标、过程容易控制。同样为了使规模大、结构复杂的软件开发容易得到控制和管理，人们也把软件从提出开发要求开始直到该软件报废为止的整个时期分为若干个阶段。

软件生存周期是指一个软件从提出开发要求开始直到该软件报废为止的整个时期，从时间的角度对软件开发和维护的复杂问题进行分解，把软件的生存周期依次划分为若干阶段，每个阶段有相对独立的任务，然后逐步完成每个阶段的任务。生存阶段划分时应遵循的基本原则是各阶段的任务尽可能相对独立，同一阶段各项任务的性质尽可能相同，每一阶段都有明确的任务。软件生存周期的划分方法会随着项目规模、种类、开发方式、开发环境、方法论的不同而变化。典型的软件生存周期各阶段通常包括可行性研究和项目开发计划、需求分析、概要设计、详细设计、编码、测试、维护等活动。

第一，可行性研究和项目开发计划。这一阶段的基本任务是回答："要解决的问题是什么？该问题有行得通的解决办法吗？若有解决问题的办法，则需要多少费用、资源、时间等？"

结束标准是提出关于问题性质、工程目标和规模的问题定义书面报告；提出可行性研究报告；若问题值得去解决，制订项目开发计划。

第二，需求分析。这一阶段的基本任务是回答："为了解决这个问题，目标系统必须做什么？"确定目标系统的功能。

结束标准是给出软件需求说明书。

第三，概要设计。这一阶段的基本任务是回答："概括地说，应如何解决这个问题？"

把确定的各项功能需求转换成需要的体系结构。设计软件的结构，确定程序由哪些模块组成及模块间的关系，设计该项目的总体数据结构和数据库结构。

结束标准是给出概要设计文档。

第四，详细设计。这一阶段的基本任务是回答："应怎样具体地实现这个系统？"为每个模块完成的功能进行具体描述，把功能描述转变为精确的、结构化的过程描述。

结束标准是设计出程序的详细规格说明。

第五，编码。这一阶段的基本任务是把每个模块的控制结构转换成计算机可接受的程序代码。写出的程序应是结构好，清晰易读，并且与设计一致。

结束标准是以某种程序设计语言表示的源程序清单。

第六，测试。测试是保证软件质量的重要手段，这一阶段的基本任务是在设计测试用例的基础上检验软件的各个组成部分，是否达到预定的要求。

结束标准是软件合格，能交付用户使用。

第七，软件维护。软件维护是软件生存周期中时间最长的阶段。这一阶段的基本任务是通过各种必要的维护活动使系统持久地满足用户需要。

在实践中，软件开发并不总是按照以上顺序来执行的，即各个阶段是可以重叠交叉的。

二、计算机软件的开发流程

（一）软件的开发计划阶段

1. 系统可行性分析

软件可行性研究的目的就是用最小的代价在尽可能短的时间内确定该软件项目是否能够开发，是否值得去开发。注意，可行性研究的目的不是去开发一个软件项目，而是研究这个软件项目是否值得去开发，其中的问题能否解决。可行性研究实质上是要进行一次简化、压缩了的需求分析和设计过程，是要在较高层次上以较抽象的方式进行需求分析和设计过程。可行性研究的内容包括经济可行性、技术可行性、社会可行性、开发方案的操作性与选择性研究。下面简要介绍经济可行性和技术可行性。

可行性研究的具体步骤如下：

第一步，确定项目规模和目标。分析员对有关人员进行调查访问，仔细阅读和分析有关资料，对项目的规模和目标进行定义与确认，清晰地描述项目的一切限制和约束，确保分析员正在解决的问题确实是要解决的问题。

第二步，研究正在运行的系统。正在运行的系统可能是一个人工操作的系统，也可能是旧的计算机系统，因而需要开发一个新的计算机系统来代替现有系统。现有的系统是信息的重要来源，人们需要研究它的基本功能存在什么问题，运行需要多少费用；新系统有什么新的功能要求，新系统运行时能否减少使用费用等。

第三步，建立新系统的高层逻辑模型。注意，现在还不是软件需求分析阶段，不是完整详细的描述，只是概括地描述高层的数据处理和流动。

第四步，导出和评价各种方案。分析员建立了新系统的高层逻辑模型之后，要从技术角度，提出实现高层逻辑模型的不同方案，即导出若干较高层次的物理解法。根据技术可行性、经济可行性和社会可行性对各种方案进行评估，去掉行不通的解法，得到可行的解法。

第五步，推荐可行的方案。根据上述可行性研究的结果，应该决定该项目是否值得去开发。若值得开发，那么可行的解决方案是什么，并且说明该方案是可行的原因。

第六步，编写可行性研究报告。将上述可行性研究过程的结果写成相应的文档，即可行性研究报告，提请用户和使用部门仔细审查，从而决定该项目是否进行开发，是否接受可行的实现方案。

2. 软件开发计划

（1）软件开发计划的内容。在进行了可行性研究后，若开发软件系统可行，则接着要制订软件的开发计划。软件开发计划包括如下方面：

计划概述：说明计划的各项主要工作；说明软件的功能、性能；为完成计划应具有的条件；用户及合同承包者完成工作的期限及其他限制条件；应交付的程序名称；所使用的语言及存储形式；应交付的文档。

实施计划：说明任务的划分、各个任务的责任人、计划开发的进度、计划的预算、各阶段的费用支出、各阶段应完成的任务，用图表说明每项任务的开始和完成时间。

人员组织及分工：所需人员类型、数量和组成结构。

交付期限：最后完工日期。

（2）软件开发计划进度安排。软件开发计划进度安排可以从以下两个不同的角度来考虑：

第一，计划的最后交付日期已经确定，负责开发工作的软件机构限制在一个规定的时间范围内分配其工作量；

第二，计划的最后交付日期由软件机构自己决定，可以从合理地利用各种资源的角度出发来分析工作量，而最后的交付日期则是在对软件各部分仔细进行分析之后才确定下来。

但在实际工作中，人们经常遇到的是第一种情况而不是第二种情况。

3. 软件需求分析

为了开发出真正满足用户需求的软件产品，首先必须知道用户的需求。需求分析是软件定义时期的最后一个阶段，是关系到软件开发成败的关键步骤。需求分析的基本任务是准确地回答"系统必须做什么？"这个问题，不是确定系统该怎样完成它的工作，而仅仅是确定系统必须完成哪些工作，也就是对目标系统提出完整、准确，清晰、具体的要求。软件需求分析工作的主要目的是，在综合分析用户对系统提出的一组需求（功能、性能、数据等方面）的基础上，构造一个从抽象到具体的逻辑模型表达软件将要实现的需求，并以"软件需求规格说明书"的形式作为本阶段工作的结果，为下一阶段的软件设计提供设计基础。因此，需求分析过程实际上是一个调查研究、分析综合的过程，是一个抽象思维、逻辑推理的过程。随着软件系统复杂性的提高及规模的扩大，需求分析在软件开发中所处的地位日益突出，从而也更加困难。

用户对系统的需求通常可分为两类：一类是功能性需求。主要说明待开发系统在功能上实际应做到什么，是用户最主要的需求。通常包括系统的输入，系统能完成的功能、系统的输出及其他反应。另一类是非功能性需求。从各个角度对所考虑的可能的解决方案的约束和限制，主要包括过程需求（如交付需求、实现方法需求等），产品需求（如可靠性需求、可移植性需求、安全保密性需求等）和外部需求（如法规需求、费用需求等）等。

（1）需求分析的任务。需求分析的主要任务就是要通过软件开发人员与用户的交流和讨论，准确地获取用户对系统的具体要求。在正确理解用户需求的前提下，软件开发人员还需要将这些需求准确地以文档的形式表达出来，作为设计阶段的依据。需求分析阶段结束时需要提交的主要文档是软件需求规格说明书。

需求分析的主要任务大致包含以下内容：

第一，确定系统的综合需求。这是需求分析中最重要的一项任务。分析的目的在于透过现象看本质，找出需求间的内在联系及矛盾所在，而综合就是剔除那些非本质的东西，找出解决矛盾的办法。对于一个软件系统来说，对需求的分析就是从目标系统的数据流和数据结构入手，找出系统元素之间的内在联系，看它们是否能够满足功能实现的需要，随后依据功能需求和性能需求等，剔除其不合理的部分，增加其需要部分，最终给出目标系统的逻辑模型、设计约束及有效性准则等。

第二，分析系统的数据要求。任何一个软件系统本质上都是信息处理系统，系统必须处理的信息和系统应该产生的信息在很大程度上决定了系统的面貌，对软件设计有深远影响，因此，必须分析系统的数据要求，这是软件需求分析的一个重要任务。

分析系统的数据要求通常采用建立数据模型的方法。复杂的数据由许多基本的数据元素组成，数据结构表示数据元素之间的逻辑关系。利用数据字典可以全面准确地定义数据，但是数据字典的缺点是不够形象直观地表达。为了提高可理解性，常常利用图形工具辅助描绘数据结构。常用的图形工具有层次方框图和 Warnier 图。

第三，导出系统的逻辑模型。综合上述两项分析的结果可以导出系统的详细的逻辑模型。常用数据流图、实体联系图、状态转换图、数据字典和主要的处理算法描述这个逻辑模型。

第四，编制需求阶段文档。编写"需求规格说明书"，把双方共同的理解与分析结果用规范的方式描述出来，作为今后各项工作的基础；编写初步用户使用手册，着重反映被开发软件的用户功能界面和用户使用的具体要求，用户手册能强制分析人员从用户使用的角度来考虑软件；编写确认测试计划，作为今后确认和验收的依据；修改完善软件开发计划。在需求分析阶段对待开发的系统有了更进一步的了解，所以能更准确地估计开发成本，进度及资源要求，因此对原计划要进行适当修正。

（2）需求分析的步骤。软件开发过程的目的就是要实现目标软件的物理模型，也就是要确定构成软件系统的系统元素，并将功能和信息结构分配到这些系统元素中。需求分析的任务之一就是导出系统的逻辑模型，以解决目标系统"做什么"的问题。导出逻辑模型有两种途径：一是分析员利用自己丰富的经验，依据实际调查和分析的结果直接导出；二是借助于当前系统的逻辑模型推导出目标系统的逻辑模型。

需求分析大致可分为如下步骤进行：

第一，通过调查研究，获取用户的需求。获取需求是需求分析的基础。软件开发人员只有通过认真细致的调查研究，才能获得进行系统分析的原始资料。为了能有效地获取需求，开发人员应该采取科学的需求获取方法。在实践中，获取需求的方法有很多种，比如，问卷调查、访谈、实地操作、建立原型和研究资料等。

第二，去除非本质因素，确定系统的真正需求。对于获取的原始需求，软件开发人员需要根据掌握的专业知识，运用抽象的逻辑思维，找出需求间的内在联系和矛盾，去除需求中不合理和非本质的部分，确定软件系统的真正需求。

第三，描述需求，建立系统的逻辑模型。在获得确定的系统需求后，软件开发人员应该对问题进行分析抽象，并在此基础上通过现有的需求分析方法及工具对其进行清晰、准确的描述，建立无二义性的、完整的系统逻辑模型。模型是对事物高层次的抽象，通常由一组符号和组织这些符号的规则组成。常用的模型图有数据流图、E-R 图、用例图和状态转换图等，不同的模型从不同的角度或不同的侧重点描述目标系统。绘制模型图的过程，既是开发人员进行逻辑思考的过程，又是开发人员更进一步认识目标系统的过程。

第四，书写需求规格说明书，进行需求复审。需求阶段应提交的主要文档包括需求规格说明书、初步的用户手册和修正后的开发计划。其中，需求规格说明书是对分析阶段主要成果的综合描述，是该阶段最重要的技术文档。为了保证软件开发的质量，对需求分析阶段的工作要按照严格的规范进行复审，从不同的技术角度对该阶段工作做出综合性的评价。通过用户、领域专家，系统分析员和系统设计人员的评审，并进行反复修改后，确定需求规格说明。

（二）软件的系统设计

问题定义、可行性研究和需求分析构成了软件计划阶段，在这个阶段确定了系统的开发目标和系统需求规格，而软件开发阶段的任务是解决系统如何实现的问题。软件开发阶段包括总体设计、详细设计、编码和测试等。

第二节　软件的总体设计与详细设计

一、软件的概要设计

概要设计也称总体设计，其基本目标是能够针对软件需求分析中提出的一系列软件问题，概要地回答如何解决问题。例如，软件系统将采用什么样的体系构架、需要创建哪些功能模块、模块之间的关系如何、数据结构如何？软件系统需要什么样的网络环境提供支持，需要采用什么类型的后台数据库等。概要设计也就是设计软件的结构，包括组成模块、模块的层次结构、模块的调用关系、每个模块的功能等等。同时，还要设计该项目的应用系统的总体数据结构和数据库结构，即应用系统要存储什么数据，这些数据是什么样的结构，它们之间有什么关系。

（一）概要设计的任务

概要设计要求建立在需求分析基础上，软件需求文档是软件概要设计的前提条件。概要设计的过程也就是将需求分析之中产生的功能模型、数据模型和行为模型等分析结论进行转换，由此产生设计结论的过程。在从分析向设计的转换过程中，概要设计能够产生出有关软件的系统构架、软件结构和数据结构等设计模型来。这些结论将被写进概要设计文档中，作为后期详细设计的基本依据，能够为后面的详细设计、程序编码提供技术定位。概要设计的任务：

1. 制定规范

具有一定规模的软件项目总是需要通过团队形式实施开发，例如，组成一个或几个开发小组来承担对软件系统的开发任务。为了适应团队式开发的需要，在进入软件开发阶段之后，首先应该为软件开发团队制定在设计时应该共同遵守的规范，以便协调与规范团队内各成员的工作。

2. 系统结构设计

系统结构设计就是根据系统的需求框架，确定系统的基本结构，以获得有关系统创建的总体方案。分析系统的应用特点和技术特点，确定系统的硬件环境、软件环境、网络环境和数据环境等。根据系统需求分析，将系统分解成诸多具有独立任务的子系统。分析子系统之间的通信，确定子系统的外部接口。

3. 数据结构及存储设计

概要设计中还需要确定那些将被许多模块共同使用的公共数据的构造。例如，公共变量、数据文件以及数据库中数据等。公共数据的设计包括公共数据变量的作用范围设计。数据结构的设计包括对所使用文件的结构设计，公共数据变量的结构设计等。存储设计包括对数据库中的表结构的设计，视图结构及数据完整性的设计等。

另外，概要设计的任务还包括系统的安全性设计，处理设计，可扩展性和可维护性设计等。

概要设计阶段需产生的文件为概要设计说明书，其中包括系统目标、系统构架、软件结构、数据结构、安全机制等多方面的设计说明。

（二）概要设计的过程

1. 选取合理的方案

通常至少选取低成本、中等成本和高成本的三种方案。在判断哪些方案合理时应该考虑在问题定义和可行性研究阶段确定的工程规模和目标，有时可能还需要进一步征求用户的意见。对每个合理的方案分析员都应该准备四份资料：系统流程图；组成系统的物理元素清单；成本/效益分析；实现这个系统的进度计划。

2．功能分解

为了最终实现目标系统，必须设计出组成这个系统的所有程序和文件（或数据库）。对程序（特别是复杂的大型程序）的设计，通常分为两个阶段完成：首先进行结构设计，其次进行过程设计。

结构设计确定程序由哪些模块组成，以及这些模块之间的关系；过程设计确定每个模块的处理过程。结构设计是总体设计阶段的任务，过程设计是详细设计阶段的任务。为确定软件结构，首先需要从实现角度把复杂的功能进一步分解。分析员结合算法描述仔细分析数据流图中的每个处理，如果一个处理的功能过于复杂，必须把它的功能适当地分解成一系列比较简单的功能。

一般说来，经过分解之后应该使每个功能对大多数程序员而言都是明显易懂的。功能分解导致数据流图的进一步细化，同时还应该用输入加工输出图（IPO）或其他适当的工具简要描述细化后每个处理的算法。

3．软件结构设计

通常程序中的一个模块完成一个适当的子功能，把模块组织成良好的层次系统，顶层模块调用它的下层模块以实现程序的完整功能，每个下层模块再调用更下层的模块，从而完成程序的一个子功能，最下层的模块完成最具体的功能。软件结构可以用层次图或结构图来描绘，如果数据流图已经细化到适当的层次，则可以直接从数据流图映射出软件结构。

4．书写文档

应该用正式的文档记录总体设计的结果，在这个阶段应该完成的文档通常有下述五种：

（1）系统说明，主要内容包括用系统流程图描绘的系统构成方案，组成系统的物理元素清单，成本/效益分析；对最佳方案的概括描述，精化的数据流图，用层次图或结构图描绘的软件结构，用IPO或其他工具简要描述的各个模块的算法，模块间的接口关系以及需求、功能和模块三者之间的交叉参照关系等等。

（2）用户手册，根据总体设计阶段的结果，修改更正在需求分析阶段产生的初步的用户手册。

（3）测试计划，包括测试策略、测试方案、预期的测试结果、测试进度计划等等。

（4）详细的实现计划。

（5）数据库设计结果。

二、软件的详细设计

（一）详细设计的目标

详细设计阶段的根本目标是确定应该怎样具体地实现所要求的系统，也就是说，经过这个阶段的设计工作，应该得出对目标系统的精确描述，从而在编码阶段可以把这个描述直接翻译成用某种程序设计语言书写的程序。

详细设计阶段的任务还不是具体地编写程序，而是要设计出程序的"蓝图"，以后程序员将根据这个蓝图写出实际的程序代码。因此，详细设计的结果基本上决定了最终的程序代码的质量。考虑程序代码的质量时必须注意，程序的"读者"有两个，那就是计算机和人。在软件的生命周期中，设计测试方案、诊断程序错误、修改和改进程序等等都必须首先读懂程序。实际上对于长期使用的软件系统而言，人读程序的时间可能比写程序的时间还要长得多。因此，衡量程序的质量不仅要看它的逻辑是否正确，性能是否满足要求，而且要看它是否容易阅读和理解。

详细设计的目标不仅仅是逻辑上正确地实现每个模块的功能，更重要的是设计出的处理过程应该尽可能简明易懂。结构程序设计技术是实现上述目标的关键技术，因此是详细设计的逻辑基础。

（二）详细设计的任务

详细设计的主要任务是设计每个模块的实现算法、所需的局部数据结构。详细设计的目标有两个：实现模块功能的算法要比逻辑上正确和算法描述要简明易懂。详细设计的任务如下：

第一，为每个模块进行详细的算法设计。用某种图形、表格、语言等工具将每个模块处理过程的详细算法描述出来。

第二，为模块内的数据结构进行设计。对于需求分析、概要设计确定的概念性的数据类型进行确切的定义。

第三，为数据结构进行物理设计，即确定数据库的物理结构。物理结构主要指数据库的存储记录格式、存储记录安排和存储方法，这些都依赖于具体所使用的数据库系统。

第四，其他设计。根据软件系统的类型，还可能要进行以下设计：代码设计。为了提高数据的输入、分类、存储、检索等操作，节约内存空间，对数据库中的某些数据项的值要进行代码设计、输入/输出格式设计、人机对话设计。对于一个实时系统，用户与计算机频繁对话，因此要进行对话方式、内容、格式的具体设计。

第五，编写详细的设计说明书。

第六，评审。对处理过程的算法和数据库的物理结构都要评审。

三、概要设计和详细设计的区别与联系

概要设计实现软件的总体设计、模块划分、用户界面设计、数据库设计等等；详细设计则根据概要设计所做的模块划分，实现各模块的算法设计，实现用户界面设计、数据结构设计的细化，等等。

概要设计是详细设计的基础，必须在详细设计之前完成，概要设计经复查确认后才可以开始详细设计。概要设计，必须完成概要设计文档，包括系统的总体设计文档以及各个模块的概要设计文档。每个模块的设计文档都应该独立成册。详细设计必须遵循概要设计来进行。详细设计方案的更改，不得影响到概要设计方案；如果需要更改概要设计，必须经过项目经理的同意。详细设计，应该完成详细设计文档，主要是模块的详细设计方案说明。和概要设计一样，每个模块的详细设计文档都应该独立成册。

概要设计里面的数据库设计应该重点在描述数据关系上，说明数据的来龙去脉，说明结果数据的源点，这是设计的目的和原因。详细设计里的数据库设计就应该是一份完善的数据结构文档，就是一个包括类型、命名、精度、字段说明、表说明等内容的数据字典。

概要设计里的功能应该是重点在功能描述，对需求的解释和整合，整体划分功能模块并对各功能模块进行详细的图文描述。详细设计则是重点在描述系统的实现方式，各模块详细说明实现功能所需的类及具体的方法函数，包括涉及的 SQL 语句等。

第三节　软件文档的制作与软件编码

一、软件文档的制作

软件工程文档在整个软件生命周期的各个阶段起到了重要的桥梁作用，可以说，没有文档就没有现代的软件工程，我们必须高度重视软件工程文档技术的作用。

（一）软件工程文档的分类

软件文档也称文件，通常指一些记录的数据和数据媒体，具有固定不变的形式，可被

人和计算机阅读。它和计算机程序共同构成了能完成特定功能的计算机软件（有人把源程序也当作文档的一部分）。

从形式上看，软件工程文档可分为两类：一类是开发过程中填写的各种图表，可称为工作表格，另一类是应编制的技术资料或技术管理资料，可称为文档或文件。软件工程文档，可以用自然语言、特别设计的形式语言、介于两者之间的半形式语言（结构化语言）、各类图形表示。文档可以书写，也可以在计算机支持系统中产生，但它必须是可阅读的。按照文档产生和使用的范围，软件工程文档大致可分为三类。

1. 用户文档

用户文档是软件开发人员为用户准备的有关该软件使用、操作和维护的资料，包括用户手册、操作手册、维护修改建议和软件需求说明书。

2. 开发文档

开发文档是在软件开发过程中，作为软件开发人员前一阶段工作成果的体现和后一阶段工作依据的文档，包括软件需求说明书、数据要求说明书、概要设计说明书、详细设计说明、可行性研究报告和项目开发计划。

3. 管理文档

管理文档是在软件开发过程中，由软件开发人员制订的需提交的一些工作计划或工作报告，使管理人员能够通过这些文档了解软件开发项目安排、进度、资源使用和成果等，包括项目开发计划、测试计划、测试报告、开发进度月报及项目开发总结。

（二）软件工程文档的作用

硬件产品和产品资料在整个生产过程中都是有形可见的，软件生产则有很大不同，文档本身就是软件产品。没有文档的软件，不能称为软件，更谈不上软件产品。软件文档的编制在软件开发工作中占有突出的地位和相当的工作量。高效率、高质量地开发、分发、管理和维护文档，对于转让、变更、修正、扩充和使用文档，以及充分发挥软件产品的效益有着重要意义。然而，在实际工作中，文档的编制和使用都存在着许多问题，很多不规范的地方有待解决。软件开发人员中普遍地存在着对编制文档不感兴趣的现象。从用户方面看，他们又常常抱怨文档售价太高、文档不够完整、文档编写得不好、文档已经陈旧或是文档太多、难于使用等。

软件开发人员在各个阶段中以文档作为前一阶段工作成果的体现和后一阶段工作的依据，这个作用是显而易见的。软件开发过程中软件开发人员需制订一些工作计划或撰写工作报告，这些计划和报告都要提供给管理人员，并得到必要的支持。管理人员则可通过这些文档了解软件开发项目安排、进度、资源使用和成果等。软件开发人员需为用户了解软件的使用、操作和维护提供详细的资料，称为用户文档。可见，文档在开发过程中起着关键作用。

从某种意义上来说，文档是软件开发规范的体现。按规范要求生成一整套文档的过程，就是按照软件开发规范完成一个软件开发的过程。所以，在使用工程化的原理和方法来指导软件的开发和维护时，应当充分注意软件文档的编制和管理。

（三）规范软件工程文件的编制

国家标准局在 1988 年 1 月发布了《计算机软件开发规范》和《软件产品开发文件编制指南》，作为软件开发人员工作的准则和规程。基于软件生命周期方法，从形成概念开始，经过开发、使用和不断增补修订，直到最后被淘汰的整个过程应提交的文档把软件产品归纳为以下 13 种。下面对每种文档的编制做一些简要的说明。

1. 可行性研究报告

可行性研究报告说明该软件开发项目的实现在技术上、经济上和社会因素上的可行性，描述了为了合理地达到开发目标可供选择的各种可能实施的方案，说明并论证所选定实施方案的理由。

2. 项目开发计划

项目开发计划为软件项目实施方案制订出具体计划，应该包括各部分工作的负责人员、开发的进度、开发经费的预算、所需的硬件及软件资源等。项目开发计划应提供给管理部门，并作为开发阶段评审的参考。

3. 软件需求说明书

软件需求说明书也称为软件规格说明书，其中对所开发软件的功能、性能、用户界面及运行环境等做出详细的说明。它是用户与开发人员双方对软件需求取得共同理解基础上达成的协议，也是实施开发工作的基础。

4. 数据要求说明书

数据要求说明书应给出数据逻辑描述和数据采集的各项要求，为生成和维护系统数据文件做好准备。

5. 概要设计说明书

概要设计说明书是概要设计阶段的工作成果，应说明功能分配、模块划分、程序的总体结构、输入输出以及接口设计、运行设计、数据结构设计和出错处理设计等，为详细设计奠定基础。

6. 详细设计说明书

详细设计说明书着重描述每一模块是怎样实现的，包括实现算法、逻辑流程等。

7. 用户手册

用户手册详细描述软件的功能、性能和用户界面，使用户了解如何使用该软件。

8. 操作手册

操作手册为操作人员提供该软件各种运行情况的有关知识，特别是操作方法的具体细节。

9. 测试计划

为做好组装测试和确认测试，需要为如何组织测试制订实施计划。计划应包括测试的内容、进度、条件、人员、测试用例的选取原则、测试结果允许的偏差范围等。

10. 测试分析报告

测试工作完成以后，应提交测试计划执行情况的说明。对测试结果加以分析，并提出测试的结论意见。

11. 开发进度月报

开发进度月报是软件人员按月向管理部门提交的项目进展情况报告。报告应包括进度计划与实际执行情况的比较、阶段成果、遇到的问题和解决的办法以及下个月的打算等。

12. 项目开发总结报告

软件项目开发完成以后，应与项目实施计划对照，总结实际执行的情况，如进度、成果、资源利用、成本和投入的人力等。此外，还需对开发工作做出评价，总结出经验和教训。

13. 维护修改建议

软件产品投入运行以后，发现需对其进行修正和更改，应将存在的问题、修改的考虑以及修改的影响估计做详细的描述，写成维护修改建议提交审批。以上这些文档是在软件生命周期中随着各阶段工作的开展适时编制的。其中有的仅反映一个阶段的工作，有的则需跨越多个阶段。

二、软件编码

软件编码又称为软件编程。按照软件工程方法，软件生命周期的各个步骤都是为了一个共同目标：将"软件表示"变换成计算机能够"理解"的形式。编码是设计的自然结果，就是把软件设计的结果"翻译"成用某种程序设计语言书写的源程序。程序的质量主要取决于软件设计的质量。但是，程序设计语言的特性和编码风格也对程序的可靠性、可读性、可测试性和易维护性产生深远的影响。

（一）编写源程序应注意的问题

源程序代码的逻辑简明清晰、易读易懂是好程序的一个重要标准。在编写源程序时主要应该注意以下方面：

1. 程序内部文档

程序内部文档包括恰当的标识符、适当的注释和程序代码的布局等等。在使用过程中，应选取含义鲜明的名字，使它能正确提示程序对象所代表的实体。如果使用缩写，则缩写规则应该一致。注释是程序员和程序读者通信的重要手段，正确地注释有助于对程序的理解，增强可读性。程序清单的布局对于程序的可读性也有很大的影响，利用适当的缩进方式可使程序的层次结构清晰。

2. 语句结构

每个语句都应该简单而直接，不能为了提高效率而使程序变得过分复杂；不要为了节省空间而把多个语句写在同一行；应该尽量避免对复杂条件的测试；尽量避免使用否定的逻辑条件，如 if（not（A>B））等；避免大量使用循环嵌套和条件嵌套；利用括号使逻辑表达式或算术表达式的运算次序清晰直观。

3. 输入输出

在设计和编写程序时应该考虑有关输入输出的规则：对所有输入数据都进行校验；检查输入项的合法性；保持输入格式简单；使用数据结束标志，不要求用户指定数据的数目；明确提示交互式输入的请求，详细说明可用的选择和边界值；设计良好的输出报表。

在输入输出设计中，用户界面是一个至关重要的内容。用户界面的好坏直接影响到软件的寿命，具有友好用户界面的软件对用户来说，无疑是一种享受。

4. 软件效率

软件效率包括时间效率和存储效率（空间效率）。源程序的效率直接由详细设计阶段确定的算法的效率决定。但是，编程风格也能对程序的执行速度和存储效率产生影响。为了提高程序的时间效率，可以考虑写程序之前先简化算术和逻辑表达式；仔细研究具有嵌套的循环，以确定是否有语句可以从内层往外移；尽量避免使用指针和复杂的表；使用执行时间短的算术运算；尽量避免使用混合数据类型；尽量使用整数运算和布尔表达式；使用具有良好优化特性的编译程序，以自动生成高效的目标代码等。为了提高存储效率，可选用具有紧缩存储特性的编译程序，在必要时也可以使用汇编语言。

（二）软件编码使用的程序设计语言

软件编码是通过程序设计语言来实现的。因此，程序设计语言的性能和设计风格与程序设计的质量有直接关系。目前，用于软件开发的程序设计语言有数百种，从理论上讲，任何一种程序设计语言均可作为编程工具完成上述任务，但是它们对问题的处理和解决方式不尽相同。为此，我们不仅需要了解某种语言的特性，而且还应该了解不同语言之间的关系，以便于实现软件编码。

1. 程序设计语言的类型

程序设计语言可以分为机器语言、汇编语言和高级语言三种基本类型。

（1）机器语言。机器语言是计算机硬件系统能够识别、执行的一组指令，指令的集合称为计算机的指令系统。指令通常分为操作码和操作数两大部分。操作码表示计算机执行什么操作，操作数表示参加操作的数本身和数所在的地址。机器语言程序不易编制也不易理解。用机器语言编写的程序对不同种类的计算机没有通用性，难以交流和移植。

（2）汇编语言。汇编语言是用助记符来代替操作码，用地址符号代替地址码的符号式语言。这些助记符通常使用指令功能的英文单词的缩写（如用 ADD 表示"加"，SUB 表示"减"，MOV 表示"传送"等），这样每条指令都有明显的特征，容易理解和记忆。汇编语言的语句基本上与机器指令一一对应。虽然汇编语言不用二进制来编码，比机器语言相对容易和方便，但是程序的代码量和机器语言程序相当。

（3）高级语言。高级语言使用接近自然语言和数学公式的表达方式，也称为算法语言。高级语言有相应的语法，它独立于具体的机器。为了使计算机能"读懂"高级语言程序，需要把源程序翻译成相应的机器语言程序。

翻译程序有两种类型——编译程序和解释程序。编译程序的功能是将源程序翻译成相应的机器语言目标程序，再通过连接程序将目标程序连接成可执行程序并保存，再直接运行可执行程序得到运行结果。解释程序是将送入计算机中的源程序代码逐条解释，逐条执行；执行后得到运行结果。但是并不保存经解释后所得到的机器码，因此，下一次运行时还要重新对源程序代码进行解释。

2. 通用的程序设计高级语言

BASIC 是"初学者通用符号指令代码"的英文缩写，它是一种具有会话功能，便于人机交互的语言，这种语言简单易懂。目前，BASIC 语言已有很大发展，功能很强，如 Turbo BASIC Visual BASIC 等，不仅具有结构化语言的基本控制结构和能力，还为用户提供了编辑、编译、连接、运行等一体的可视化集成环境，使用户可以快捷、简单地开发出在 Windows 环境下的各种应用程序。

FORTRAN 语言是一种利用公式的表达方式和英语语句的组合形式来编写源程序的语言，又称公式翻译语言。它特别适用于科学和工程计算的程序设计。现代 FORTRAN 语言中引入了字符类型和结构化成分，能比较方便地用于非数值计算领域。FORTRAN 语言由一个主程序和一组子程序组成，主程序和子程序是独立编译的，运行前必须把独立编译的各个目标程序连接起来。FORTRAN 语言语法规定严格，编译过程容易优化，运算速度快，精度较高，适用于大型的科学与工程计算软件的编制。

COBOL 语言是"通用面向商业语言"的英文缩写。它是一种主要用于商业、金融业等数据处理的程序设计语言，适用于编写各种商务管理程序。COBOL 语言采用自然语言的程序设计风格，其书写格式接近于英语表达形式。

PASCAL 语言是一种结构化程序设计语言。PASCAL 语言的程序结构由程序首部、说明部分和程序体等几部分组成，它提供了丰富的数据类型和构造数据结构的方法。同时，它可以满足结构化程序设计的要求。用 PASCAL 语言编写的程序易读、易懂，并易于进行程序验证。PASCAL 语言提供了一种系统的、精确的、合理的方式来表达程序设计的基本概念和结构。因此，它适合于作为程序设计课程的教学语言。

C 语言是一种结构化设计语言。C 语言最初是作为设计操作系统的语言而研制的，UNIX 操作系统就是利用 C 语言编写而成的。C 语言程序具有层次化和模块化的程序结构，除了具有丰富的数据类型、灵活多样的运算符、语句表达能力强等优点外，还具有能直接访问物理地址和寄存器，进行系统调用等特点。由于 C 语言可以完成与汇编语言类似的功能，这将有利于充分发挥计算机硬件的潜在功能，提高编程效率。因此，C 语言已成为在系统软件和应用软件开发中广为使用的程序设计语言。

C++语言是当今最受欢迎的面向对象的程序设计语言。因为它既具有面向对象的特征，又与 C 语言兼容，保留了 C 语言的许多重要特性，这样使 C 程序员不必放弃自己已经十分熟悉的 C 语言，而只需要补充学习 C++语言提供的那些面向对象的概念。

JAVA 语言是一种功能更强的面向对象的程序设计语言。它的基本功能类似于 C++，但对 C++进行了扩充，可提供更多的动态解决方法。JAVA 接近于 C++，但做了许多重大修改。它不再支持运算符重载、多继承及许多自动强制等容易混淆和较少使用的特性，增加了内存空间自动垃圾收集的功能。JAVA 中提供了附加的例程库，通过它们的支持，JA-

VA 应用程序能够自由地打开和访问网络上的对象，就像在本地文件系统中一样。JAVA 有建立在公共密钥技术基础上的确定技术，可以构造出无病毒、安全的系统。JAVA 提供了简单、高效、强有力的实现方法。它适用于 Internet 环境并具有较强的交互性和实时性。它提供了网络应用的支持和多媒体的存取，推动了 Internet 和企业网络 Web 的进步。

（三）编程规范

1. 源程序文件

源程序中各种变量如何命名，如何加注释，源程序按什么格式书写，这些对源程序文件的编写风格有至关重要的作用。

（1）符号名的命名。符号名是程序中的数据对象，符号名命名的优劣对于阅读和理解程序有直接影响，因此必须给予足够的重视。各种程序设计语言都对符号名的命名做了相应的规定，在符合规定的前提下，应使符号名的命名直观、容易理解且不易出错，即达到见名知意。为此，在符号命名时，应注意以下三点：

第一，尽量用与实际相同或相近的标识符作为符号名。

第二，注意照顾日常习惯和各专业的使用习惯以及国家标准使用符号。

第三，在整个软件编码过程中，符号名的表达方式应该严格统一。

（2）源程序中的注释。源程序中的注释是软件开发人员与源程序的使用者之间的通信方式之一，它也是在软件生命周期的维护阶段对维护者理解程序提供的指导。目前常用的程序设计语言大多允许使用注释行，注释可分为序言性注释和解释性注释。

序言性注释是在一个程序或模块的开头对本程序段做必要的说明，它对理解程序起引导的作用。序言性注释通常包括以下内容：整个模块的功能、接口信息、数据结构、开发历史、设计者、使用方法、修改情况等。

解释性注释是插入在程序正文中的注释行。在程序正文中对有必要做出说明的地方插入注释，说明其后的程序段做什么。

在写注释行时，不要把注释写成是对程序或语句功能的描述，因为语句功能的解释仅仅是程序本身的重复，对于程序的阅读和理解不能起到帮助作用；注释应提供一些从程序本身难以得到的信息。注释应该与程序一致，因此，修改程序时应同时修改注释。

（3）源程序书写格式。尽管目前有的程序设计语言（如 C 语言）对程序设计的书写格式要求很宽松，书写比较灵活，但良好的程序书写格式有助于对程序的阅读和理解。除了在程序中要充分利用注释行外，还应该根据程序中的各语句组或模块功能以及嵌套关系采用缩进编排的形式，使程序的模块和复合关系变得十分明显。同时，在程序中加上适当的空格或空行（如在变量定义部分和可执行语句部分之间）可使程序更加清晰。

如下面的例子。

＊用 C 语言编写的打印输出九九乘法表的程序＊/

```
main ( )
{
int i, j, p;
printf ( "  *" ) ;
for ( i=1; i<=9; i++)
printf ( "%4d", i);
printf ( " \ n" ) ;
{
for ( i=1; i<=9; i++)
{
printf ( "%4d", i);
for ( j=1; j<=i; j++)
{p=i*j;
printf ( "%4d", p);
}
printf ( " \ n" ) ;
}
}
```

此外，在书写每个程序语句时，还应注意：每一个语句应该简单直接，不应该为了提高效率而把语句搞复杂，应该直接反映编程意图，不必过于巧妙和深奥；应尽量少用中间变量，将计算一气呵成，这样可以防止在以后的修改中将完成一个具体计算的几个语句拆散。另外，适当添加括号可使表达式的计算意图更加清楚。

2. 输入与输出

输入和输出的方式是在需求分析阶段确定的。

（1）输入和输出格式应尽可能统一。为了提高程序的易读性，方便用户的使用，程序中输入和输出的格式应尽可能统一。在数据输入时给出必要的提示信息；在数据间用相同的分隔符分隔，并以相同的结束符结束数据的输入；输入数据的格式应尽可能一样，数据的总位数、小数位数统一。同时，在满足问题要求的前提下，输入格式应尽量简单，而且对输入的数据应提供正确性检查的方法。输出信息应该整齐、清晰、便于理解，给用户一个简单良好的界面。

（2）输出信息中应该反映输入的信息。程序运行时，用户输入的数据直接决定了程序的运行结果，不同的输入数据对应不同的输出结果。为了验证程序运行结果的正确性和输入数据与输出数据之间的关系，常常把数据输入情况和运行结果都反映在输出信息中。

（3）输入和输出语句应尽可能集中书写。程序中的输入和输出是变化和修改比较多的部分，在程序中设计输入和输出时应充分考虑数据的修改和更新的方便。例如，对应不同组的数据要得到不同的结果，这时应该允许用户选定输入数据；当应用场合和运用条件改变时，需要改变数据输入，这时可能要对程序中的输入和输出部分进行修改。为了修改和扩充的方便，并且保证输入和输出数据格式的统一性，应该把输入输出代码集中在最少的程序段中，以便统一、无遗漏地处理。

（四）编码风格

良好的程序设计风格对软件实现来说尤其重要，它不仅能明显减少维护或扩展的开销，而且也有助于在新项中重用已有的程序代码。

1. 提高可重用性

面向对象方法的一个主要目标就是提高软件的可重用性。软件重用有多个层次，在编码阶段主要考虑代码重用的问题。一般来说，代码重用有两种：一种是本项目内的代码重用，另一种是新项目重用旧项目的代码。内部重用主要是找出设计中相同或相似的部分，然后利用继承机制共享它们。为做到外部重用（即一个项目重用另一个项目的代码），必须有长远眼光，需要反复考虑，精心设计。虽然为实现外部重用所需要考虑的面比为实现内部重用所需要考虑的面要广，但是实现这两类重用的程序设计准则是相同的。下面是主要的准则：

（1）提高方法的内聚。一个方法（即服务）应该只完成单个功能。如果某个方法涉及两个或多个不相关的功能，则应该把它分解成几个更小的方法。

（2）减小方法的规模。如果某个方法规模过大（代码长度超过一页纸，可能就太大了）应该把它分解成几个更小的方法。

（3）保持方法的一致性。保持方法的一致性有助于实现代码重用。一般来说，功能相似的方法应该有一致的名字，参数特征（包括参数个数、类型和次序），返回值类型，使用条件及出错条件等。

（4）把策略与实现分开。从所完成的功能看，有两种不同类型的方法。一类方法负责做出决策，提供变元，并且管理全局资源，可称为策略方法。另一类方法负责完成具体的操作，却并不做出是否执行这个操作的决定，也不知道为什么执行这个操作，可称为实现方法。

策略方法应该检查系统运行状态，并处理出错情况，它们并不直接完成计算或实现复杂的算法。策略方法通常紧密依赖于具体应用，这类方法比较容易编写，也比较容易理解。

实现方法仅仅针对具体数据完成特定处理，通常用于实现复杂的算法。实现方法并不制定决策，也不管理全局资源，如果在执行过程中发现错误，它们应该只返回执行状态而不对错误采取行动。由于实现方法是自含式算法，相对独立于具体应用，因此，在其他应用系统中也可能重用它们。

为提高可重用性，在编程时不要把策略和实现放在同一个方法中，应该把算法的核心部分放在一个单独的具体实现方法中。为此需要从策略方法中吸取出具体参数，作为调用实现方法的变元。

（5）全面覆盖。如果输入条件的各种组合都可能出现，则应该针对所有组合写出方法，而不能仅仅针对当前用到的组合情况写方法。例如，如果在当前应用中需要写一个方法，以获取表中的第一个元素，则至少还应该为获取表中的最后一个元素再写一个方法。

此外，一个方法不应该只能处理正常值，对空值、极限位及界外值等异常情况也应该能够做出有意义的响应。

（6）尽量不使用全局信息。应该尽量降低方法与外界的耦合程度，不使用全局信息是降低耦合度的一项主要措施。

（7）利用继承机制。在面向对象程序中，使用继承机制是实现共享和提高可重用度的主要途径。

2. 提高可扩充性

（1）封装实现策略。应该把类的实现策略（包括描述属性的数据结构、修改属性的算法等）封装起来，对外只提供公有的接口，否则将降低今后修改数据结构或算法的自由度。

（2）不要用一个方法遍历多条关联链。一个方法应该只包含对象模型中的有限内容。违反这条准则将导致方法过分复杂，既不易理解，又不易修改扩充。

（3）避免使用多分支语句。一般来说，可以利用 swith-case 语句测试对象的内部状态，不要根据对象类型选择应有的行为，否则在增添新类时将不得不修改原有的代码。应该合理地利用多态性机制，根据对象的当前类型，自动决定应有的行为。

（4）精心确定公有方法。公有方法是向外部公布的接口，对这类方法的修改往往会涉及许多其他类。因此，修改公有方法的代价通常都比较高。为提高可修改性，降低维护成本，必须精心选择和定义公有方法。私有方法是仅在类内使用的方法，通常利用私有方法来实现公有方法。删除、增加或修改私有方法所涉及的面要窄得多，因此代价也比较低。

同样，属性和关联也可以分为公有和私有两大类。公有的属性或关联又可进一步设置为具有只读权限或只写权限两类。

3. 提高健壮性

程序员在编写实现方法的代码时，既应该考虑效率，又应该考虑健壮性。通常需要在健壮性与效率之间做出适当的折中。必须认识到，对于任何一个实用软件来说，健壮性都是不可忽略的质量指标。为提高健壮性应该遵守以下准则：

（1）预防用户的操作错误。软件系统必须具有处理用户操作错误的能力。若用户在输入数据时发生错误，不应该引起程序运行中断，更不应该造成"死机"。任何一个接收用户输入数据的方法应该对其接收到的数据进行检查，即使发现了非常严重的错误，也应该给出恰当的提示信息，并准备再次接收用户的输入。

（2）检查参数的合法性。对公有方法，尤其应该着重检查其参数的合法性，因为用户在使用公有方法时可能违反参数的约束条件。

（3）不要预先确定限制条件。在设计阶段，往往很难准确地预测出应用系统中使用的数据结构的最大容量要求，因此不应该预先设定限制条件。如果有必要和可能，应该使用动态内存分配机制，创建未预先设定限制条件的数据结构。

（4）先测试后优化。为在效率与健壮性之间做出合理的折中，应该在为提高效率而进行优化之前，先测试程序的性能。人们常常惊奇地发现，事实上大部分程序代码所消耗的运行时间并不多。应该仔细研究应用程序的特点，以确定哪些部分需要着重测试（例如，最坏情况出现的次数及处理时间可需要着重测试）。经过测试，合理地确定为提高性能应该着重优化的关键部分。如果实现某个操作的算法有许多种，则应该综合考虑内存需求、速度及实现的简易程度等因素，经合理折中后选定适当的算法。

第四节　软件测试与软件维护流程

一、软件测试的定义及原则

（一）软件测试的定义

概括说来，软件测试是为了发现错误而执行程序的过程；或者说，软件测试是根据软件开发各阶段的规格说明和程序的内部结构,而精心设计一批测试用例,并利用这些测试用例去执行程序,以发现程序错误的过程。

IEEE 对软件测试的定义为:使用人工和自动手段来运行或测试某个系统的过程,其目的在于检测它是否满足规定的需求或弄清预期结果与实际结果之间的差别。

软件测试绝不仅仅是针对程序的测试,需求规格说明、概要设计规格说明、详细设计规格说明、程序等都是软件测试的对象。并且,"软件项目整个生命周期中均存在软件测试,从而确保软件生命周期各个阶段均正常使用。此外,软件生命周期各个过程均可能存在错误,软件测试只能确认软件存在的错误,并不能避免软件新错误的出现。"①

(二)软件测试的目的

软件危机导致了软件工程的产生,而软件质量是软件工程最关注的目标。软件在开发的过程中,可能会由于某种错误而导致各种软件缺陷。原因包括:开发人员之间、开发人员与用户之间缺乏有效的沟通;软件复杂度过高;编码错误;不断变更的需求;时间压力;缺乏文档描述;没有合适的软件开发工具等。软件缺陷可能在软件开发的各个阶段被引入,如果没能及时发现和纠正,就会传递到软件开发的下一阶段。

随着软件缺陷的传递,会带来更多的问题,也会增加缺陷改正的难度和成本。软件测试的目的,就是要发现软件中存在的缺陷和系统不足,定义系统的能力和局限性,提供组件、工作产品和系统的质量信息;提供预防或减少可能错误的信息,在过程中尽早检测错误以防止该错误传递到下一阶段,提前确认问题和识别风险;最终获取系统在可接受风险范围内可用的信息,确认系统在非正常情况下的功能和性能,保证一个工作产品是完整的并且是可用的或者可被集成的。

(三)软件测试的原则

软件测试的最终目标是提高客户的满意度,而在交付软件前发现尽可能多的缺陷将有助于达到该目标。好的测试应该能用最少的时间和最小的代价发现不同类型的错误。

根据软件测试的目的与定义,软件测试的一般原则包括以下 15 点:

第一,尽早地和不断地进行软件测试。由于软件的抽象性和复杂性,在软件开发的每个阶段都可能引入缺陷。从需求分析甚至更早的时候开始,软件开发过程中就应该开展软

---

① 李海霞,王磊,李智. 软件生命周期质量评价方法研究 [J]. 计算机测量与控制,2022,30(08):264-268,295.

件测试活动。同时，软件测试应该贯穿整个软件开发生存周期，在软件开发的每个环节不断地进行测试，才能及时地发现错误，避免错误的累积和扩大。

问题发现得越早，解决问题的代价就越小，这是一条真理。发现软件错误的时间在整个软件过程阶段中越靠后，修复它所消耗的资源就越大。

第二，测试要有停止准则，适可而止。测试应尽可能多地发现缺陷，特别是严重等级较高的、影响软件正常运行的缺陷，但无法穷尽。根据实际情况，决定测试范围和测试程度并进行有效的控制，才能更好地协调开发与测试的关系，以最少成本获得最大回报，达到测试的理想效果。

在测试中，由于输入量太大、输出结果太多，以及路径组合太多，想要进行完全的测试，在有限的时间和资源条件下，是不可能的。下面以大家所熟悉的计算器为例来说明。

输入：1+0、1+1、1+…1+9…9，全部完成后继续操作 2+1、2+2，一直到 2+9…9，全部整数完成后开始测试小数 1.0+0.1、1.0+0.2+…并持续下去。

在验证完整数相加、小数相加后继续进行后面的减、乘、除运算，一切噩梦还没有结束，我们还需要测试一下可能的错误输入。

第三，软件测试必须具有一定的独立性。程序员应尽可能地避免测试自己编写的程序，开发小组应尽可能地避免测试本小组开发的程序。如果条件允许，应由相对独立的测试部门或第三方测试机构进行测试；或者至少应采取互相自测的方式。这主要是因为程序员不愿意且也不容易发现自己编写的程序中的错误。

第四，软件测试应追溯到用户需求。软件测试人员应紧紧围绕用户需求，站在用户角度看问题。不满足用户需求的软件是无法顺利交付的，这也是验收测试以用户需求为依据的原因。

第五，应进行有重点的测试。从风险观点来讲，软件测试可以被定义为对软件中潜在的各种风险进行评估的活动。应进行软件风险分析，根据风险大小确定测试的优先级和执行顺序。

第六，应认真做好测试计划。合理的计划是成功的一半，测试前应与用户、开发方沟通，对被测软件进行分析，明确测试目的、测试范围、测试环境、测试方法以及测试所需的资源等内容，形成测试计划。软件测试应按计划进行，切忌随意性。

第七，设计完善的测试用例。测试用例除了要对输入数据进行详细描述，还应给出预期输出结果，否则，很可能在测试过程中因无法与预期结果比对，错过本应发现的错误。另外，测试用例不仅应包括有效或合法的输入，还要考虑无效或非法的输入情况。

第八，对测试用例进行管理。应重视测试过程中的记录并保存相关文档，测试用例作为软件测试设计阶段的主要工作成果，是软件测试的最重要内容之一。

第九，选择合适的测试方法。无论是动态测试还是静态测试技术，都有很多测试方法。应根据不同软件不同部分的不同特点，选用不同的测试方法，开展充分而有针对性的测试。对测试方法的选择是测试策略的重要内容。

第十，使用恰当的测试工具。恰当使用测试工具能够提高测试的正确性，并且使测试人员有更多精力去从事创造性的工作，提高测试的效果和效率。

第十一，对实测结果进行确认。每个测试用例承担不同的测试任务，必须对用例预期的输出结果进行明确定义，对用例的实测结果进行仔细分析检查和确认。

第十二，对软件缺陷进行分析。通过分析所发现的缺陷的类型、来源、模式和趋势等，可以进一步挖掘新问题，找到软件需要改进的地方。

第十三，进行回归测试。当软件更动时，应进行回归测试，以保证已有缺陷被正确关闭且没有引入新的缺陷，软件中原先能正常运行的部分依然正常工作。回归测试是软件生存周期中的一个重要组成部分。

第十四，不断进行培训。软件测试是一项富有创造性的和挑战性的工作，软件测试同其他学科一样，有着一套特定的知识体系和技能要求。根据测试人员执行测试类型的不同，甚至还需要特殊的或先进的知识或技能。测试人员需要不断地进行培训或自我培训，才能适应测试工作中的新挑战。

第十五，测试即服务。把软件测试理解为一种服务，对用户的服务，对软件最终质量的服务，有利于软件测试工作的开展。

二、软件测试的复杂性分析

人们总是认为软件测试就是对一个程序进行检测，不需要花费大量精力，开发程序才是需要花费大量精力的工程。其实不然，在现代软件开发过程中，软件测试正占据越来越重的分量，如何在有限的条件下对规模日益扩大的软件完成有效测试已经成为软件工程中一个非常关键的课题。

设计测试用例时必须非常细致，并且应具备非常高深的技巧，如若不然，就有很大可能发生疏漏。这是由以下四个方面的因素决定的：

（一）完全测试是不现实的

一般认为，测试工作应将所有可能的输入情况都执行一遍，即彻底测试，又称穷举测试。但实际软件测试中，软件工程量十分庞大，如果要进行彻底测试，可能会因为输入量太大、输出结果太多、软件执行路径太多等因素导致计算机超负荷工作十年，甚至百年都不一定能够完成这一次的测试工作。因此，在实际工作中，不可能进行完全彻底的测试。

（二）软件测试是有风险的

根据上述分析可知，大部分软件都不会进行彻底测试，这就表明大部分软件进行的都是非穷举测试，这就表示不能保证被测程序在理论上不存在错误。这就会产生一个矛盾：软件测试员不能做到完全的测试，不完全测试又不能证明软件的百分之百可靠。

在实际的软件开发过程中，人们发现软件缺陷数量和测试量之间的关系，即软件缺陷和测试成本曲线有一个交点——最优测试量。在此点之前，随着测试量的上升，测试成本快速上升；当缺陷数量降低到交点值后，测试成本变化并没有明显的改变。这个最优测试量就是在软件测试中需要把握的关键问题之一。

（三）杀虫剂现象

杀虫剂现象指的是一直采用同一种农药杀虫，时间久了，害虫就对该种农药产生了抵抗力，该种农药就对其失去了效用。研究发现，在软件测试中也出现了此类现象，采用同一种测试工具或方法测试同一类软件越多，能够检测的缺陷就越少，被测试软件对测试的免疫力就越强。

不同的软件开发人员思维和技术水平都不一致，主客观环境因素也不一样，再加上各种难以预料的突发性事件，不可能使用一种测试工具或方法就能够查出全部的缺陷。因此，软件测试人员必须不断地编写新的测试程序，不断进行测试，防止杀虫剂现象的出现。

例如，A 测试某个模块，第一天到第四天测到许多 Bug，但是从第五天开始几乎报不出 Bug 了。第七天换了 B，B 又测试出许多 Bug，但不能简单地说 A 的水平差，B 的水平高。其实，这是由于 A 对这个模块产生了抗药性造成的，这就是软件测试学中的杀虫剂现象。

为避免杀虫剂现象，建议每次进行轮流测试，最好安排不同的工程师进行不同模块的测试工作。

（四）缺陷的不确定性

缺陷的不确定性是指什么是软件的缺陷，什么样的软件缺陷需要修复。软件缺陷是一个较为模糊的定义，需要在测试过程中根据被测对象的具体表现来明确化，再加上不同测试人员对软件系统的理解有所不同，出现的软件缺陷、修复的程度标准都会有所不同。

三、生命周期各个阶段的测试要求

（一）需求阶段测试

需求测试贯穿了整个软件开发周期，通过需求测试可以知道软件测试的各个阶段，帮助我们设计整个测试的过程测试计划的安排、测试用例的设计以及软件的确认要达到哪些要求等。

1. 需求阶段测试的目标

需求阶段测试的目标是保证需求正确表现出用户的需要，需求已经被定义和文档化，项目的花费和收益成正比，需求的控制被明确，有合理的流程可以遵循，有合理的方法可供选择。

2. 需求阶段的测试活动

在需求阶段测试中，需要建立风险列表，进行风险分析和检查，以此确定项目的风险；并且要建立控制目标，确保有足够的控制力度来保证软件项目的开发和测试。在彻底分析需求的充分性后，生成基础的测试用例。澄清和确定哪些需求是可测试的，舍去含糊的、不可测试的需求，建立产品的测试需求和确认测试需求。

（二）设计阶段测试

在设计阶段，测试的任务是对设计进行评审，分析测试要素，给测试要素打分。

设计阶段的评审是对实际阶段处理的完整性进行的正式评价。在对设计进行评审之前，要为评审分配足够的时间，成立评审组，并对组员进行培训；在评审时，要通报项目组，和项目组一起进行评审，并且只对文档进行评审；最后，要将评审的结果写成正式报告。

（三）编码阶段测试

在编码阶段的测试活动中，有以下方面是需要特别关注的：

第一，完成对数据和文件完整性的控制。

第二，定义完毕授权的规则。

第三，实现审计追踪。

第四，规划出意外情况发生后的处理计划。

第五，编码工作是依据规定的方法完成的。这样易于测试和维护工作的进行。

第六，编码与设计相一致，包括编码的正确性、易用性、内聚性和耦合性。

第七，代码是可维护的。代码的维护性在一定程度上决定了项目维护的难易程度。

第八，在性能上定义出程序成功的标准。

（四）测试阶段

测试阶段就是传统软件工程中的软件测试。在测试阶段要进行第三方的正式确认测试，检验所开发的系统是否能按照用户提出的要求运行。在测试阶段要使得用户能成功地安装被测系统来进行测试。

（五）安装阶段测试

在进行安装测试时要保证被测试系统没有问题，校验产品文件的完整性，安装要遵循一定的方法和步骤；注重对程序安装的正确性和完整性进行核对，如果安装失败，系统要有相应的解决方案；最后也是最重要的是，要保证系统综合的性能达到了用户要求。

在安装阶段过程中，我们首先要根据系统安装手册制订好安装计划，确定好安装流程图，准备好安装文件和程序清单，给出安装测试的预期结果，并对安装过程中的各项可能发生的结果进行说明准备，将程序运行的软硬件要求放入产品说明中。同时要检查系统的用户手册和操作手册，看是否可用。

安装过程中要进行如下工作：

第一，对程序安装的正确性和完整性进行核对。

第二，校验产品文件的完整性。

第三，安装的审查，追踪被记录。

第四，安装过程，进行了权限控制。

第五，需要的配套程序和数据已经放进了产品中。

第六，相关文件已经完整。

第七，接口已经被合理调整。

第八，综合的性能达到了用户要求。

（六）验收阶段测试

软件验收的流程是定义用户角色，定义验收标准，编制验收计划，执行验收计划和填写验收结论。用户角色的定义指确定软件的用户范围；验收标准包括功能、性能、接口质量、过载后的软件质量、软件的安全性和稳定性等方面的标准；验收计划包含项目描述，用户职责描述，验收活动描述，验收项的评审和最终的验收测试步骤；执行验收计划就是按照验收计划进行测试和评审；验收结束后，填写验收结论，验收问题必须在进入下一个流程之前被接受和更改。

（七）维护阶段

软件交付使用后的阶段，称为维护阶段。软件维护阶段的工作重点是测试和培训。维护人员需要开发一些测试用例，预先发现一些问题，并且要能够根据运行情况的变化和用户的反馈对软件做适当的修正。另外在软件交付使用的同时，也要制订培训计划，编写培训材料。

四、测试的步骤

测试也是分步骤进行的，除非是一个小程序，否则把整个系统作为一个单独的实体来进行测试是不现实的。测试的步骤大体分为模块测试、集成测试、系统测试和接收测试。

（一）模块测试

模块是软件开发中最小的独立部分，如 C 语言中的函数、C++中的类等，模块也称单元。模块测试检查程序中的模块是否符合详细设计中的模块的要求，发现其中的功能错误或编码错误。由于模块的规模小、功能单一、逻辑相对简单，测试人员可依据详细设计说明书和程序，测试模块的输入、输出以及模块的逻辑结构，从模块接口、局部数据结构、独立路径、出错处理等方面测试。检查程序的处理有：逻辑的正确性、符号的正确性、精度的正确性、错误处理的有效性等方面。

对每个模块进行模块测试的时候，不能完全忽视它们与周围模块的相互关系。为了模拟这个关系，需要设置一些辅助测试模块构成测试环境。

辅助测试模块有两种，一种是驱动模块，用来模拟被测试模块的上一级模块。驱动模块在模块测试中接收数据，将相关的数据传送给被测试的模块，启动被测试模块，并打印相关的结果。另外一种是桩模块，用来模拟被测试模块工作中所有的调用模块。桩模块由被测试模块调用，它们一般只进行很少的数据处理，如打印入口和返回，以便于检验被测试模块与其下级模块的接口。

（二）集成测试

集成测试是将模块按照设计要求组装起来同时进行测试，主要目的是发现与接口有关的问题。即便模块测试表明每个独立的模块没有问题，但所有的模块组合在一起可能就出现问题，因为组装的过程中存在各个模块的接口问题，如数据穿过接口时可能丢失；一个模块对另一个模块可能由于疏忽的问题而造成有害影响；把子功能组合起来可能不产生预期的主功能；个别看起来是可以接受的误差可能积累到不能接受的程度；全程数据结构可能有错误等。

集成测试更多采用既有白盒测试的技术又有黑盒测试的技术，也就是灰盒测试的技术。

（三）系统测试

系统测试是将集成测试的软件系统作为整个基于计算机系统的一个元素，与计算机硬件、外设、支持软件、数据和人员等元素组合在一起，对计算机系统进行一系列的组装测试和确认测试。在这个过程中不仅应该发现设计和编码的错误，还应该验证系统确实能提供需求说明书中指定的功能和性能。系统测试更多采用黑盒测试的技术。

（四）接收测试

当系统测试成功完成之后，就可以确信系统满足了需求规格的要求。如果用户需要，可以进行接收测试。接收测试是按照客户的需求来检查系统的行为，客户承担或说明典型的任务，以检查需求是否满足，或检查开发机构已经满足了软件的目标市场的需求。这次测试是以用户为主的测试，测试的目的是让用户确认系统是否满足要求和期望。所以这个测试是用户自己完成测试并评估的过程，必要的时候，开发人员应给予支持。

接收测试有很多种，如基准测试、试用测试等。基准测试是用户按照实际操作环境中的典型情况准备一套测试用例，用户对每个测试用例的执行情况进行评估，测试的人很熟悉系统的需求，而且能够对实际执行的性能进行评估；试用测试主要是指用户在实际的环境中试用系统，即在提交产品给用户之前，开发人员与用户一起在企业内进行试用，称为 alpha 测试，而真正的用户试用测试为 beta 测试。

五、软件维护流程

一个大型软件系统的开发，由于耗费了大量的人力、物力，因此，人们总是希望尽可能延长其运行期，使软件系统发挥尽可能大的效益。另外，因大型软件本身的复杂性，其维护工作涉及的面很广，维护的费用极大。所以如何对大型软件进行维护就变得非常重要。软件维护是软件生存周期的最后一个阶段，它是指软件系统交付使用以后，为了改正错误或满足新的需要而修改软件的过程。

（一）软件维护的基本流程

维护人员首先应该判断维护的类型，并评价维护活动所带来的质量影响和成本开销，评审决定是否接受该维护请求，并确定维护的优先级。根据所有被接受维护的优先级，统一规划软件的版本，决定哪些变更在下一个版本完成，哪些变更在更晚推出的版本完成。维护人员实施维护任务，发布新的版本。

1. 软件维护的实施

对于长期运行的复杂系统，就需要一个稳定的维护小组。维护小组由以下人员组成：

组长是该小组的技术负责人，负责向上级主管部门报告维护工作；组长应是一名有经验的系统分析员，具有一定的管理经验，熟悉系统的应用领域。

副组长是组长的助手，在组长缺席时完成组长的工作，具有与组长相同的业务水平和工作经验；副组长还执行同开发部门或其他维护小组联系的任务，在系统开发阶段收集与维护有关的信息，在维护阶段同开发者继续保持联系，向他们传送程序运行的反馈信息。因为大部分维护要求是由用户提出的，所以副组长同用户保持密切联系也是非常必要的。

维护负责人是维护小组的行政负责人，他通常负责维护小组成员的人事管理工作。

维护程序员负责分析程序改变的要求和执行修改工作。维护程序员不仅具有软件开发方面的知识和经验，也应具有软件维护方面的知识和经验，还应熟悉程序应用领域的知识。

另外，还有一些执行特殊的或临时的维护任务，临时维护小组是非正式的机构。例如，对程序排错的检查，检查完善性维护的设计和进行质量控制的复审等。临时维护小组为了提高维护工作的效率，采用了"同事复审"或"同行复审"等方法。

2. 维护的流程

软件维护的流程如下：制订维护申请报告；审查申请报告并批准；进行维护并作详细记录；复审。

（1）拟定申请报告。所有软件维护申请报告应按规定的方式提出，该报告也称为软件问题报告，它是维护阶段的一种文档，由申请维护的用户填写。另外，在软件维护组织内部还要制定一份软件修改报告，该报告是维护阶段的另一种文档，用来指出：要求修改的性质；为满足软件问题报告实际要求的工作量；请求修改的优先权；关于修改的事后数据等问题。

（2）提出维护申请报告之后，由维护机构来评审维护请求。评审工作很重要，通过评审回答要不要维护，从而可以避免盲目的维护。

（3）维护过程。一个维护申请提出之后，经评审需要维护，则按下列过程实施维护：

首先，确定要进行维护的类型。有许多情况，用户可以把一个请求严重校正性维护，而软件开发者可以把这个请求严重适应性或完善性维护，此时，对不同观点就要协商解决。

其次，对校正性维护从评价错误的严重性开始。如果存在一个严重的错误，例如，一个系统的重要功能不能执行，则由管理者组织有关人员立即开始分析问题。如果错误并不严重，则校正性维护与软件其他维护一起进行，统一安排按计划进行维护工作。

再次，对适应性和完善性维护。如同它是另一个开发工作一样，建立每个请求的优先权，安排所要求的工作。若设置一个极高的优先权，当然也就意味着要立即开始此项维护工作了。

最后，实施维护任务。不管维护类型如何，大体上要开展相同的技术工作。这些工作包括修改软件设计、必要的代码修改、单元测试、集成测试、确认测试以及复审，每种维护类型的侧重点不一样。

另外，还有"救火"维护。存在着并不完全适合上面所述的经过仔细考虑的维护申请，这时申请的维护称为"救火"维护，在发生重大的软件问题时，就会出现这种情况。

（4）维护的复审。复审对维护工作能否顺利进行有重大影响，对一个软件机构来说也是有效的管理工作的一部分。在维护任务完成后，要对维护任务进行复审。

（二）软件维护的管理流程

软件维护工作不仅是技术性的，它还需要大量的管理工作与之相配合，才能保证维护工作的质量。管理部门应对提交的修改方案进行分析和审查，并对修改带来的影响进行充分估计，对于不妥的修改予以撤销。需要修改主文档时，管理部门更应仔细审查。

在开展软件维护时，软件维护的基本流程和软件维护的管理流程是相结合的，软件维护管理流程强调管理部门审查和维护文档的一致性。

第六章　面向对象和组件的软件开发设计技术

第一节　对象的概念与面向对象的程序设计

一、对象及相关概念

面向对象程序设计语言的相关概念体现了面向对象程序设计方法的一些核心思想，准确理解这些概念的含义是深刻理解面向对象程序设计方法的一个重要途径。例如，将"对象"作为基本的逻辑单元与现实世界中的客体直接对应；用"类"描述具有相同属性特征的一组对象；利用"继承"实现类之间的数据和方法的共享；对象之间以"消息"传递的方式进行"通信"等。

（一）对象

世界上一切事物都是对象，对象具有一个名字标识，并具有自身的状态和自身的功能。一个对象之所以能够独立存在，就是因为它具有自身的状态。到目前为止，关于对象还没有统一的定义，在程序设计领域可以用一个公式来表示：对象＝数据+作用于这些数据上的操作。

对象的数据就表示对象的属性，而作用于数据上的操作就是对象的方法，也就是对象的行为方式。对象中的数据记录了客体的属性状态，方法决定了客体所能够实施的操作行为和其他对象进行通信的接口方式，对象是一个有着各种特殊属性（数据）和行为方式（方法）的逻辑实体。

（二）类和实例

"类"是日常生活中的一个常见术语，类是具有相同数据格式和相同操作功能的集。类是对一组客观对象的抽象，它将该组对象所具有的共同特征集中起来，用以说明该组对象的能力与性质。类中一个具体的对象则是其对应类的一个实例。类和实例之间的关系是抽象和具体的关系，也相当于结构化程序设计语言中的变量类型和变量的关系。

实例（即对象）是类的具体事物，类是多个实例的综合抽象。一个类的所有实例既具有共性又具有个性。对象是系统运行时将类作为生成对象实例的模板，通过分配私有存储空间，然后对相应的属性赋初值而创建的，这个过程在面向对象程序设计中称为"实例化"。

（三）消息

一个人生活在社会中，总是要和其他人交往，请求他人帮助解决一些问题，这里的"请求"就是一个人与其他人进行交往的手段。在面向对象技术的专业术语中，将这些请求称为"消息"。消息是对象之间交互的手段，是外界能够引用对象操作及获取对象状态的唯一方式。在一条消息中，需要包含消息的接收者和要求接收者执行某项操作的请求，但具体的操作过程由接收者自行决定，这样可以很好地保证系统的模块性。

（四）继承

继承是指能够直接获得已有的性质和特征，而不必重复定义它们，在面向对象技术中，继承是子类自动地共享基类中定义的数据和方法的机制。面向对象技术的许多强有力的功能和突出的优点，都来源于把类组成一个层次结构的系统（类等级）：一个类的上层可以有父类，下层可以有子类。子类直接继承父类的全部描述（数据和操作）。继承性分为单重继承和多重继承两类。单重继承时，一个子类只有一个父类；多重继承时一个子类可以有多于一个的父类。继承关系是可传递的，即最下层的子类可继承其上各层父类的全部描述（数据和操作）。

二、面向对象的程序设计

（一）面向对象程序设计语言的发展历程

面向对象方法的形成最初是从面向对象程序设计语言开始的，随后才逐渐形成了面向对象的分析和设计。面向对象技术是一种按照人们对现实世界习惯的认识和思维方式来研究和模拟客观世界的方法学。面向对象方法以系统对象为研究中心，为信息管理系统的分析与设计提供了一种全新的方法。

无论程序设计思想以及程序设计语言如何发展和提高，最终所使用的底层计算数学模型并没有改变。但高级程序设计语言带来的变革是在其语言环境中构建起一个全新的、更抽象的虚拟计算模型。Smalltalk 语言引入的对象计算模型从根本上改变了以前传统的计算模型，以前的计算模型突出的是顺序计算过程中的机器状态，而现在的对象计算模型突出的是对象之间的协作，其计算结果由参加计算的所有对象的状态总体构成。由于对象本身具有自身状态，也可以把一个对象看成是一个小的计算机器。这样，面向对象的计算模型就演变成了许多小的计算机器的合作计算模型。

面向对象程序设计为程序员提供了一种更加抽象和易于理解的新的计算模型，但其本身并没有超越冯·诺依曼体系模型，所以不能期望面向对象能解决更多的问题或者减少问题运算复杂度，但面向对象能用一种更容易被人们所理解和接受的方式去描述和解决问题。

目前，面向对象的概念已经渗透到几个不同的领域：编程语言、用户接口、人工智能和数据库开发等方面。编程语言的研究者沿着两种路径开发面向对象编程方法：一种是新的面向对象语言的开发；另一种是传统语言的扩充。如 LISP 扩充的 Common Loops，PAS-CAL 扩充的 CPASCAL 以及 C 语言扩充的 Objective C 和 C++[①]。

（二）面向对象程序设计系统的主要特征

利用面向对象思想设计和实现的系统应该具有以下特征：

1. 抽象性特征

抽象是指忽略事物的非本质特征，只注意那些与当前目标有关的本质特征，从而找出事物的共性。抽象就是对某个系统简化的描述，抽象并不打算了解全部问题，而只是选择其中的一部分。在理解复杂的现实世界和解决复杂的特定问题时，如何能从复杂的信息集中抽取出有用的，能够反映事物本质的东西，降低其复杂程度是解决问题的关键，而抽象正是降低复杂度的最佳途径。

抽象包括过程抽象和数据抽象两部分，具体如下：

过程抽象指功能抽象，即舍弃个别的功能，抽取共同拥有的功能。例如，手机作为一个类来说，当人们提到手机就认为它是一种移动通信工具，这就是对手机类的抽象。手机主要是用来通话的一种移动通信工具，它可以接打电话，这是它的基本功能特征。有些手机能够视频通话，这一功能不是所有手机都具备，抽象就将这一附加功能忽略掉了。

数据抽象是一种更高级的抽象，它将现实世界中存在的客体作为抽象单元，其抽象内容既包括客体的属性特征，又包括行为特征。它是面向对象程序设计所采用的核心方法。

---

①孟瑜. 面向对象程序设计的几点思考 ［J］. 信息与电脑（理论版），2020，32（12）：83-85.

模块化和信息隐蔽是数据抽象过程的两个主要概念：模块化是将一个复杂的问题分解成几个相对简单的子问题，子问题还可以进一步分解，直到所得到的子问题足够简单为止，一般将分解后的子问题称为模块。模块化可以降低求解过程的复杂度，提高程序的可维护性。在面向对象程序设计方法中，模块以类为单位，其中封装了对象的属性和行为；信息隐蔽是程序设计的基本原则和方法。在大型程序设计中，利用可见性控制访问范围，可以使得某些内容在模块内可见，在模块外不可见，从而实现信息隐蔽。信息隐蔽可以提高整个系统的安全性和可靠性，为日后软件维护工作奠定良好的基础。

2. 继承性特征

继承是对象类之间的一种关联关系，指对象继承它所在类的结构、操作和约束，也指一个类继承另一个类的结构、操作和约束，继承体现了类与类之间不同的抽象级别。根据继承与被继承的关系，可分为子类和基类（也称父类）。子类可以从父类那里获得所有的属性和方法，并且可以对这些获得的属性和方法加以改造。一个父类可以派生出若干个子类，每个子类都可以通过继承和改造获得自己的一套属性和方法。父类表现出的是共性和一般性，子类表现出的是个性和特殊性。

继承机制能清晰地体现相似类之间的层次结构关系，减小代码和数据的重复冗余度，大大增强程序的重用性。

3. 封装性特征

封装是指将现实世界中某个客体的属性和行为集成在一个逻辑单元内部的机制。这种机制可以将客体的属性信息隐藏起来，要访问或改变该客体的属性状态，只能通过该客体提供的特定的行为接口来实现。例如，硬件工程师将电路板封装在一个接插件里面，只露出接口，别人要用这个接插件时，只要连接接口就可以，不必关心接插件内部的实现。

4. 多态性特征

多态是指相同的操作可以作用于多种类型的对象并获得不同的结果。发送给不同类型对象的同一个消息表现出许多不同的形式，这就是"多态"名称的由来。

在面向对象方法中，可给不同类型的对象发送相同的消息，而不同的对象分别做出不同处理。

三、面向对象程序设计的新语言——C++语言

目前，无论是国内还是国外，C语言编程都成为计算机开发人员的一项基本功，大多数系统软件和许多应用软件都是用C语言编写的。面向程序设计方法的变革，最好的办法

不是另外发明一种新的语言去替代它，而是在它原有的基础上加以发展，于是 C++语言应运而生。C++语言对 C 语言的改进主要体现在 C++增加了适用于面向对象程序设计的类，因此被称为"带类的 C"，后来为了强调它是 C 语言的增强版，用了 C 语言中的自加运算符"++"，就改称为"C++"。

C++语言是 C 语言的超集，它保留并扩充了 C 语言中面向过程的功能，同时增加了面向对象的功能，但 C++语言并不是 C 语言的简单改进版，而是支持面向对象程序设计思想的一个新的程序设计语言。

（一）C++语言的相关概念

1. C++语言的类

C++语言的类就是对 C 语言中结构体的扩充，C 语言的结构体只有数据成员，而 C++语言的类不仅有数据成员，还有对数据进行处理的成员函数（方法）。类在 C++语言中就是一种定义对象的抽象数据类型，它的性质和其他基本数据类型（如 int、float 等）相同，而对象就是类的实例。在 C++语言中声明一个类的语法形式如下：

class 类名
{
private：
私有数据成员和成员函数；
public：
公有数据成员和成员函数；
protected：
保护数据成员和成员函数；
}；

class 是类定义的关键字，类名由用户自定义，但必须是 C++语言的有效标识符，且一般首字母要大写。花括号中就是类体，最后以一个分号"；"结束。

private、public 和 protected 称为成员访问说明符，对应的成员分别称为私有成员、公有成员和保护成员（包括数据成员和成员函数）：在成员访问说明符 private 之后以及到下一个成员访问说明符之前声明的数据成员或成员函数只能由类内的成员函数来访问；在成员说明符 public 之后以及在下一个成员访问说明符之前声明的任何数据成员或成员函数，既可以在类的内部，又可以在类的外部进行访问；protected 之后声明的数据成员和成员函数既可以在类内部被成员函数访问，又可以被子类的成员函数访问，但不能在类的外部被访问。protected 访问提供了一种介于 public 和 private 访问之间的中间保护层次。

从类的定义可以看出，类是实现封装的工具。封装就是将类的成员按使用或存取方式分类，从而有条件地限制对类成员的使用。

2. C++语言的对象

类描述了对象的共同属性和行为，是一个用户自定义的数据类型，实现了封装和数据隐藏功能。但是类作为一种类型在程序中只有通过定义该类型的变量，即对象，才能发挥作用。对象是类的实例或实体，对象的定义也称对象的创建，在 C++语言中可以用两种方式定义对象。

（1）在声明类的同时定义对象。在声明类的同时定义对象是指在声明类的右花括号后面直接写出属于该类的对象名表，例如：

```
class Point
{
private：
int x，y；
public：
void output（）
{
cout ＜＜ x ＜＜ endl；
cout ＜＜ y ＜＜ endl；
}
void init（）
{
x＝0；
y＝0；
}
} pt1，pt2；
```

（2）声明类之后在使用时再定义对象。声明类之后在使用时再定义对象的定义格式与 C 语言定义一般变量的格式相同：

类名 对象名；

也可以像 C 语言那样定义指针对象，格式如下：

类名 ＊指针对象名；

例如：Point pt1，pt2；

在声明类的同时定义对象是一种全局对象，在它的生命期内任何函数都可以使用它。但有时使用它的函数只在极短的时间内对它进行操作，而它总是存在，直到整个程序运行结束，因此容易导致程序混乱和错误。而采用使用时再定义对象的方法可以消除这一弊端，建议尽量使用这种方法来定义对象。声明一个类就是声明了一种类型，它是抽象的，只作为生成具体对象的"模板"，只有定义了对象后，系统才为对象分配存储空间。

不论是数据成员还是成员函数，只要是公有成员，定义了对象之后，就可以在类外部进行访问。其访问方式有两种，即圆点访问形式与指针访问形式。

圆点访问方式，就是使用成员运算符"."来访问类的成员，格式如下：

对象名.成员名

或

（＊指针对象名）.成员名

在类定义的内部，所有成员之间可以互相直接访问；在类定义的外部，只能以上述格式访问类的公有成员。主函数 main（）也在类的外部，所以，在主函数中定义的类对象，在操作时只能访问其公有成员。

指针访问形式，就是使用成员访问运算符"－＞"来访问类的成员，该运算符前面必须是一个指向对象的地址，格式如下：

指针对象名－＞成员名

一般在两种访问成员的形式中，如果通过对象来访问成员，则采用圆点访问形式，如果通过指向对象的指针来访问成员，则采用指针访问形式。

3．成员函数

前面提到过类体中的成员函数一般只给出原型，而其具体的实现是放在类体外实现的。这种方式非常适合成员函数的函数体比较大的情况，但要求在定义成员函数时，在函数名称之前加上其所属的类名以及作用域运算符"::"，以此来表示该成员函数属于哪个类。这种成员函数在类体内的声明格式如下：

函数返回值类型 成员函数名（形参列表）；

在类外定义的一般格式如下：

函数返回值类型 类名::成员函数名（形参列表）

{

函数体；

}

4. 构造函数

当定义一个类的对象时，编译程序需要根据其所属类的类型为对象分配存储空间。在声明一个对象的时候，也可以同时给它的数据成员赋初值，称为对象的初始化。在 C++语言中，这部分工作由特殊的成员函数来完成，即构造函数。构造函数实际上就是与类名相同的特殊的成员函数，而且无返回值，当定义该类的对象时，构造函数被系统自动调用，用来实现该对象的初始化。

构造函数被声明为公有函数，但它不能像其他成员函数那样被显式调用，构造函数的作用就是初始化对象，它是在对象创建的同时由系统自行调用。C++语言的这种设置方式避免了由于程序员疏忽，忘记初始化工作而造成的致命错误。

C++语言规定每个类都必须有一个构造函数，否则不能创建对象。如果一个类中没有提供构造函数，C++编译器将提供一个默认的构造函数，该默认的构造函数是一个不带参数的函数，只负责创建对象，不提供任何初始化工作。一旦类中定义了一个构造函数，C++语言就不再提供默认的构造函数。

构造函数可以重载，即一个类中可以定义多个参数个数和参数类型不同的构造函数，这样就可以通过参数区分到底调用哪个构造函数。

注意：在 C++语言中，如果在一个类中出现了两个以上的同名函数，则称为函数重载。函数重载的构成条件是函数名相同，但参数个数和参数类型不同。

5. 析构函数

析构函数同构造函数一样也是一种特殊的成员函数，它执行与构造函数相反的操作，通常用于撤销对象时的一些清理任务，如释放分配给对象的内存空间等。析构函数的函数名称是在类名前面加上 "~"。析构函数没有返回值和参数，不能随意调用，也没有重载，只是在类对象生存周期结束时，系统自动调用。

如果类在定义时没有为类提供默认的析构函数，则系统就会自动创建一个默认的析构。对于一个简单的类来说，可以直接使用系统提供的默认析构函数。但是，如果在类的对象中分配有动态内存，如用 new 申请分配的内存时，就必须为该类提供适当的析构函数，以完成清理工作。

一个类中只能拥有一个析构函数，不允许重载。

（二）C++语言的继承机制

继承机制是面向对象技术的另一种解决软件复用问题的途径，即在定义一个新的类时，先把一个或多个已有类的功能全部包含进来，然后再给出新功能的定义或对已有类的某些功能重新定义。继承不需要修改已有的软件代码。它很好地体现了程序的相关性，又实现了程序的可扩充性，是一种基于目标代码的复用机制。

继承在已有类的基础上创建的新类就是派生类，派生类自动包含了基类的成员，包括所有的数据和操作，而且它还可以增加自身新的成员，也可以定制从基类继承而来的行为。派生类显式继承的基类称为直接基类，经两级或多级类层次继承的类称为间接基类。单继承指派生类由继承一个基类而得到，而多继承指派生类由多个基类派生得到。单继承简单、明了，多继承则较为复杂，容易出错。

C++语言提供了三类继承方式：公有继承、保护继承和私有继承。

以公有继承为例，当子类以公有继承方式从基类派生时，基类中的公有类型成员在子类中仍是公有类型，基类中的保护类型成员在子类中仍是保护类型，而基类中的私有类型成员在子类中不能被访问。在这三种继承方式中，保护继承在实际工作中很少用到。在公有继承中，每个派生类的对象同时也是基类的对象，但是基类的对象不是派生类的对象。

1. 派生类的声明

在 C++语言中，类的继承关系语法表示如下：

class 派生类名：继承方式 基类名

{

派生类成员说明

};

在派生类的声明中，要求基类名必须是一个已经声明的类，其中 {} 内的部分用来定义派生类新增加的成员，或者是基类中原来已有但是在派生类中进行了一定修改的成员。如果没有在继承方式上显式指定三个关键字之一进行声明，则系统默认为私有继承。

注意：基类的构造函数和析构函数不能被派生类继承，所以派生类若要初始化基类的数据成员，就必须在自身的构造函数中初始化。

2. 派生类的构造函数与析构函数

在继承机制中，基类的构造函数和析构函数是不能继承的，派生类的构造函数负责对来自基类的数据成员和新增加的数据成员进行初始化，所以在执行派生类的构造函数时，需要调用基类的构造函数。

当派生类的对象产生时，其构造函数的调用顺序：①基类的构造函数；②派生类的构造函数。

析构函数与构造函数的调用顺序正好相反，当派生类的对象撤销时，其析构函数的调用顺序：①派生类的析构函数；②基类的析构函数。

3. 函数覆盖

当派生类中定义了与基类中同名的成员时，则从基类中继承得到成员被派生类的同名成员函数覆盖，派生类对基类成员的直接访问将被派生类中的该成员取代。为访问基类成员，可以采用两种方法：

（1）基类对象访问，即通过定义一个基类对象来访问基类的成员函数。

（2）子类对象限定法访问，即通过子类对象引出其基类，于是基类的同名成员函数就可以利用作用域标识符来指明基类，其格式如下：

子类对象名. 基类名：：成员名

注意：函数覆盖不同于函数重载，原因是：函数重载的同名函数的参数个数或参数类型不同，而函数覆盖的同名函数完全相同；函数重载的同名函数发生在同一个类中，而函数覆盖的同名函数发生在子类和父类之间。

函数覆盖的好处：当子类继承父类时，父类某些行为不太适合子类，就可以采用函数覆盖。

（三）C++语言的多态性

多态性是指不同的对象对于同样的消息会产生不同的行为；而消息在 C++语言中指的就是函数的调用。不同的函数可以具有多种不同的功能，而多态就是允许用一个函数名的调用来执行不同的功能。

对于多态性，需要解决的主要问题就是何时把具体的操作和对象进行绑定，也称联编、关联。绑定指的是程序如何为类的对象找到执行操作函数的程序入口的过程。从系统实现的角度看，多态可以分为两类：编译时多态和运行时多态。

编译时多态是在程序编译过程中决定同名操作与对象的绑定关系，也称静态绑定、静态联编，典型的技术就是函数重载。由于这种方式是在程序运行前就确定了对象要调用的具体函数，因此程序运行时，函数调用速度快、效率高，缺点就是编程不够灵活。

运行时多态是在程序运行过程中动态地确定同名操作与具体对象的绑定关系，也称动态绑定、动态联编等，主要通过使用继承和虚函数来实现。在编译、连接过程中不能确定绑定关系，程序运行之后才能确定。动态绑定的优点是编程更加灵活，系统易于扩展。由于内部增加了实现虚函数调用的机制，因此要比静态绑定的函数调用速度慢些。

1. 虚函数

虚函数必须存在于类的继承环境中才有意义，声明虚函数的方法很简单，只要在基类的成员函数名前加关键字 virtual 即可，格式如下：

virtual 类型名 函数名（参数列表）；

当一个类的成员函数被声明为虚函数后，就可以在该类的派生类中定义与其基类虚函数原型完全相同的函数。当用基类指针指向这些派生类对象时，系统会自动用派生类中的同名函数来代替基类中的虚函数。当用基类指针指向不同派生类对象时，系统会在程序运行中根据所指向对象的不同，自动选择适当的函数，从而实现运行时的多态性。这就是通过虚函数实现动态绑定的一种典型方式。

注意：当一个基类中声明了一个虚函数，则虚函数特性会在其直接派生类和间接派生类中一直保持下去，并且其派生类不必再用 virtual 关键字声明。

2. 纯虚函数

在某些场合，基类中将某一成员函数声明为虚函数，并不是类本身的要求，而是考虑到派生类的需要，在基类中只定义一个函数名，具体功能留给派生类根据需要再去实现。对这种虚函数只在基类中说明函数原型，用来定义继承体系中的统一接口形式，然后在派生类的虚函数中重新定义具体实现代码，而这种基类中的虚函数就是纯虚函数。其声明的一般形式如下：

virtual 函数类型 函数名（参数列表）= 0；

注意：纯虚函数没有函数体，最后面的 "= 0" 并不表示函数返回值为 0，它只起形式上的作用，告诉编译系统 "这是纯虚函数"。纯虚函数只有函数的名字而不具备函数的功能，不能被调用，它只是通知编译器在这时声明了一个虚函数，留待派生类中定义。在派生类中对此函数提供定义后，它才能具备函数的功能，可以被调用。

包含纯虚函数的类是抽象类，由于抽象类常用作基类，通常也称为抽象基类。抽象基类的主要作用是通过它为一个类族建立一个公共的接口，使它们能够更有效地发挥多态特性。抽象基类声明了一组派生类的共同接口，而接口的具体实现代码即纯虚函数的函数体要由派生类自己定义。

抽象类不能实例化，即不能定义一个抽象类的对象，但是可以声明一个抽象类的指针，通过指针就可以指向并访问派生类对象，进而访问派生类的成员，这种访问是具有多态特性的。

抽象类派生出新的类之后，如果派生类给出所有纯虚函数的函数实现，这个派生类就可以定义自己的对象，因而不再是抽象类；反之，如果派生类没有给出全部纯虚函数的实现，这时的派生类就仍然是一个抽象类。

第二节 面向对象的生命周期与开发方法

一、面向对象的生命周期

开发软件产品所需要历经的一系列步骤和过程称为生命周期模型。传统的结构化方法中认为，生命周期模型包含以下几个阶段：需求阶段、分析阶段、设计阶段、实现阶段、交付后维护阶段和退役阶段。需求阶段的主要任务是提取客户的需求明确软件需要"做什么"。在分析阶段的主要任务是分析客户的需求，制订规格说明文档，制订软件项目管理计划，明确产品都应该完成哪些预期的功能。在设计阶段完成的主要任务是进行概要设计和详细设计，主要解决"怎么做"的问题。在实现阶段的主要任务是进行编码、单元测试、集成测试和验收测试。在交付后维护阶段的主要任务是进行纠错性、完善性和适应性维护。当软件产品不再是可维护的时候，软件产品即进入退役阶段。

面向对象的方法学的出发点和基本原则，是尽量模拟人类习惯的思维方式，使开发软件的方法与过程尽可能接近人类认识世界、解决问题的方法与过程，从而使描述问题的问题空间与实现解法的解空间在结构上尽可能一致。用面向对象方法学开发软件的过程，是一个主动地多次反复迭代的演化过程。面向对象的方法学认为，把软件的整个生命周期划分为若干个阶段的做法不可取，面向对象方法学认为软件开发的整个过程是由五个核心工作流组成，五个核心工作流的不断迭代构成了整个软件开发的全部过程，即统一过程。

统一过程是一种完整的软件过程。统一过程并不是构建软件所历经的一系列步骤的集合，而是普遍适用的一种方法学。统一过程的某些特性不适合一般中小型软件开发的过程，但是统一过程的大多数特性是适合各种规模的软件产品的开发的。

统一过程中包含五个核心工作流：需求工作流、分析工作流、设计工作流、实现工作流和测试工作流。

（一）需求工作流

需求工作流的目标是让开发组织明确客户的需求。软件开发小组的第一个任务是对应用领域获得基本的了解，即需要明确将要运行目标软件的特定环境。在客户和开发者之间举行的初次会谈中，客户按照他们头脑中的概念描述产品。

从开发者的观点来看，客户对产品的描述可能是模糊的、不合理的、矛盾的或者是不可能实现的。在这个阶段，开发小组的任务是准确确定客户的需求并从客户的角度找出存在的限制条件。限制条件包括：最终期限、软件可靠性要求和成本等。在实际软件开发过程中，需求流的工作经常完成得并不好。当产品交付给用户时，可能是在客户签署了规格说明文档之后的一年或两年了，开发者交付给客户的软件可能并不是客户真正想要的。

需求工作流进行过程中用到的主要技术包括：访谈、问卷调查、填写相关表格、运用数码摄像机等。为确定客户的需求，可基于初始的业务模型提出初始需求，然后经过与客户的进一步讨论，加深对应用域的理解和业务模型的认识，从而需求也得到精炼。

需求是动态的，也就是说，不仅需求本身经常变化，开发小组、客户和未来使用者对每个需求的态度也会发生变化。例如，呈现给开发小组的某项特定需求最初可能是可选项，经过进一步的分析，那个需求现在看来非常重要，然而经过与客户讨论后，该项需求放弃了。处理这些频繁变化的好方法是维护一个可能的需求表，带有需求的用例，这些用例得到了开发小组各成员和客户的认可。通常，需求主要分为两类，功能性需求和非功能性需求。

功能性需求指定目标产品必须能够执行的行为，通常用输入和输出的术语来表达功能性需求：假设一个指定的输入，功能性需求规定必须有什么样的输出。

非功能性需求指定目标产品本身的属性，例如平台限制、响应时间或可靠性。通常需求和分析工作流主要进行功能性需求的处理，而一些非功能性需求要等到设计工作流才能处理，原因是要处理某些非功能性需求，需要了解目标软件产品的具体情况，而这些情况通常在需求和分析工作流结束以后才能清楚。

（二）分析工作流

分析工作流的目标是分析和提取需求，以获得正确开发软件产品和维护它所必需的需求，并完成规格说明文档。产品的规格说明文档构成了产品的合同。

软件开发人员交付软件产品时，如果该产品满足规格说明文档所述的产品验收标准，则认为软件开发人员完成了产品合同。软件的规格说明文档要求是精确的，不能是模糊的、不准确的、有二义性的。规格说明文档对于测试和维护来说都具有重要意义。如果规格说明文档不精确，就很难确定产品的实现是否满足规格说明文档的要求。

开发人员需要对软件的总成本和开发时间进行评估，还需要将不同的人分配到开发软件过程的不同工作流中去。在 SQA 小组通过有关的设计制品之前，实现小组不能够开始工作；同样，在分析小组完成任务之前，设计小组是不需要开始工作的。开发人员必须提前计划，必须制订软件项目管理计划，它反映开发过程中各个独立的工作流并显示在每个任务中开发组织中的哪些人需要参加，同时还要规定每项任务的完成时间。

在规格说明文档完成之后才可以开始制订软件开发的详细计划，在这之前，与项目有关的各个方面还没有完全确定下来，所以还不能开始制订详细计划。当制定好规格说明文档之后，就可以开始准备制订软件项目管理计划了。该计划的主要组成部分包括：可交付的东西、可交付的时间，以及花费的成本。软件项目管理计划是分析工作流中的一个主要制品。

（三）设计工作流

产品的规格说明文档主要描述产品要做什么，而设计主要解决产品如何做的问题。即设计流的目标是细化分析流的制品，直到所有材料处于程序员可实现的形式。在传统设计阶段，设计小组确定产品的内部结构。

设计人员将产品分解成模块，模块通常是指与产品其他部分有明确定义的接口的独立代码段。设计小组完成模块化分解之后开始进行详细设计，在详细设计过程中主要是确定实现每个模块选择相应的算法和所采用的数据结构。采用面向对象的技术进行软件开发时，面向对象的设计主要完成对类的设计。

设计小组必须详细记录所做的每个设计决定，需要记录这些决定的主要原因有两个：

首先，在进行产品设计时，有时会走死胡同，遇到这种情况，设计小组需要重新进行设计，书面记录下做出具体决定的原因，当产品设计遇到死胡同时可以帮助设计小组原路返回；

其次，好的软件应该是可维护的，设计小组详细记录所做的每个设计决定，会使将来维护起来更方便。

（四）实现工作流

实现工作流的目标是用选择的实现语言来实现目标软件产品。小型软件产品有时由设计者实现，而大型软件产品被划分为较小的子系统，由多个编码小组并行实现。子系统由组件或代码制品组成，它们分别由单个程序员实现。

详细设计文档能够提供程序员实现目标软件产品所需要的详细信息，如果有问题，程序员可以通过询问负责的设计人员，迅速弄清楚问题。通常情况下，单个程序员没有办法知道设计是否正确，仅当开始集成各个代码时，设计的缺陷才开始整体显现出来。

在统一过程中，测试与其他工作流同时进行。

首先，每个开发者和维护者都要负责确保自己的工作是正确的，因此，软件人员要对自己所开发和维护的每个软件制品进行测试、再测试。

其次，一旦软件人员确信一个软件制品是正确的，就将它交给软件质量保证小组进行独立测试。测试流所测试的软件制品主要包括：需求制品、分析制品、设计制品和实现制品，测试流的性质随着被测试的制品的不同而不同。

（五）测试工作流

在统一过程中，测试与其他工作流同时进行。

首先，每个开发者和维护者都要负责确保自己的工作是正确的，因此，软件人员要对自己所开发和维护的每个软件制品进行测试、再测试。

其次，一旦软件人员确信一个软件制品是正确的，就将它交给软件质量保证小组进行独立测试。测试流所测试的软件制品主要包括：需求制品、分析制品、设计制品和实现制品，测试流的性质随着被测试的制品的不同而不同。

二、面向对象的软件开发方法

在熟悉了面向对象的概念和特征后，我们可以进行面向对象的软件设计开发。面向对象软件设计开发包括四个重要的阶段：

（一）业务建模

业务建模是面向对象软件开发的初始阶段，其针对用户需求加以分析，并建立系统的用例模型与领域模型。

分析用户的需求是一个非常关键的环节，若需求分析出现重大偏差，将会对后续的修改完善产生很大工作量，进而大大增加软件开发成本。以剧院订票系统为例，需求分析要分析该系统具有的功能。这个系统应该具有的主要功能是为预约订票及分配订票人座位。当订票人来电话预约订票时，客服人员根据预约日期及人数，查询及分配座位，并记录订票代号、订票人姓名、电话、预约日期、座位号码及张数。当订票人来取票时，售票处人员查询其预约订票数据并检查身份证件，记录订票人已取票。当订票人来电话取消订票时，客服人员可以检查订票代号及订票数据以取消预约订票。在开场前规定时间，售票人员可以查询所有过期未取的订票数据，直接删除其订票数据。这是剧院订票系统最主要的功能，另外还可以将已订的票改场次等，只有将功能需求分析完善，才能保证所开发的软件真正满足用户的要求。

需求分析完后就应该进行用例建模。有多种不同观点来建模软件系统，其中"用例观点"可以作为核心来连接其他观点，并可以用例图作为建模用户需求的起始点。用例图可以表示软件系统的各项功能，其中"用例"来描述某项特定的工作，通过用例的执行达到系统所需的功能；"行为者"表示用户与系统互动时扮演的角色，一个行为者可以参与多个用例的执行。用例图中的用例必须包含目前阶段软件系统所有的功能。在剧院订票系统的用户需求中，初步找出了下列四个用例：预约订票、取消订票、抵达取票和过期处理。此外，使用该系统的工作人员可以分为两种角色：客服人员，负责处理预约订票和取消订票工作；售票人员，负责处理抵达取票和过期处理两项工作。故本系统可以找出两个行为者：客服人员和售票人员。

从用例建模中可以找出系统中重要的实体以及它们彼此之间的关系，它们可以被 UML 类图中的类、属性、连接关系、继承关系和聚合关系进行建模，以建立系统的领域模型。在剧院订票系统中，主要需求为客户预约订票功能，因此系统设计者可以先从预约订票用例中找出客户与电话订票这两个类以及它们彼此之间的关系，以建立初步的领域模型。

（二）面向对象分析

系统分析是软件开发过程的重要阶段，在面向对象的软件开发过程中，面向对象分析和面向对象设计这两个阶段常常无法有明确的界限。一般来说，面向对象分析是用于分析系统需求，着重于描述真实世界的系统是什么；而面向对象设计则着重于描述所需开发的软件系统要如何完成。先由面向对象分析阶段建立基本的对象模型，描述系统的抽象模型；再由面向对象设计阶段加以细部系统设计，转换成具体的软件系统。

真实世界的系统需求建模为用例图和系列事件描述，在面向对象分析阶段可针对每个用例进行分析，利用互动图描述对象之间如何互动，以完成用例所描述的功能。

要利用互动图描述对象之间如何互动，还必须先找出系统中有哪些对象。这可以从领域建模着手，领域建模描述系统中的类以及它们彼此之间的关系，这些可以作为配置类图的基础。每个软件系统的对象都必须明确定义所负责的工作并以操作来表示。每个对象负责的工作必须具有内聚性，当在互动图中描述对象之间的互动过程以完成用例需求的功能时，应特别注意每个对象的负责工作必须符合内聚性的原则，避免让同一个对象负责多个不相干的工作。

在进行细节上的面向对象分析之前，可以先规划宏观的软件架构。软件架构描述整个系统可以分解为哪些子系统、每个子系统所扮演的角色以及子系统之间的关系。系统设计者可以直接应用现有的软件架构模式设计软件系统的架构。模式是以往面向对象软件开发的成功经验，包括所遇到的问题、解决方法、应用范例和影响结果等。例如分层架构模式，可以将系统分成多个层次（子系统）。常用的三层架构模式包含负责用户接口的输入输出与界面显示子系统（Presentation）；负责业务逻辑的运算与控制处理子系统（Application）；负责维护数据以及数据库连接处理的子系统（Storage）。

子系统可以表示成一个包，每个包的内部可再包含其他模型组建。子系统包之间的使用关系以虚线箭头表示，上层的包会使用下层的包。

对于大多数的软件系统来说，用户接口经常会改变，而业务逻辑的运算处理则很少变化，三层式的软件架构的依赖关系可以实现。当 Presentation 层的类做改动时，不会影响 Application 层的类，因此 Application 层无须随之修改。同样 Storage 层中的类也不会受 Presentation 层和 Application 层的影响，具有独立性。在三层式的软件架构中，面向对象分析阶段一般只需先处理 Application 层中对象的互动与行为，Presentation 层和 Storage 层中的类则留到面向对象设计阶段再行处理，并在面向对象设计阶段建立层别之间的互动。在许多系统中，Presentation 层的用户接口和 Storage 层的数据库处理都非常类似，甚至可以直接重复使用现有的模式或加以修改，以减少软件开发的成本与时间。

在面向对象分析阶段，可利用互动图（常使用循序图）描述对象之间如何互动，以完成用例描述的功能。

（三）面向对象设计

面向对象设计阶段将继续修改、扩充面向对象分析阶段的建模图。例如，加入 Presentation 层和 Storage 层中类的细部设计，包括用户界面的输入输出、画面显示、数据维护及数据库连接的处理等。面向对象设计阶段着重于软件系统的细部设计，以便于进行下一阶段的面向对象软件实现。

在面向对象设计阶段首先要探讨用户界面的输入动作。在面向对象分析阶段，用户的输入都是使用系统信息方式，直接由用户传送给 Application 层。在面向对象设计阶段，根据三层架构的工作分配，用户的输入应该由 Presentation 层的对象负责接收和处理，因此在用户和 Application 层中的对象之间应该加上一个 Presentation 层的对象负责两者之间的沟通与处理。

另外，在面向对象设计阶段还必须考虑数据的存储。软件系统中许多数据必须存储至数据库以便查阅和使用。可以从类图中找出需要存储的类数据，并设计产生使用的数据库表格。针对每个需存储类的属性及连接关系，建立其具体的数据库表格。

通常每个需存储的类都会对应一个数据库表，但继承关系可以有两种做法：第一种，产生一个父类的数据库表存放所有的子类的数据；第二种，产生多个子类的数据库表存放个别子类的数据。

（四）面向对象实现

当面向对象设计阶段的细部设计完成后，程序员即可以建立的 UML 设计图为蓝本，实现软件系统。类图中的类、连接关系、继承关系和接口等组件，都可以转换为 Java 或 C++程序设计语言中相对应的代码。例如，类图中类及其属性和方法可以直接对应到 Java 程序中的 Class、Field 和 Method；类图中类之间的继承关系可以对应到 Java 程序中的 extends；类之间的连接关系可以转换成 Java 程序中的引用（Reference）。

目标导向用例：

用例可用于表达软件系统的功能性需求，然而却无法表达非功能性需求及非功能性需求之间的互动关系。鉴于此，提出用例的延伸方法，称为目标导向用例 GDUC，其特色如下：

第一，以目标配置用例的模型，取得用例。

第二，区别强制性和非强制性目标，以处理非功能性需求不精确的问题。

第三，在用例中加入目标的信息。

第四，找出目标和用例之间的关系，分析需求之间的互动。

第三节　面向组件的软件开发设计技术

目前，在软件开发领域，一场新的革命正在悄悄兴起，这是由日趋成熟的组件技术引发的。组件技术将以前所未有的方式提高软件产业的生产效率，这一点已逐步成为软件开发人员的共识。传统的 Client/Server 结构、群件、中间件等大型软件系统的构成形式，都将在组件的基础上重新构造。

组件技术使面向对象技术进入成熟的实用化阶段。在组件技术的概念模式下，软件系统可以被视为相互协同工作的对象集合，其中每个对象都会提供特定的服务，发出特定的消息，并且以标准形式公布出来，以便其他对象了解和调用。组件间的接口通过一种与平台无关的交互式数据语言（Interface Define Language，IDL）来定义，而且是二进制兼容的，使用者可以直接调用执行模块来获得对象提供的服务。早期的类库，提供的是源代码级的重用，只适用于比较小规模的开发形式；而组件则封装得更加彻底，更易于使用，并且不限于 C++ 之类的语言，可以在各种开发语言和开发环境中使用。

由于组件技术的出现，软件产业的形式也将会有所改变。大量组件生产商会涌现出来，并推出各具特色的组件产品；软件集成商则利用适当的组件快速生产出用户需要的某些应用系统；大而全的通用产品将逐步减少；很多相对较为专业，但用途广泛的软件，如 GIS、语音识别系统等，都将以组件的形式组装和扩散到一般的软件产品中。

一、组件的概念、特点及分类

（一）组件的概念

"组件"一词只是用来指明整体与部分之间的关系。例如：一间教室是一个整体，而教室是一栋教学楼的组成部分，所以教室是教学楼的组件。同理，一所学校是一个整体，而学校里的教学楼则是学校的组件。

组件技术就是利用某种编程手段，将一些人们所关心的，但又不便于让最终用户去直接操作的细节进行了封装，同时对各种业务逻辑进行了实现，用于处理用户的内部操作细节。这个封装体称为组件。对我们而言，它就是实现了某些功能的、有输入输出接口的黑匣子罢了。因此，组件是独立于特定的程序设计语言和应用系统、可重用和自包含的软件成分，这些软件成分可以很容易地被组合到更大的程序当中而不用考虑其本身的实现细节。在一个系统中，组件是一个可替换单元，因此，软件系统更易于开发且具有更大的灵活性。

（二）组件的特点

组件技术是在面向对象的开发技术基础上发展起来的，可以说是面向对象技术在系统设计级别上的延伸。"组件和对象虽有相似之处，也存在差异。因此，面向组件的软件开发技术与传统的面向对象软件开发技术有所不同。"[1]

与面向对象技术相比，组件技术继承了面向对象的封装性，而忽略了继承性和多态性。组件是对象有机结合，不需要关心组件中的对象和实现细节。组件有其固定的特征，即软件重用和互操作性、可扩展性，组件接口的稳定性和组件基础设施稳固性，而且无论

---

[1] 白晓清，蓝秋萍，李怀忠. 面向组件的软件测试技术［J］. 广西科学院学报，2004（02）：57-63.

是静态还是动态的引用都可以稳定地提供组件的功能和接口。因此，组件具有以下特点：

1. 面向用户

组件应用可视、非程序化开发工具建立应用系统模型。组件开发工具由图形用户界面支持，不要求使用者具备计算机编程能力，并且这种支持贯穿从组件开发直到最终应用系统开发的全过程。

2. 适应性

组件应具有全面、个性化，可调节的适应能力。由于用户所属行业、规模和生产类型的多样化，以及企业组织和业务流程经常性的变化，因此要求软件供应商或开发者所提供的软件能适应企业个性化的要求。

3. 对业务逻辑的封装

对业务逻辑封装的规划，确定了组件的边界和接口特性。良好的规划可以使组件和其功能与某一具体的应用系统之间相对独立，组件可以独立开发和分开测试。

4. 开放性

组件不依赖于用户的类型和规模，可以在多数据库系统、多操作系统平台上运行。系统中所有的单元均不依赖于某一种数据库系统。例如，借助于开发工具所开发的组件和应用系统中，数据可以在异构数据库之间进行转换。

5. 连续性

在整个开发过程中，由开发工具实现企业和应用系统开发之间的联系。从企业设计到过程组织和数据组织，直到最终应用系统的每一个步骤，使用者都是由相应的开发工具支持的。

由开发工具开发的组件可以被多次重用和组合，所以使用者只需要精通较少的基本单元，如一个数据登录界面可以被用于一个任务的输入，也可以被用于查看所有过程的信息或对数据表格内容的快速浏览。

6. 可重用性

组件化开发有利于软件企业的经验和技术的积累。组件可以很好地重用，使软件企业或开发商大大减少后续开发，改进和功能扩充所需的投入和费用。组件开发技术使业务逻辑封装在规划好的组件单元中，当面对不同用户需求时，只需更改相应的组件，通过事先定义好的组件产品，很快完成系统集成。此外，使用组件管理可以方便系统版本的升级。当现有系统不能满足要求时，一般只要对现有系统进行再开发，而不必抛弃现有系统重新开发。

7. 工具支持

为了简化组件的开发和应用，使用者必须由软件工具支持。

（1）设计模板：用于信息模型和企业模型设计。

（2）工具支持：用于组件的非程序化开发、转换和适应。

（3）目录化：用于组件库和组件的分类。为了组件的重用，仅仅将组件集合到一个目录中是不够的，重要的是对组件进行分类，这样便于开发人员在开发时选用合适的组件。

（三）组件的分类

1. 按功能来分

（1）核心组件：应用系统开发中基本的，必不可少的组成单元，如数据表格组件、数据登录界面组件、算法组件等。

（2）辅助组件：为了扩展和增强应用系统的功能而开发的组件。它不是每一个应用系统所必需的，可以根据用户的要求安装或扩展，如决策支持系统（DSS）组件、模拟支持系统（SSS）组件、Internet 组件等。

2. 按组成来分

（1）基本组件：每一个组件中只含有一个组件，如一个数据表格及一个数据登录界面组件。

（2）组合组件：由两个或两个以上的基本组件组成的组件，也可称为部件，如一个算法组件中常常包含两个或更多的基本组件。

3. 按组件开发工具所生成的结果来分

企业系统设计组件（USE 组件）：主要功能为建立企业组织结构模型。

（1）业务过程计划组件（GPP 组件）：主要功能为创建企业业务流程模型。

（2）数据库表格组件（DBF 组件）：主要功能为创建各种数据库表格。

（3）算法组件（MTH 组件）：主要功能是进行各种算法运算，进行数据处理。

（4）数据登录界面组件（MSK 组件）：主要功能为创建各种数据表格界面，完成数据的录入、输出、更改、删除。

（5）辅助功能组件：主要功能是实施各种辅助功能，如可视化、模拟等。

二、面向组件的软件开发

(一) 组件开发工具

组件技术应用的前提是具有一定数量的组件或组件库，而组件本身也是需要开发的。组件开发工具是组件开发的前提，目前尚未形成被广泛接受的通用标准的开发工具，但是先进的软件开发工具至少应具备如下的特点：

第一，应用面向对象的技术（OO 技术）。

第二，应用第四代程序设计语言（4GL）设计。采用关系型数据库管理系统（RD-BMS）。

第三，具有图形用户界面（GUI），不要求应用系统开发人员和使用者具备程序设计语言的能力。

第四，支持 Internet 和 Intranet。

(二) 组件开发原则

为了适应后续模型开发和最终应用系统开发的可重用性和可柔性组件的要求，在应用组件开发中应该注意以下方面的原则：

第一，通用性原则。组件开发时应该充分考虑到应用系统开发中的通用性要求。如在数据库表格组件的开发中，表格的结构、数据的定义等应该尽可能满足应用系统开发时的通用性要求。

第二，广义性原则。应用系统开发应具有不同功能、不同种类的组件，以满足不同用户类型、不同生产方式和不同用户规模的用户个性化要求。

第三，标准化原则。由于所使用的开发工具不同，要做到组件的完全标准化是不可能的。这里的"标准化"是指在采用同一开发工具的前提下，开发的组件尽可能符合一个统一的标准。

第四，较高的柔性原则。在推荐模型和应用系统开发过程中，组件既可以直接被重用，又可以在进行适当修改后被重用。

第五，结构简洁原则。组件应该具备简洁的结构，以便在推荐模型开发和应用系统开发中引用和进行适应性改造，同时方便组件管理。

第六，功能、参数的清晰描述。对组件的功能和参数应尽可能给予清楚的描述，以便于管理。

第七，友好的用户界面。

（三）组件的管理

由于一个应用系统的开发过程中将会使用大量的组件，因此，组件管理是应用组件技术开发应用系统的一个不可忽视的方面。组件管理的目的在于建立统一、完整的组件档案，在开发过程中给予开发人员以引导，有助于开发人员方便、快捷、正确地选用组件，同时也便于系统的维护。

组件管理可借助于组件管理工具软件——组件管理器进行管理。组件管理器可以对组件进行文本化和可视化管理。

根据组件自身的特点和组件管理的目的，组件管理的内容至少应该包括：

第一，可视化组件的种类、名称、参数定义。

第二，对组件的图形化描述。

第三，组件的分类、文本化和目录化。

第四，组件的转换和变更。

三、组件模型

组件模型是组件类、组件接口和组件间相互作用说明的集合。组件化技术的核心就是将一个应用系统划分成多个组件，这些组件保持一定的功能独立性，可以使用不同的开发工具分别开发，可以分别编译，甚至分别调试和测试。当所有的组件开发完成后，把它们组合在一起就得到了完整的应用系统。组件间的协同工作是通过相互间的接口来完成的。当系统的外界软硬件环境发生变化或者用户需求有所更改时，并不需要对整个系统进行修改、编译，而只需对受影响的组件进行修改、编译，然后重新组合得到新的升级软件。

建立服务应用框架和软件构件的核心技术是分布式对象技术，在开发大型分布式应用系统中表现出强大的生命力，逐渐形成了 3 种具有代表性的主流技术，即 Microsoft 的 COM/DCOM/COM+技术、OMG 的 CORBA 技术和 Sun 公司的 Java 技术。

（一）COM/DCOM/COM+组件模型

COM 组件模型是一个组件软件体系结构，可用不同软件厂商的组件，组装一个应用或系统。COM 同时指示各对象如何交互操作与通信。在 Windows 操作平台上，COM 以 DLL 动态链接库 DLL 或 EXE 可执行程序的形式封装。通常，COM 接口的定义和实现是分开进行的，COM 接口是 COM 技术的关键。使用 COM 组件的客户只能通过获取指向接口的指针来访问组件中的对象，这表明客户只知道组件可以完成什么样的工作，而不了解它内部的具体实现。从而实现了较安全的调用对象，并且与它所在的操作系统，硬件. 程序设计语言无关。COM 是组件对象之间在二进制级相互连接和通信的一种协议，COM 对象之间靠接口机制进行通信。

DCOM 是 COM 的网络技术改进，它把组件软件应用推上了 Internet。DCOM 使用网络协议（TCP/IP）代替本地进程通信协议 LRPC，从而对位于 Internet 上的组件对象提供透明的支持。DCOM 中的服务器对象对客户完全是透明的，客户通过方法调用来访问服务器对象，要从虚函数表中获取方法的指针，然后调用。对于组件与客户对象是否在相同的线程内来决定是否需要 COM 介入。DCOM 是 COM 在分布计算方面的自然延续，为分布在网络不同节点的两个 COM 组件提供了互操作的基础结构。DCOM 增强 COM 的分布处理性能，支持多种通信协议，加强组件通信的安全。

COM+倡导一种新的设计概念，把 COM 组件提升到应用层，把底层细节留给操作系统，使 COM+与操作系统的结合更加紧密。COM +的底层结构仍然以 COM 为基础，但在应用方式上则更多地继承了 MTS 的处理机制，包括 MTS 的对象环境、安全模型，配置管理等。COM+把 COM、DCOM 和 MTS 三者有机地统一起来，同时也新增了一些服务，如负载平衡、内存数据库、事件服务模型、队列组件服务等，形成一个概念新、功能强的组件体系结构，使 COM+形成真正适合企业应用的组件技术。

（二）CORBA 组件模型

CORBA 是一种开放的行业标准，它由参加"对象管理组织（OMG）"的 600 多家公司支持。OMG 并不实现自己的规范，而是依靠厂商的实现，CORBA 还提供了高度的交互操作性。这保证了在不同的 CORBA 产品基础上构建的分布式对象可以相互通信。

CORBA 的特点就是其中引入了代理的概念，利用代理可以实现客户端抽象服务请求的映射，服务器的发现和查找，这样用户在写客户端程序时就可以避免很多细节，而只是完整地定义和说明客户端需要完成的任务和目标。同时 CORBA 还实现了软件总线的机制，使得任何应用程序或软件系统只要具有与接口规范相符合的接口定义就能方便地将组件集成到系统中，而这个接口规范独立于任何实现语言和环境。

OMG IDL 编译器实现了到 C++、Smalltalk、Ada 和 Java 等语言的映射，对接口进行 IDL 编译生成的是客户端使用的 Stub 文件和服务器端的服务器框架 Skeleton 文件。CORBA 通过协议是 IIOP 定位不同系统上 ORB 间基于 Internet 的交互标准，规范了传输的语法和 ORB 之间的消息格式，从而建立了 ORB 之间的基于面向连接 TCP/IP 协议的互操作性，从而实现了 Internet 上 ORB 之间的交互。IIOP 是 GIOP 协议的一个子集，是专门用于在 TCP/IP 下实现交互而做的协议。

Web Services 是把应用程序透过 SOAP 接口，连到网络上。Web Services 当然还有很多。可以在网络上的任何地方去使用组件。

（三）JavaBeans 组件模型

JavaBeans 技术也是针对 Java 语言在 Internet 上的应用而提出的一种技术，其目的就是"一次编写，在任何地方都可运行和重用"。JavaBeans 是建立在 Java 平台上的，扩展了 Java 语言，可被放在容器中，提供具体的操作功能。它可以是可视化的，也可以是不可见的后台处理程序。既可以是中小型的控制程序，也可以是完整的应用程序。

JavaBeans 通过串行化实现定制组件的永久性存储，通过反串行化可以实现组件状态的恢复。一般来讲，JavaBeans 由两个部分组成，即数据和处理这些数据的方法。JavaBeans 中的公共方法是它同外界通信的主要途径。其引入了对象总线的概念，由本地扩展到 Internet 和企业内部网。它提供了 3 种对象总线：IIOP、RMI 以及 JDBC。其中，JDBC 用于数据库访问，IOP 用于与 CORBA 组件通信，而 RMI 是用 Java 语言建立的分布式计算环境，其客户端的 Java 程序通过 RMI 内部通信机制调用应用服务器上的 Java 对象的有关方法。由于 Java 语言的可移植性使 RMI 也具有很强的跨平台特性，但是 RMI 只能访问 Java 对象，与 CORBA 组件之间的通信还需要进一步研究。

（四）几种组件技术的区别

COM 技术是 Microsoft 的独家技术，经历了 OLE 2/COM、ActiveX、DCOM 和 COM+等几个阶段。Microsoft 的 COM 平台效率比较高，同时它有一系列相应的开发工具支持，应用开发相对简单。但是 COM/DCOM 适应的平台单一，而且编程 C++紧密结合，对其他语言的支持产生了很多问题。其中 DCOM 的指针问题最为典型。

CORBA 标准主要分为 3 个层次：对象请求代理、公共对象服务和公共设施。最底层是对象请求代理 ORB，规定了分布对象的定义（接口）和语言映射，实现对象间的通信和互操作，在其上定义了一些服务和一些基础设施的支持。CORBA 的特点是大而全，互操作性和开放性非常好。然而其缺点是庞大而复杂，并且技术和标准的更新相对较慢。CORBA 支持多平台，避免了平台不一致所带来的问题，CORBA 使用 IDL 转换标准语言，目前确认的有 5 种。

JavaBeans 是依赖 Java 语言的组件，由于 Java 的平台无关性，使 JavaBeans 可以容易地运行在不同的开发平台之间。JavaBeans 是理想的 Internet 技术的载体，CORBA 规范和互操作标准也深入 Internet 和 Intranet 中。对于异构的企业级应用，CORBA 和 JavaBeans 有明显的优势，CORBA 处理网络的透明性，而 JavaBeans 处理实现的透明性，两者技术的结合将成为组件技术的新的发展方向。

JavaBean 因其外部接口而与纯对象不同。JavaBean 设计成对单一进程而言是本地的，它们在运行时通常可视。这种可视组件可能是按钮、列表框、图形或图表。EJB 是设计成运行在服务器上，并由客户机调用的非可视远程对象。可通过多个非可视 JavaBean 构建 EJB。它们安装在 EJB 服务器上，并像调用其他 CORBA 远程对象那样获得进行调用的远程接口。

对现有资产或系统来说，Java 和 CORBA 语言可以将这些有用的资源继续保留。由于其编译后的字节码结构，Java 语言将创建和分发可移植的对象，而 CORBA 将这些对象与计算环境的其余部分进行连接和集成。

当前流行的 Web service 技术就是利用 SOAP 以一种平台无关和位置无关的方式来调用组件。SOAP 客户端向服务器发送请求信息，要求执行组件的功能，服务器处理发送的请求，执行我们需要的函数，然后把执行结果以响应信息发送到客户端。这些消息都是 XML 格式的，而且可以以多种协议在客户端和服务器之间进行传输。可以说 Web service 就是一种更高层次的组件技术，是把功能完全封装后利用 WSDL 描述接口来提供服务的。

四、组件开发模式

基于组件的开发是在 C/S 模式向 3 层转化的时候发展起来的。这使得软件开发能像产品组装一样生产。它是以组合、继承、设计组件为基础，按照一定的集成规则，分期、递增式开发应用系统，缩短开发周期。

基于组件的开发思想使软件的开发按照大规模的工业化的方式进行，是一种一般性的软件体系结构，提高了软件的可重用性。在一个组件的开发模型中，首先要有组件框架，用于组件的运行环境，然后开发组件，按照规范实现组件的接口和组件类。将组件配置到组件框架中，与其他组件协作提供服务。CBSE 以组件为核心，从根本上改变了软件生产方式，提高了软件重用率，保护了已有的投资，使开发者将更多的注意力放到业务流程和业务规则上去。CBSE 开发方式采用松耦合，模块化，重点在于接口，是一种进化式的并发式开发。

组件的开发思想可以帮助开发人员封装一组接口作为一个特定服务。从更广泛的意义上，组件比类和对象更完善、功能更强。一个组件可以直接封装一个来自分析和设计模型的问题，可以更快地进行应用项目的开发，在更高级别上实现重用。与纯面向对象开发过程相比，组件开发的重点在于组件的功能识别和装配，而不是面向对象方法中的类的识别与开发。正是因为组件技术的规范性，所以标准组件接口模型能在后续的开发中被重用几率更高，因此，组件技术是未来软件开发中的重要技术。

第七章 计算机软件开发测试体系

第一节 计算机软件开发测试的基本认知

一、软件测试的概念界定

现代的软件测试出台了行业标准。软件测试是使用人工操作或者软件自动运行的方式来检验它是否满足规定的需求或弄清预期结果与实际结果之间的差别的过程，即在特定的条件下运行系统或构件，观察或记录结果，对系统的某个方面做出评价，分析某个软件项，以发现现存的和要求的条件的差别（即错误），并评价此软件项的特性。

软件测试是由"验证"和"有效性确认"活动构成的整体，验证是检验软件是否已正确地实现了产品规格书所定义的系统功能和特性，有效性确认是确认所开发的软件是否满足用户真正需求的活动。关于软件测试，具体如下：

第一，软件测试被认为是对软件系统中潜在的各种风险进行评估的活动。这种观点是基于风险的，把软件测试看作一个动态的监控过程，对软件开发全过程进行检测，随时发现问题、报告问题。

第二，软件测试的经济观点是以最小的代价获得最高的软件产品质量。该观点也要求软件测试尽早开展工作，越早发现缺陷，返工的工作量就越小，所造成的损失也就越小。

二、软件测试的公理与原则

（一）软件测试的公理

软件设计与编码过程是引入错误的过程，而软件测试是排除软件错误的过程，即通过测试排除软件故障测试在软件开发中占有重要地位，如何进行测试，测试应该遵循哪些原则是测试人员乃至开发人员都关心的问题。通过对知识和经验的总结，测试应该遵循以下公理：

第一，立场不同，测试目的不同。用户普遍希望通过软件测试暴露软件中隐藏的错误和缺陷，以考虑是否可接受该产品。而软件开发人员则希望测试成为表明软件产品中不存在错误的过程，验证该软件已正确地实现了用户的要求，确立用户对软件质量的信心。

第二，测试只能证明错误的存在，而不能证明软件中没有错误。

第三，测试的作用是确定程序中缺陷的存在，有助于判断该程序在实际上是否可用。

第四，测试最困难的问题之一是知道何时停止测试。

第五，程序员测试自己的程序是不可行的，这主要是因为自己很难发现自己的思路错误，容易忽视环境错误，或者因心理因素导致测试可能不够彻底和全面。

第六，当一个软件模块被测出的缺陷数目增加时，极可能未被发现的缺陷的概率也随之增加。

第七，要对正常和异常的输入条件都写出相应的测试用例。

第八，测试需要像软件开发一样，有确定的目标和范围。

第九，测试设计决定了测试的有效性和效率，测试工具只能提高测试效率。

（二）软件测试的原则

1. 相对应测试公理的原则

相对应测试的公理，总结出了以下的测试基本原则：

第一，测试应该基于用户需求。

第二，软件测试必须基于"质量第一"开展工作。

第三，事先定义好产品的质量标准。

第四，项目一启动，软件测试就开始，而不是等程序写完才开始测试。

第五，充分覆盖程序逻辑。

第六，做好测试计划。

第七，测试设计是关键。

第八，测试时间和资源是有限的，测试到所有情况是不可能的，所以应避免冗余的测试。

第九，应该尽早开始测试，尽早制订测试计划，测试可以从模块级开始。

第十，理解测试的不成熟性和艺术性。

2. 操作层面上应考虑的原则

从操作层面上考虑，可以基于以下几个具体的测试原则来开展软件测试工作。

第一，把"尽早地和不断地进行软件测试"作为软件开发和测试人员共同的座右铭。

第二，明确测试工作量，测试太少是不负责任，测试过多是一种浪费。

第三，选择最佳的测试策略，即 100%的测试是不可能的，不同的用户采用的测试策略是不同的。

第四，测试用例由测试输入数据或相关操作和对应的预期输出结果组成。

第五，程序员应避免检查自己的程序。

第六，设计测试用例时，应包括合理的输入条件和不合理的输入条件。

第七，充分注意测试中的群集现象：一般测试后程序中残存的错误数目与该程序中已发现的错误数目成正比。编码规范、需求理解、技术能力、内部耦合性都会导致这种"虫子窝"现象。

第八，严格执行测试计划，测试的随意性。

第九，应当对每一个测试结果进行全面检查，妥善保存测试计划、测试用例，输出最终分析报告，以方便软件维护。

第十，依照用户的要求、配置环境和使用习惯进行测试并评价结果。

第十一，测试活动要有组织、有计划、有选择。

第十二，不要放弃随机测试的方法。

三、软件测试的认定标准

软件测试的认定标准是"多、快、好、省"，具体如下：

多：能够找到尽可能多的，甚至所有的缺陷。

快：能够尽可能快地发现最严重的缺陷。

好：找到的缺陷是关键的、用户最关心的，找到缺陷后能够重现找到的缺陷，并为修正缺陷提供尽可能多的信息。

省：能够用最少的时间、人力和资源发现缺陷，测试的过程和数据可以重复用。

第二节 计算机软件开发测试的技术方法

软件测试技术是指测试软件的技术。随着软件测试技术的不断发展，测试方法也越来越多样化，针对性更强，选择合适的软件测试技术和方法可以让软件测试工作事半功倍。下面从白盒测试和黑盒测试的角度出发，论述相关的测试技术。

一、白盒测试技术方法

白盒测试全面了解程序内部逻辑结构，对所有逻辑路径进行测试，白盒测试是穷举路径测试。在使用这一方案时，测试人员必须检查程序的内部结构，从检查程序的逻辑着手，得出测试数据。

（一）静态测试技术方法

静态测试是一种不通过执行程序而进行测试的技术，其关键功能是检查软件的表示和描述是否一致，没有冲突或者没有歧义。它针对的是纠正软件系统在描述、表示和规格上的错误。

静态测试优点是无需太多测试准备，可以在主机上完成，不需目标系统支持，所以容易展开，发现问题的同时可以定位问题，但对评审人员要求高。

静态测试工作可以借助相关的检测工具进行基础的语法检测和简单逻辑检测，有些工具甚至可以与代码管理工具集成在管理平台中定时自动检测相关代码，还可人为设置检测标准，省时省力。

常用的各种图主要如下：

第一，函数调用关系图。用连线表示相关函数的调用关系，通过各函数之间的调用关系展示系统的总结构。

第二，模块控制流图。模块控制流图是结点和边组成的图形，其中每个结点代表一条或多条语句，边表示控制流向，可以直观地反映出一个函数的内部结构。

其中，数据、函数的类型、数据单位、函数引用关系、表达式、接口分析是错误分析的主要关注点。比如，查看函数调用关系图时，可以检查函数的调用是否正确，是否存在递归调用，函数的调用是否过深，是否存在没有用到的函数，等等。

引入工具进行静态测试非常方便、高效，但非语法的错误和深层次的逻辑结构错误无法用工具代替人工。所以，需通过人工检测的方法弥补工具检测的不足。

人工检测可以进行需求评审、设计评审、代码检查。需求、设计评审主要关注需求、设计、编码的一致性，消除沟通、理解中的歧义，尽早预防缺陷的产生，是以不同阶段需求、设计文档为对象，需求、设计、开发、测试人员进行的评审活动。

代码检查有很多种组织形式，具体如下：

第一，代码检查主要由开发团队内部进行，由被检查的模块开发人员进行讲解，通过讨论和模拟运行的方式查找错误。参加人员包括经验丰富的开发人员和本模块相关的开发人，新晋人员也可以列席旁听代码检查。检查的要点是逻辑错误、代码标准/规范/风格问题。

第二，代码审查同样由开发团队内部进行，采用讲解、提问并使用检查表方式查找错误，不同的是有正式的计划、流程和结果报告，以会议的形式，制定会议目标、流程和规则，结束后要求编写报告参加人员和代码检查人员一致。会上由另外一名开发者进行讲解，其他开发者主要按照检查表进行提问并填表，本模块开发者回答问题并记录。

第三，代码评审主要通过会议进行，参加人员有丰富经验的开发人员、测试人员，有时甚至会有需求人员、QA 加入。采用讲解、提问并使用检查方式查找错误，一般有正式的计划、流程和结果报告。评审同样制定会议目标、流程和规则，结束后要编写报告相关资料，要在会议前下发并阅读，由另一名开发者进行讲解，其他开发者按照检查表进行提问并填表，本模块开发者回答问题并记录，但不会在现场修改检查，要点是设计需求、代码标准/规范/风格和文档的完整性和一致性。评审的问题会后跟踪非常重要。

代码检查主要检查代码和设计的一致性，代码对标准的遵循、可读性，代码的逻辑表达的正确性，代码结构的合理性等。除此之外，还有桌面检查。桌面检查是唯一提倡程序员自己调试、检查自己程序的。在实际项目中，测试人员有时还需要预判代码的规模和复杂性以及可能存在的缺陷量。最简单的估算方法是直接统计程序的总代码行数，作为程序复杂性的度量，但代码行数度量法是一种很粗糙的方法，忽略了代码的复杂性，在实际应用中很少使用。

Halstead 复杂度是"最著名的和最完全的（软件）复杂度的综合度量"。它是软件科学提出的第一个计算机软件的分析"定律"，它提出一个基本假设，即一组基本度量元可以在代码产生后或一旦设计完成后对代码进行估算得到。

具体操作是根据程序中可执行代码行的操作符和操作数的数量来计算程序的复杂性，操作符和操作数的量越大，程序结构就越复杂，如对于代码，可以统计它们的操作符和操作数，然后以此为基础，计算程序的长度和体积等。其中，操作符包括程序调用、数学运算符以及有关的分隔符等，操作数可以是常数和变量等。另外，计算规则——算法运算符、赋值符、逻辑运算符、分解符、关系运算符、括号运算符、子程序调用、数组操作、循环操作、成对运算符等都是单一运算符。

综上所述，程序复杂性要同时考虑程序数据流和程序控制流，是对软件复杂性的定量描述，越复杂的事物越容易出错，并带来问题。软件复杂性度量只是为软件复杂性的定量分析和控制提供依据，根本目的是通过控制软件复杂性来改善和提高软件的可靠性，最有效的办法是在软件设计过程中对软件复杂性进行有效控制，使之保持在合理的范围内。

（二）动态测试技术方法

白盒测试中的动态测试方法有逻辑覆盖、基本路径覆盖等。

1. 逻辑覆盖

逻辑覆盖是以程序内部的逻辑结构为基础的设计测试用例的技术，是通过对程序逻辑结构的遍历实现程序的覆盖。逻辑覆盖由语言覆盖、分支覆盖、条件覆盖、判定条件覆盖、条件组合覆盖、路径覆盖组成。逻辑覆盖是经典的白盒测试方法之一。

2. 基本路径覆盖

基本路径覆盖是在程序控制流图的基础上，通过分析控制构造的环路复杂性，导出基本可执行路径集合，从而设计测试用例的方法。设计出的测试用例要保证在测试中程序的每一条可执行语句至少执行一次。

二、黑盒测试技术方法

黑盒测试通过系统实现与需求、设计的功能点描述的预期结果的比较，发现所测系统或对象是否有歧义或未实现的功能，也可以发现接口输入输出问题，同时还能判断数据结构错误，以及在非功能上的一些问题，比如性能、安全性问题。黑盒测试的主要技术方法如下：

（一）等价类划分法

等价类划分法是一种典型的、常用的黑盒测试方法。等价类划分法将程序可能的输入数据分成若干子集，从每个子集选取一个有代表性的数据作为测试用例，等价类是某个输入域的子集，在该子集中每个输入数据的作用是等效的。有效等价类是输入有意义的、合理的数据，可检查程序是否实现了规格说明中所规定的功能和性能。无效等价类与有效等价类的意义相反，是输入无效、异常的数据，测试系统能不能正常地反馈错误信息或做出相应的处理。确定有效等价类和无效等价类有以下不同的情况划分：

第一，在输入规定是某个取值范围或值的情况下，可以设定一个有效等价类和两个无效等价类。例如，在需求规格说明中，对年龄约束为1~60，则有效等价类是"1≤年龄≤60"，两个无效等价类是"年龄<1"或"年龄>60"。

第二，在输入规定必须遵守某规则的情况下，可确立一个有效等价类（符合规则）和若干无效等价类（从不同角度违反规则）。例如，规定"一个语句必须以分号';'结束"。这时，可以确定一个有效等价类"以';'结束"，若干无效等价类"以':'结束"或"以','结束"或以空结束等。

第三，在输入规定有效数据的一组值（假定 n 个），并且程序要对每一个输入值分别处理的情况下，可确立 n 个有效等价类和一个无效等价类。例如，在招聘方案中规定对高级工程师、工程师、助理工程师分别计算打分，制定相应的薪资待遇，可以确定 3 个有效等价类为高级工程师、工程师、助理工程师，一个无效等价类是所有不符合以上身份的人员的输入值的集合。

第四，输入条件是布尔量时，可确立一个等价类和一个无效等价类。

第五，各元素在程序处理中的方式不同，应再将等价类进一步划分为更小的等价类。

（二）边界值法

人们从长期的测试工作中实践而知，大部分问题出现在输入或输出的范围边界上，而不是输入范围的内部。因此，会针对各种边界情况设计测试用例。比如，程序上判定语句容易出现把大于 0 的条件写成大于等于 0 的条件，忽略了边值，那么就会出现问题。又如，判断三角形时，要输入三角形的三个边长 A、B 和 C。应注意到这 3 个数值应当满足 $A>0$、$B>0$、$C>0$、$A+B>C$、$A+C>B$、$B+C>A$，才能构成三角形，但如果把 6 个不等式中的任何一个大于号">"错写成大于等于号"≥"，那就不能构成三角形。问题恰出现在容易被疏忽的边界附近。所以在测试时，特意要在边值的左右加入相关的测试用例。边界值法也是等价类划分的一种补充。简而言之，边界值法是对输入或输出的边界值进行测试的一种黑盒测试方法。

（三）因果图法

在界面中有多个控件，控件之间有组合或限制关系，不同的输入组合会对应不同的输出结果，如果想弄清楚不同的输入组合到底对应哪些输出结果，可以使用因果图。因果图比较适合测试组合数量较少的情况（一般少于 20 种）。因果图要考虑输入条件之间的联系、相互组合等。因果图的适用范围和特点如下：

在测试时必须考虑输入条件的各种组合，这就要利用因果图。使用一种适合于描述对于多种条件的组合，相应产生多个动作的形式来设计测试用例。

因果图方法最终生成的就是判定表，它适合于检查程序输入条件的各种组合情况。

因果图方法能够帮助我们按一定步骤、高效率地选择测试用例，能指出程序规格说明描述中存在着什么问题。

第三节 计算机软件开发测试的流程与管理

一、软件开发测试流程

(一) 测试计划

好的测试工作必须以一个好的测试计划作为基础，软件测试人员对计划所列的各项都必须逐一执行，包括被测试项目的背景、目标、范围、方式、资源、进度安排、测试组织，以及与测试有关的风险等方面。

制订测试计划是软件测试中最有难度的工作之一。在制订测试计划时，首先要明确测试的目标，增强测试计划的实用性；其次，需要明确内容与过程。另外，采用评审和更新机制，明确内容与过程实际需求因公司和项目特点、人员不同，测试计划文档也会有所不同，在资源允许的情况下，尽量使用正规化文档软件测试计划文档模板。

测试计划文档中，测试计划标识符具有唯一性，它用于标识测试计划的版本、等级，以及与该测试计划相关的软件版本。测试项部分主要是纲领性描述在测试范围内对哪些具体内容进行测试，确定一个包含所有测试项在内的一览表。测试对象需要列出待测的单项功能及功能组合。测试方法（策略）是重点，描述测试小组用于测试整体和每个阶段的方法，要描述如何公正、客观地开展测试，要考虑模块、功能、整体、系统、版本、压力、性能、配置和安装等各个因素的影响，要尽可能地考虑到细节，越详细越好。测试项通过/失败的标准，以及测试中断和恢复的规定一定要明确，通过/失败的标准可以在设置测试用例所占的百分比、缺陷的数量、严重程度、分布情况、测试用例覆盖、文档的完整性、性能标准等方面制定标准。测试完成所提交的材料包含了测试工作开发设计的所有文档、工具等。例如测试计划、测试设计规格说明、测试用例、测试日志、测试数据、自定义工具、测试缺陷报告和测试总结报告等。

除技术规则以外，测试计划的难点是资源的预估和分配。因为足够的资源是实现测试策略所必需的。

资源预估的要素：

要素1：人员——人数、经验和专长，他们是全职、兼职、业余还是学生。

要素2：设备——计算机、测试硬件、打印机、测试工具等。

要素 3：办公室和实验室空间——地点、大小、格局图等。

要素 4：软件——字处理程序、数据库程序和自定义工具等

要素 5：其他资源——工具、电话、参考书、培训资料等。

资源分配主要指的是对项目的人员工作进行安排。在实际情况中，测试人员可能需要参与多个项目的测试工作。因此，需要明确测试人员的任务职责和工作责任，以保证各项目能够顺利开展。有时，测试人员需要根据多个项目的进度和优先级，灵活地穿插多个项目的测试工作。同时，测试工作的任务类型也有时难以明确区分，不像程序员编写程序那样明确。此外，复杂的测试任务有时可能需要多个执行者或由多人共同负责。因此，需要对测试资源进行合理分配和调整，以保证测试工作高效有序进行。

分配好工作以后，培训计划也是必需的明确测试人员具体负责软件哪些测试及需要掌握的技能。如果测试团队内有新晋人员或者外来人员，则要进行相关的业务培训和技能培训。培训需求通常包括学习如何使用某个工具、测试方法、缺陷跟踪系统、配置管理，或者与被测试系统相关的业务基础知识培训需求各个测试项目会各不相同，具体取决于具体项目的情况。

软件测试管理人员要在计划中明确可能遇到的风险，并与平行团队和项目管理员交换意见。

（二）测试设计与开发

测试计划完成后，测试过程就进入了软件测试设计和开发阶段这个阶段的第一个任务是对测试依据进行评审。测试设计与开发的重点是测试用例的设计。测试用例构成了设计和制定测试过程的基础，因此测试用例的质量在一定程度上决定了测试工作的有效程度。测试用例要清楚定义需要什么样的环境条件以及必须满足的其他条件，还需要提前定义期望得到哪些结果和行为。测试用例设计的步骤：

第一步，在软件需求规格说明书和设计规格说明书中，标明要测试的模块和功能，分解成最小单元的功能点。

第二步，测试用例不仅仅是基于功能的测试，也需要对内部逻辑进行测试。所以，需要厘清软件的处理逻辑和数据流向。

第三步，根据测试范围，分别设计需要的功能测试用例、边界测试用例、异常测试用例、性能测试用例等。测试用例需要标识优先级。

第四步，测试用例需要进行测试用例评审，参与人员有测试用例设计人员、测试主管、需求人员、开发人员，以及其他相关测试人员。

第五步，在执行的过程中，肯定会发现设计之初的考虑不周，因此需要对测试用例进行完善。

（三）测试用例执行

执行测试前要按照测试用例中描述的测试环境去搭建，因为测试用例中的执行都是建立在这个测试环境上的，如果测试环境不一致，会影响测试用例的执行，测试用例执行中应该注意以下问题：

第一，全方位地观察测试用例执行结果，加强测试过程记录，提交清晰的问题报告单，测试结果重现。

第二，注意执行测试的顺序，需要标明测试用例中的前提条件和特殊要求。因为有些测试软件是有顺序性的，那么它的测试用例就会有一些执行前提或特殊说明。比如，要测试某个软件的登录功能，那么测试前必须创建用户，并为用户分配一定的权限。如果不注意前提条件和特殊说明，可能会导致测试用例无法执行。

第三，在测试过程中，无论是灵光乍现的随意性测试，还是补充测试，都需要及时记录，更新测试用例。

第四，测试用例要全部执行，每条用例至少执行一遍，因为编写测试用例时，它考虑了测试覆盖率的问题，每条测试用例都对应一个功能点，如果少执行一条，就会有一个功能点没有测试到。执行测试前要认为待测试软件的每条功能点都是未实现的，每个功能点都要测试一遍，才能保证待测试软件满足用户需求。

第五，在测试时，不要放过任何偶然想象，有时会发现某条用例执行时软件会出错，但是当再次执行时，这个错误不再重现这种错误，很可能是隐藏最深的、最难发现的错误。

第六，每次修改测试用例时，都要标明时间，以方便回溯版本问题。

（四）测试总结

测试总结是测试流程的最后一环。测试总结应该包括测试的资源使情况：投入了多少测试人员、多长时间，还应该包括执行了多少测试用例、覆盖了多少功能模块等。另外，还包括测试对象的缺陷分析，共发现了多少缺陷，缺陷的类型主要是哪些，缺陷集中在哪些功能模块，缺陷主要发生在哪几个开发人员身上。这些信息不仅可供项目经理或 QA 借鉴做出相关决策，也可以为以后的项目提供参考。

测试总结不仅要分析测试结果，还应该分析测试的整个过程，是否合理安排了测试资源，测试进度是否按计划进行，以及如何避免下次出现类似的问题。测试总结还应该包括对测试用例的分析、测试用例的设计经验总结，哪些用例设计得好，能非常有效地发现Bug。

二、软件开发测试管理

测试管理人员或项目经理在进行测试管理时，可以关注以下要点：

第一，制定可行的测试项目的管理原则。

第二，严格按照测试计划进行，测试计划内容需要一定的灵活度和应变措施，但是，一旦确定测试计划，就需要按照测试计划执行。

第三，因为测试团队支撑着多个项目，所以需要建立并行项目的优先级，以及变更优先级的规则。

第四，依靠团队的能力定期对内外部相关成员进行专业、业务和其他培训。

第五，建立客观的评价标准。

第六，明确软件测试项目管理者、测试成员的责任。

第八章 计算机软件智能化开发与开发项目管理

第一节 计算机软件智能化开发技术

一、软件智能化技术

(一)数据挖掘

数据挖掘,是从大量的、有噪声的、不完全的、模糊和随机的数据中,提取出隐含在其中的、人们事先不知道的、具有潜在利用价值的信息和知识的过程。所提取到的知识的表示形式可以是概念、规律、规则与模式等。数据挖掘能够对将来的趋势和行为进行预测,从而帮助决策者做出科学和合理的决策。

数据挖掘是一个交叉学科,涉及数据库技术、人工智能、数理统计、机器学习、模式识别、高性能计算、知识工程、神经网络、信息检索、信息的可视化等众多领域,其中数据库技术、机器学习、统计学对数据挖掘的影响最大。对数据挖掘而言,数据库为其提供数据管理技术,机器学习和统计学为其提供数据分析技术。

从以上定义,可以得到数据挖掘具有以下特点:

第一,数据量巨大。如何高效地存取大量数据,如何在特定应用领域中找出特定的高效率算法,以及如何选取数据子集,都成为数据挖掘工作者要重点考虑的问题。

第二,动态性。许多领域的行业数据所包含的规律时效性很强,随着时间和环境的变化,规律也在改变。这种数据和知识的迅速变化,就要求数据挖掘能快速做出相应的反应以及时提供决策支持。

第三,适用性。数据挖掘的规律适用于一部分数据,但不可能适用于全部数据,这是因为外部的环境不可能完全相同。

第四,系统性。数据挖掘不是一个简单算法,而是一个较为复杂的系统,它需要业务理解、数据理解、数据准备、建模、评估等一系列步骤,是一个不断循环和不断完善的系统工程。

数据挖掘其实质是综合应用各种技术，对与业务相关的数据进行一系列科学的处理。其核心是利用算法对处理好的输入和输出数据进行训练，并得到模型，然后再对模型进行验证，使得模型能够在一定程度上刻画出数据由输入到输出的关系，然后再利用该模型，对新输入的数据进行计算，从而得到新的输出，然后这个输出就可以进行解释和应用了。

（二）软件仓库挖掘

软件仓库挖掘（MSR）领域分析软件仓库中可用的丰富数据，以发现有关软件系统和项目的有趣和可操作的信息，其中软件仓库（如源代码管理系统、项目人员之间的归档通信和缺陷跟踪系统）用于帮助管理软件项目的进度。软件从业者和研究人员正在认识到挖掘这些信息的好处，以支持软件系统的维护，改进软件设计/重用，并在经验上验证新的思想和技术。

目前，人们正在进行有关 MSR 的研究，找到挖掘这些软件仓库的方法，以帮助理解软件开发和软件演化，支持对软件开发的预测，并在规划未来开发时利用这些知识。国际软件仓库挖掘会议已经连续召开了近 20 年。

1. 软件仓库的概念

软件仓库挖掘已经成为一个软件工程领域，软件从业人员和研究人员利用数据挖掘技术对软件仓库中的数据进行分析，以提取开发人员在开发过程中产生的有用和可操作的信息。当挖掘各种软件存储库时，所提取的数据可用于发现隐藏的模式和趋势、支持开发活动、维护现有系统或改进围绕未来软件开发和演化的决策，更好地管理软件和生产更高质量的软件系统。软件仓库的类型包括软件库、历史库、代码库等。

（1）软件库。软件存储库是由几个软件开发组织在线或脱机维护的存储位置，其中维护软件包、源代码、Bug 和与软件及其开发过程相关的许多其他信息。由于开放源码，这些存储库的数量及其使用量正在快速增长。任何人都可以从这里提取多种类型的数据来研究它们，并根据自己的需要进行更改。

（2）历史库。这类存储库包含在长时间内生成的大量异构软件工程数据，其中一些数据如下：

·源代码管理存储库（SCR）记录一个项目的发展历史。这些存储库保存对源代码所做的所有更改，并维护期间有关每个更改的元数据。例如，进行更改的开发人员名称、进行更改的时间、描述更改意图的简短消息以及所执行的更改。软件项目最常见的可用、可访问的存储库是源代码管理存储库，一些广泛使用的实例包括 Perforce、ClearCase，cvS

（并发版本系统）、Subversion 等。

·Bug 存储库（BR）跟踪不同组织的开发人员在软件开发生命周期的不同阶段所遇到的错误。例如，Jira 和 Bugzilla 分别是由 Atlas 和 Mozilla 社区维护的 Bug 存储库。维护这些存储库的好处是改进通信，提高产品质量，确保问责制和提高生产力。

·存档通信（AC）存储库记录了开发人员和项目经理在整个生命周期中对项目的各种特性进行的讨论。一些存档通信的例子是实例消息、电子邮件、邮件列表和 IRC 聊天。

·运行时存储库包含与在单个或多个不同部署站点（如部署日志）上执行和使用应用程序有关的信息。软件部署是一套完整的活动，使软件产品可供使用。这些活动可以发生在生产者或消费者或双方。与软件项目的特定部署或同一项目的异构部署有关的信息记录在这类存储库中。例如，应用程序在不同的单个或多个部署站点上表示的错误消息可以记录在部署日志中。

（3）代码库（CR）。CR 存储库是通过收集大量异构项目的源代码来维护的，net、GitHub 和 Google 代码就是 CR 的例子。

2. 软件仓库挖掘方法

在软件开发过程中，版本控制系统、缺陷追踪系统、运行时存储库等工具已经被广泛应用，软件的每一次测试活动、代码变更、缺陷修复、开发人员的每次交流讨论，都被详细地记录。慢慢地，软件仓库中的数据量越来越大，类型也越来越丰富。如何有效地收集、组织、利用这些数据来帮助改善软件的质量和生产效率已经成为软件工程中一个很有意义的问题。

软件仓库挖掘的流程主要是：收集数据，预处理，实施数据挖掘算法，完成软件工程的任务。软件仓库挖掘研究覆盖软件开发的各个阶段，包括需求、设计、实施、测试、调试、维护和部署，其涉及的软件工程数据有以下三类：

（1）序列。这类数据通常是软件在执行过程中动态生成的结构化信息，包括执行路径、co-change 等信息。比如，crash 报告系统能够自动生成 crash 信息，这些报告通常包含系统执行过程中的调用栈信息。许多研究通过抽取调用栈信息来计算 crash 报告的相似度并自动地实现 crash 报告分类，有一些研究通过挖掘调用栈信息来帮助开发者识别 crash 根源。

（2）图。这类数据往往能够直观形象地呈现软件工件间的关系，包括动态/静态调用图、程序依赖图等。例如，程序依赖图是一种带标签的有向图、模拟过程语句之间的依赖关系，从而发掘程序依赖图，通过提取程序内在关系来发掘隐藏的信息。

（3）文本。这类数据通常是人工撰写的非结构化信息，包括 Bug 报告、e-mail、文档等。例如，测试者通过执行软件测试为软件的异常行为撰写 Bug 报告，这些报告往往包含较多的自然语言信息。然而，人工检测大量的 Bug 报告是一项十分繁重的任务。因此，为了减少人工检测代价，研究者提出了一种典型的文本挖掘任务，即 Bug 报告重复检测。许多研究利用常见的文本挖掘方法，如自然语言处理技术、信息检索技术、主题模型、机器学习抽取特征或者建立向量空间模型来计算文本相似度，从而实现重复检测。

这些数据可以直接从软件仓库中抽取，也可以通过查看软件开发过程中的文档、日志等方式获取，获取到的数据一般情况下都是粗糙的、未经处理的，所以，如果想要获得有用的信息，就得对这些数据进行清洗，即预处理。

文本数据的预处理主要是移除停止词、移除标点符号、移除表情、拆分粘在一起的词、寻找俚语、去除 URL 等。对于一些特殊文本，我们还可能需要进行语法检查、拼写错误检查、疑问句去除等。数值数据清洗主要是解决缺失值、检测错误值、消除重复值、检查数据一致性等，解决缺失值可以手工填充，也可以用统计值进行填充，检测错误值主要是对数据进行偏差分析，消除一些离群点或者对噪声进行平滑。消除重复值是为防止一些属性相同的数据被重复记录。最后，数据一致性检查主要是去除语义冲突，防止相同属性的数据出现不同的计量方式。

在得到规范整洁、组织好的数据之后，我们便可以对这些数据进行数据挖掘，在得到数据挖掘的结果之后，可以用这些信息完成软件工程中的任务。比如，开发人员之间的电子邮件、文档等在参与过程中会交互，可能会有失序，造成数据混乱，在使用数据挖掘技术之后，能较好地区分工作人员的组织关系，确保软件项目管理的顺利开展。或者利用程序谱来对程序的具体运行轨迹实施抽象定位，通过对比的方式排查故障，迅速找出故障源头。也可以使用基于文本的对比方法、基于标识符的对比方法及运用潜在语义索引等方法，对克隆代码进行检测。

3. 软件仓库挖掘的重要意义

如今，软件在人类生活中扮演着非常重要的角色，根据日常的需要和需求，软件将得到提升和发展。软件进化是软件工程和维护中最重要的主题之一，它通常处理从不同来源产生的大量数据，如源代码库、Bug 跟踪系统、版本控制系统、问题跟踪系统、邮件和项目讨论列表。软件开发和演化的关键之一是设计理论和模型，使人们能够理解过去和现在，并帮助预测与软件维护有关的未来特征，从而支持软件维护任务。在这方面，MSR 发挥了重要作用。

MSR 是一个新兴的研究领域，它试图加深对开发过程的了解，以建立更好的预测和推荐系统。存储在软件仓库中的历史信息和有价值的信息，为获取知识和帮助监视复杂的项目和产品，提供了一个很好的机会，而不影响开发活动和最后期限。源代码控制系统将源代码及其更改存储在开发过程中，Bug 跟踪系统保存软件开发项目中报告的软件缺陷的记录，问题跟踪系统管理和维护问题清单，并将项目人员之间的通信记录作为项目整个生命周期的决策依据。这些丰富的信息有助于研究人员和软件项目人员在估计的预算和时间期限内理解和管理复杂项目的发展。例如，历史信息可以帮助开发人员理解软件系统当前结构的基本原理。

4. 软件仓库挖掘的研究现状

软件仓库挖掘是一个新兴的领域，重点是从异构的现存软件库中提取有关软件属性的基本信息和有价值的信息。对这些类型的存储库进行挖掘，以提取不同贡献者为完成不同目标而隐藏的事实。由于过去十多年来取得了令人满意的结果，数据挖掘在软件工程环境中得到了持续的普及。软件挖掘及其应用范围包括缺陷预测领域、生产和测试代码的共同进化、影响分析、工作量预测、相似分析、软件体系结构变化的预测、软件情报，也用于降低软件开发的复杂性等。

软件智能（SI）是为分析源代码以清楚理解信息技术场景而开发的一种软件。它提供了一套提取有价值信息的软件工具和方法。它使软件专家不断了解最新情况，以及用于加强决策的相关提取信息。在十多年前，软件仓库挖掘基本上是在工业层面上进行的，研究工作被限制在选定的几个软件系统和应用领域，或者由于缺乏像开放源码这样的公开可用的历史软件数据而受到限制。最近出现了快速转变，是因为开源软件的流行和发展。

（三）机器学习

什么叫机器学习？至今，还没有统一的定义，而且也很难给出一个公认的和准确的定义。简单地按照字面理解，机器学习的目的是让机器能像人一样具有学习能力。机器学习领域奠基人之一、美国工程院院士 Mitchell 教授认为，机器学习是计算机科学和统计学的交叉，同时也是人工智能和数据科学的核心。他在撰写的经典教材 *Machine Learning* 中所给出的机器学习经典定义为"利用经验来改善计算机系统自身的性能"。一般而言，经验对应于历史数据（如互联网数据、科学实验数据等），计算机系统对应于机器学习模型（如决策树、支持向量机等），而性能则是模型对新数据的处理能力（如分类和预测性能等）。通俗来说，经验和数据是燃料，性能是目标，而机器学习技术则是火箭，是计算机系统通往智能的技术途径。

更进一步说，机器学习致力于研究如何通过计算的手段，利用经验改善系统自身的性能，其根本任务是数据的智能分析与建模，进而从数据里面挖掘出有用的价值。随着计算机、通信、传感器等信息技术的飞速发展以及互联网应用的日益普及，人们能够以更加快速、容易、廉价的方式来获取和存储数据资源，使得数字化信息以指数方式迅速增长。但是，数据本身是"死"的，它不能自动呈现出有用的信息。机器学习技术是从数据当中挖掘出有价值信息的重要手段，它通过对数据建立抽象表示并基于表示进行建模，然后估计模型的参数，从而从数据中挖掘出对人类有价值的信息。

机器学习与人类思考的经验过程是类似的，不过它能考虑更多的情况，执行更加复杂的计算。事实上，机器学习的一个主要目的就是把人类思考归纳经验的过程转化为计算机通过对数据的处理计算得出模型的过程。经过计算机得出的模型能够以近似于人的方式解决很多灵活复杂的问题。

机器学习与模式识别、统计学习、数据挖掘、计算机视觉、语音识别、自然语言处理等领域有着很深的联系。从范围上来说，机器学习与模式识别、统计学习、数据挖掘是类似的，同时，机器学习与其他领域的处理技术的结合，形成了计算机视觉、语音识别、自然语言处理等交叉学科。同时，我们平常所说的机器学习应用，应该是通用的，不仅仅局限在结构化数据，还有图像、音频等应用。

（四）知识图谱

1. 知识图谱的基本概念

知识图谱是由 Google 在 2012 年提出，用于 Google 搜索引擎上面的技术，以提高 Coogle 搜索的质量。Google 的阿米特·辛格尔在介绍知识图谱时说："'图'能够理解真实世界中的实体和它们的关系以及实体间的关系，是实体，而不是字符串。"

知识图谱是用来描述真实世界中存在的各种实体（概念）以及实体间的关系（属性）。

对于学术界来说，知识图谱对应的概念是链接数据。链接数据的思想是蒂姆·伯纳斯-李于 2006 年提出来，它需要使用语义网的技术和标准来发布。链接数据需要从以下 4 个方面来理解：

第一，以机器可理解的方式（如用 RDF 语言来描述数据）发布到网络上的数据。

第二，数据含义是精确定义的。

第三，可以链接其他外部数据集。

第四，同时也能够被外部数据集关联。

概括来说，链接数据是指用于发布和关联网络上的结构化数据（RDF 数据）的集合。如果需要进一步构建链接数据，则需要满足蒂姆·伯纳斯-李在 2006 年提出来的四条基本规则，如下：

规则 1：使用 URIs 定义事物。

规则 2：使用 HTTP URIs，因此客户端（机器或者人类阅读器）能够查找这些名称。

规则 3：当查找一个 URI，需要提供有用的且可理解的信息。

规则 4：链接其他数据，有利于查询到更多的数据和想要的信息。

第一条规则用于指定资源或者概念的全球唯一性。第二条规则是第一条规则的约束条件和补充说明。规则 3 进一步强调了规则 2 的作用，即当要解析一个 HTTP URIs 时，需要返回给客户端一些有用的数据信息。最后一条规则是确保链接数据的发展，只要将数据相互关联，扩大链接数据规模，数据的网络才能逐渐走入正轨。

近几年以来，随着语义网的不断发展，大量来自不同领域的资源描述框架（RDF）数据开始被发布，开放链接数据集在不断扩大。

可见，语义网技术和标准的不断成熟，有利于链接数据（也可以说是知识图谱）在实时网络中成长，不断接近数据的网络。

2. 知识图谱构建的技术流程

为知识图谱构建模式相当于为其建立本体。目前，知识图谱的建立通常采用自顶向下（依赖于百科类和结构化数据或者相关领域专家预先构建本体）和自底向上（通过抽取技术获得的置信度高的模式，如类别、属性和关系，合并到知识图谱中）相结合的方式。不管使用自顶向下或者自底向上的方法都需要获取知识，并且对知识进行去噪和整合。

知识图谱的技术流程遵循知识建模、知识获取、知识融合、知识存储、知识推理和知识应用的生命周期。知识建模和知识获取主要是从领域专家处获得专业知识的过程。获取知识的资源可以分为结构化、半结构化、非结构化数据三类。知识在数据中的分布具有多模态性、隐秘性、分布性、异构性及数据量巨大等特性。

（1）知识建模。知识建模是定义领域知识描述的概念、事件、规则及其相互关系的知识表示方法，建立知识图谱的概念模型，即为知识和数据进行抽象建模。

知识建模的核心是构建一个本体对目标知识进行描述，在这个本体中需要定义出知识的类别体系，每个类别下所属的概念和实体，某些概念和实体所具有的属性以及概念之间、实体之间的语义关系。

这一过程中，知识抽取的主要任务是生成图节点、推理节点间的关系，以此构建出知识的图结构。知识抽取的输入数据通常是开放来源的自然语言文本（如篇章）或带标记的自然语言文档（如网页、搜索引擎查询日志等），利用自动化或者半自动化的技术抽取出可用的知识单元。知识单元主要包括实体、实体属性、实体关系这三个知识元素，并以此为基础，形成实体与实体之间的关联表达。因此，知识抽取的输出数据是实体、概念、实体关系和实体属性，共同构成子图或者关系集合子集。因此，在知识抽取的过程中，具体的任务包括实体抽取、概念抽取、实体关系抽取和实体属性（值）抽取。

①实体抽取。实体抽取也被称为命名实体识别（NER），旨在利用相关技术自动从原始的文本语料中挖掘出命名实体，如人名、地名、组织机构名等。也就是说，命名实体识别的任务是提取实体名并构造实体名词表，词表中主要包含实体名（如"北京"），同时也包括一类实体所对应的抽象概念（如"城市"）。由于实体是构成知识图谱的最基本的组成元素，因此，实体抽取这一环节的完整性、精确率、召回率等指标的高低将直接影响到知识图谱构建的质量。也就是说，实体抽取是知识抽取中最基础与关键的一步。依据不同的分类方式，实体抽取的方法可以分为 4 类：基于规则与词典的方法、基于统计机器学习的方法、基于百科站点或垂直站点的方法，以及面向开放域的方法。

早期的命名实体识别基于规则与词典，通常需要预先定义出目标实体的模板和一定的抽取规则，用模板和规则从网页和句子中匹配、提取实体。然而，基于规则模板的方法不仅需要依靠大量的专家来编写模板或规则、覆盖的领域范围有限，而且难以适应数据量的不断变化。随着机器学习技术的发展，基于统计机器学习的命名实体识别方法也逐步产生，即利用机器学习的方法对样本语料进行训练获得模型，再利用模型去识别实体。例如，Liu 等人利用 K 最近邻（KNN）监督算法与线性条件随机场（CRF）模型，实现了对 Twitter 文本数据中命名实体的识别。近年来，深度学习技术被广泛应用于命名实体识别，最具代表性的模型是由 Collobert 于 2011 年提出的深度神经网络，其性能超过了传统的机器学习算法。此外，基于百科站点或垂直站点的命名实体识别是一种很常规、基本的提取方法，从百科类站点（如维基百科、百度百科、互动百科等）的标题和链接中提取实体名。这类方法虽然可以得到开放互联网中频繁出现的实体，但是难以覆盖中低词频的实体。垂直类站点的实体提取可以获取特定领域的实体。例如，基于爬取技术从豆瓣各频道（音乐、电影等）获取各种实体列表。面向开放域的抽取方法的重点是如何利用海量的网络语料，解决基于统计机器学习的命名实体识别方法可能面临的小训练样本问题。

②概念抽取。概念抽取的作用是构造抽象概念并建立实体与概念之间的联系。概念抽取建立在命名实体抽取结果的基础上，利用定义好的语法规则进行模式匹配，提取出词与词的上下位关系，形成"下位词–上义词"数据对；同时，将满足一定语义相似度阈值的实体进行聚类，引入外部标注数据，推理获得概念以及概念与多个实体之间的关联。"下位词–上义词"数据对的两端可以是实体名词和概念，表示语义抽象关系，也可以是概念和概念，表示语义的包含关系。

③实体关系抽取。实体关系抽取的主要任务是基于实体抽取获得的命名实体，提取满足关系的实体元组，以此解决实体或概念间语义链接的问题，构造实体和概念的知识网络结构。例如，抽取满足语义关系"省会"的实体元组包括（南昌，江西）、（太原，山西）等，以及抽取满足上位/下位语义关系的概念元组如（猫，动物）、（树，植物）等。

早期的关系抽取依赖于人工去构造语义规则、给出匹配模板，利用模式匹配的方法去识别实体间或概念间的关系。但这类方法受限于制定规则的专家的个人经验，并且难以采用一个通用的规则拓展到多个不同领域中。因此，基于统计机器学习的自动关系抽取模型逐渐被提出，大量基于特征向量和分类器的有监督方法的出现，使得关系抽取的准确率不断提高。

依据关系抽取方法的自动化程度，已有方法分为有监督方法、半监督方法和无监督方法。其中，对于有监督方法和半监督方法，一部分元组及关系类型已知，还可能包含一些种子匹配模板或者标定好的句子作为训练数据。有监督的关系抽取方法把关系抽取看作一个分类问题，需要大量的人工标注的语料作为训练数据，需要提前定义实体间的关系类型。因此，近年来，相关研究逐步转向半监督和无监督关系抽取。半监督关系抽取的主要思路是为每一类关系提供少量的人工定义的模式（模板）以及种子实体元组，通过在目标句中分别匹配种子实体元组和人工定义模板，扩展元组列表和模板数量，模式生成、模式匹配、模式评价与筛选等技术。

关系抽取涉及隐层语义的推理，因此其过程相对较为复杂，而上述基于机器学习的方法均需要预先定义好关系的类型（如位置关系、整体/部分关系），这就导致关系类型的预先定义已成为关系抽取过程能否精准的"瓶颈"。为了解决这一问题，华盛顿大学的 Yates 和 Banko 等人提出了面向开放领域的信息抽取框架（OIE），并且发布了基于自监督学习的信息抽取系统 TextRunner。OIE 框架可以直接利用语料中的关系词汇对关系元组进行建模，无须预先定义关系的类型。目前，主流的研究已将重心转向解决 OIE 框架未能解决的问题，如挖掘多元实体关系、隐含关系识别。

④实体属性（值）抽取。实体属性（值）抽取分别针对实体和概念构造属性列表，首先，构造概念属性列表（如"城市"的属性包括面积、人口、所在国家等）；其次，提取概念所对应的某一实体的属性值（如"上海"的面积、人口、所在国家等），目的是勾勒出实体实例的具体属性。由于可以将实体属性视为实体与其属性值之间的名词性关系，因此属性抽取在本质上也是关系抽取。已有常见的属性抽取方法包括：从百科类站点中提取、从垂直网站中进行包装器归纳、从网页表格中提取，以及利用手工定义或自动生成的模式从句子和查询日志中提取。由于实体的属性可以看成实体与属性值之间的一种名称性

关系，因此可以将实体属性抽取问题转换为关系抽取问题。大量的属性数据主要存在于半结构化、非结构化的大规模开放域数据集中，例如，维基百科等具有结构信息的网页。抽取实体属性的途径，可以通过解析百科网站上的半结构化数据，也可以根据实体属性名与属性值之间的关系模式，直接从开放域数据集上抽取属性。

（2）知识获取。知识获取是对知识建模定义的知识要素进行实例化的过程。知识图谱的数据主要来源有各种形式的结构化数据、半结构化数据和非结构化数据（如文本数据）。

针对不同种类的数据，将利用不同的技术进行提取。通过 D2R（database to RDF，将关系数据库中的内容转换成 RDF 三元组）从结构化数据库中获取知识，主要的技术难点是复杂表数据的处理。通过图映射的方式从链接数据中获取知识，主要技术难点是数据对齐。使用包装器从半结构化数据中获取知识，主要难点是方便的包装器定义方法、包装器自动生成、更新与维护。非结构化数据抽取是知识图谱构建的核心技术，因为互联网上大部分信息都是以非结构化文本的形式存在，而非结构化文本信息的抽取能够为知识图谱提供大量高质量的三元组事实。目前主要是集中在非结构化文本中实体的识别和实体之间关系的抽取，涉及自然语言处理分析和处理技术，难度较大。

（3）知识融合。知识融合是将已经从不同的数据源把不同结构的数据提取知识之后，把这些数据融合成统一的知识图谱的过程。

知识融合主要分为数据模式层融合和数据层融合。数据模式层融合是概念合并、概念上下位关系合并、概念的属性定义合并。数据层融合是节点（实体）合并、节点属性融合、冲突检测与解决。领域知识图谱的数据模式通常采用自顶向下（由专家创建）和自底向上（从现有的行业标准转化，从现有高质量数据源转化）结合的方式。数据层的融合主要涉及的工作就是实体对齐，也包括关系对齐、属性对齐，可以通过相似度计算、聚合、聚类等技术来实现。

（4）知识存储。知识存储就是研究采用何种方式将已有知识图谱进行存储。知识图谱一般采用图数据库作为最基本的存储引擎。图数据库是使用图形结构进行语义查询的数据库，包含节点、边和属性来表示和存储数据。目前图数据库有很多，如 Ne04j、OpenLink、Bigdata 等，但比较常用且社区活跃的是 Ne04j。Ne04j 是一个原生的图数据库引擎，具有独特的存储结构免索引邻居节点存储方法，且有相应的图遍历算法，所以 Ne04j 的性能并不会随着数据的增大而受到影响；图数据结构自然伸展特性及其非结构化的数据格式，使得 Ne04j 的数据库设计可以具有很大的伸缩性和灵活性。同时，Ne04j 是一个开源的数据库，具有查询的高性能表现、易于使用的特性及其设计的灵活性和开发的敏捷性，以及稳定的事务管理特性等特点。

（5）知识推理。通过知识建模、知识获取和知识融合，基本可以构建一个可用的知识图谱，但是由于处理数据的不完备性，所构建的知识图谱中肯定存在知识缺失，包括实体缺失和关系缺失。由于数据的稀疏性，很难利用抽取或者融合的方法对缺失的知识进行补齐。所以，需要采用推理手段发现已有知识中隐含的知识。

知识推理主要包括四个方面：

第一，图挖掘计算。基于图论的相关算法，实现对图谱的探索和挖掘。知识图谱的图挖掘计算主要包括：图遍历，图经典的算法，路径的探寻，权威节点分析，族群分析，相似节点发现。

第二，本体推理。使用本体推理进行新知识发现或冲突检测。

第三，基于规则的推理。使用规则引擎，编写相应的业务规则，通过推理辅助业务决策。

第四，基于表示学习的推理。即采用学习的方式，将传统推理过程转化为分布表示的语义向量相似度计算任务。当然，知识推理不仅应用于已有知识图谱的补全，也可直接应用于相关应用任务。例如，自动问答系统需要知识推理，关键问题是如何将问题映射到知识图谱所支撑的结构表示中，在此基础上利用知识图谱的上下语义约束以及已有的推理规则，并结合常识等相关知识，得到正确的答案。

（6）知识应用。知识图谱主要集中在社交网络、金融、通信、制造业、医疗和物流等领域。

①企业知识图谱。企业数据包括企业基础数据、投资关系、任职关系、企业专利数据、企业招投标数据、企业招聘数据、企业诉讼数据、企业失信数据、企业新闻数据等。利用知识图谱融合以上企业数据，可以构建企业知识图谱，并在企业知识图谱上利用图谱的特性，针对金融业务场景有一系列的图谱应用。

基于企业的基础信息、投资关系、诉讼、失信等多维度关联数据，利用图计算等方法构建科学、严谨的企业风险评估体系，有效规避潜在的经营风险与资金风险。

基于投资、任职、专利、招投标、涉诉关系以目标企业为核心向外层扩散，形成一个网络关系图，直观立体展现企业关联。

在基于股权、任职、专利、招投标、涉诉等关系形成的网络关系中，查询企业之间的最短关系路径，衡量企业之间的联系密切度。

②交易知识图谱。金融交易知识图谱在企业知识图谱上，增加交易客户数据、客户之间的关系数据以及交易行为数据等，利用图挖掘技术，包括很多业务相关的规则，来分析实体与实体之间的关联关系，最终形成金融领域的交易知识图谱。在银行交易反欺诈方

面，可以从身份证、手机号、设备指纹、IP 等多重维度对持卡人的历史交易信息进行自动化关联分析，关联分析出可疑人员和可疑交易。

（五）统计预测

统计预测是对事物的发展趋势和在未来时期的数量表现做出推测和估计的理论和技术。统计预测以自然现象和社会现象发展规律为依据，以充分的统计资料和最新信息为基础，以统计方法和数学方法为手段，配合适当的数学模型，通过推理和计算，找出该事物数量变化的规律性，对事物未来情况从数量上做出比较肯定的推断，即从该事物未来可能出现的多种数量表现中，指出在一定概率保证下的可能范围。统计预测作为一种预测技术被广泛应用于社会现象和自然现象的各个方面，在经济预测、社会预测、气象预测及科学技术预测各个领域中起着重要的作用。

统计预测是研究概率分布随机过程与时间序列的未来观测值或未来样本的观测值及其统计量的预测问题，详细来说，给出概率分布、随机过程与时间序列的样本的未来观测值及其统计量的预测，称为单样预测（one-sample prediction）。给出概率分布、随机过程、时间序列的未来样本的观测值及其统计量的预测，分两种情况：若未来样本只有一个，称为双样预测（two-sample prediction），因为这种预测的基础数据是过去样本；若未来样本有两个或两个以上，称为多样预测（multi-sample prediction）。双样预测与多样预测合在一起称为新样预测（new-sample prediction）。与之相应地，单样预测亦称为样内预测（within-sample prediction）。统计预测的三要素包括：实际资料是预测的依据，经济理论是预测的基础，预测模型是预测的手段。

预测为决策提供客观事物和现象的规律性认识。这些规律是通过对客观事物和现象的过去经验和资料进行定性和定量分析，经过一番"去伪存真，去粗取精，由此及彼，由表及里"的加工制作而发现的，并往往用数学模型加以描述。这种认识既可以用来评价过去，又可以用来预测未来，预测为降低决策风险提供了依据。

在市场经济条件下，预测的作用是通过各个企业或行业内部的行动计划和决策来实现的，统计预测作用的大小取决于预测结果所产生效益的多少。影响统计预测作用的主要影响因素有：预测费用的高低，预测方法的难易程度，预测方法的精确程度。

按预测的属性主要可分为定性预测、定量预测；按超前时间可分为近期预测、短期预测、中期预测、长期预测；按预测是否重复可分为一次性预测、反复预测；按预测对象的空间范围可分为宏观预测、微观预测。统计预测的特点为：

（1）预测一般是不太准确的。由于预测所研究的是不确定的事物和现象，影响它们的因素多而复杂，很难完全把握，这就决定了预测结果的不准确性。正确的态度应该是认真分析预测误差，找出导致预测误差的原因，努力提高预测的正确性。因此，我们没有必要苛求预测的百分之百正确，而只要求将事物的发展规律和趋势基本揭示清楚，为决策提供支持。

（2）预测的精确性随预测超前时间的延长而降低。这一点是显然的，同时也要求我们在做近期和短期预测时，应该也有可能比长期预测的误差要小一些。

（3）预测结果的表达常常是预测区间或预测范围。由于预测对象的不确定性，所以预测结果只能是一个区间。

（六）人工智能

人工智能（AI）是对人类分析和/或决策能力的复制。今天使用的所有 AI 应用程序都是狭义的 AI。当应用于一个明确定义的专业领域时，它们非常擅长智能行为。但是，这些系统与通用 AI 相距甚远。通用 AI 系统可以以与人类类似的方式在各种环境和问题中智能地学习和行动。

驱动大多数人工智能/机器学习应用的核心组件如下：

（1）数据输入。这可以是来自相机（眼睛）、麦克风（耳朵）或其他来源的感官输入。它还包括预处理的数据，如当有人在线填写表格时获取的信息，某人使用信用卡购物的信息或信用咨询机构提供的个人信用记录。

（2）数据（预）处理。原始数据需要在使用之前处理成标准的"计算机友好"格式。

（3）预测模型。这是由机器学习过程中使用过去的经验生成的，即大量的历史数据。新案例的预处理数据被输入模型，生成新的预测。

（4）决策规则（规则集）。预测本身是没有用的。但如果我们能够很好地使用它则可以使它为我们所用。决策规则与数据输入和预测模型的得分结合使用，来决定要做什么。有时这些规则是由机器学习算法自动派生的，但它们通常还包括由人类专家/业务用户定义的其他规则。

（5）响应/输出。需要根据已做出的决定采取行动。如果决定某人有信誉，则需要发放信用卡；如果决定某人应该被聘用，那么需要发一份录取通知书，给予签署合同等。

正是这些单独的组件组合起来给了我们"AI"。

一些 AI 应用程序因为支撑它们的算法非常复杂，再加上一个方便的用户界面，可以收集数据，并以一种友好的方式提供所需的响应。将这些组件与最新一代的工业机械结合起来，或者将它们集成到汽车和其他车辆中，机器人就可以与环境进行交互，并以一种非常人性化的方式与我们互动。

AI 系统需要做的最后一件事是发出所需的响应。绝大多数 AI 应用程序严重依赖模式识别（即机器学习/预测分析）驱动的预测。以支持苹果 Siri、亚马逊 Echo 等工具的语音识别系统为例。当听到一个声音时，语音识别系统会将这个声音预处理成许多标准的声音片段。然后，它将尝试识别它认为已经说出的单词。基于机器学习创建的预测模型会生成的一组概率（分数）。如果系统计算出有 5% 的概率，声音是"Hello"，20% 的概率是"Jell-O"，75% 的概率是"Mellow"，那么系统就会有根据地猜测所说的单词是"Mellow"。

先进的 AI 系统结合多层复杂的预测模型，根据接收到的输入数据，形成对周围情况的看法。语音识别系统的下一层将考虑短语和单词结构。然后将系统的预测元素与决策规则（决策逻辑）结合起来，以确定在说出某些单词或短语时要采取什么行动。

在讨论机器学习、预测建模和 AI 时，您可能还会遇到数据科学和数据科学家这两个术语。数据科学不像物理、化学或生物学那样是一门科学。它只是对机器学习技术应用的简单描述。同样，数据科学家可以将机器学习应用到实际中。这不仅仅是数学方面的问题。一个好的数据科学家还应该对数据和 IT 系统有一定的了解，并且能够理解业务情况。

（七）大数据

"大数据"的概念起源于 2008 年 9 月《自然》杂志刊登的名为"Big Data"的专题。2011 年《科学》杂志也推出专刊"De aling with Data"对大数据的计算问题进行讨论。谷歌、雅虎、亚马逊等著名企业在此基础上，总结了它们利用积累的海量数据为用户提供更加人性化服务的方法，进一步完善了"大数据"的概念。

大数据又称海量数据，指的是以不同形式存在于数据库、网络等媒介上蕴含丰富信息的规模巨大的数据。

大数据的基本特征可以用 4 个 V 来总结，具体含义为：

Volume，数据体量巨大，可以是 TB 级别，也可以是 PB 级别。

Variety，数据类型繁多，如网络日志、视频、图片、地理位置信息等。

Value，价值密度低。以视频为例，连续不间断监控过程中，可能有用的数据仅仅有一两秒。

Velocity，处理速度快，这一点与传统的数据挖掘技术有着本质的不同。

简而言之，大数据的特点是体量大、多样性、价值密度低、速度快。

（八）区块链

1. 区块链的定义

在给出正式的定义之前，我们用日常生活中一个常见的例子来介绍为什么需要区块链技术。此例子来源于新华社 2019 年针对区块链技术的一篇文章，贴近生活实际，能够生动地展示区块链技术的特点。[1]

比如，现在患者如果需要去多个医院治疗，经常会遇到数据不同步、重复做检查的困扰。这种现象不但消耗了患者的大量精力与财力，更是对医疗资源的极大浪费。之所以出现这样的情况，是由于各家医院采用了相互独立的信息系统，对于患者自行携带的检查资料，医生无法确认数据的真实性。

那么，能否建立跨越多家医院的分布式医疗数据库？把患者在不同医院的就医数据全部保存在一个分布式数据库中，每个医院都保存一份完整的信息备份。这样，患者在任意一家医院就医，都不用进行重复检测。对于上述分布式数据库功能，传统的基于中心架构的信息系统将面临多种难题。包括：不同医院之间如何保证数据一致性问题，如何解决数据篡改、伪造问题，如何保护用户隐私和各个医院的核心利益，如何在出现医疗纠纷时解决多方矛盾，等等。

区块链技术正是为了解决多个机构之间数据共享、协同工作的难题而产生。在此应用中，通过构建由多个医院共同维护的区块链网络，能够保证各方公平地参与数据维护和系统运行的操作，避免单方以及少数恶意用户进行数据篡改、数据伪造攻击。

在此案例中，患者信息打包组成的数据单元，被称为区块。每个区块之间采用密码技术从逻辑上链接到一起，串成一条数据链，就是我们说的区块链。

区块链是一种基于密码学技术生成的分布式共享数据库，其本质是通过去中心化的方式共同维护一个可信数据库的技术方案。

区块链中的"区块"指的是信息块，这个信息块内含有一个特殊的时间戳信息，含有时间戳的信息块彼此互连，形成的信息块链条被称为"区块链"。

区块链技术使得参与系统中的每个节点，都能通过竞争记账，将一段时间内系统产生的业务数据，通过密码学算法计算和记录到数据块上，同时通过数字签名确保信息的有效性，并链接到下一个数据块形成一条主链，系统所有节点有义务来认定收到的数据块中的记录具有真实性。

2016 年 10 月，我国工业和信息化部原信息化和软件服务业司指导发布的《中国区块链技术和应用发展白皮书》将区块链描述为分布式数据存储、点对点传输、共识机制、加

---

[1] 区块链编写组. 区块链 信息技术前沿知识干部读本［M］. 北京：党建读物出版社，2021：5.

密算法等计算机技术在互联网时代的创新应用模式。

区块链技术是多种技术整合的结果，包括密码学、数学、经济学、网络科学等。这些技术以特定方式组合在一起，形成了一种新的去中心化数据记录与存储体系，并对存储数据的区块打上时间戳使其形成一个连续的，前后关联的诚实数据记录存储结构。其最终目的是建立一个保证诚实的数据系统，可将其称为能够保证系统诚实的分布式数据库。在这个系统中，只有系统本身是值得信任的，所以数据记录、存储与更新规则是为建立人们对区块链系统的信任而设计的。诚实意味着系统可以被信任，这是商业活动和应用推广的前提，所以区块链技术已经被很多领域的主流机构看中。因为有了区块链技术，在一个诚信的系统里，许多烦琐的审查手续可以省去，许多因数据缺乏透明度而无法开展的业务可以开展，甚至社会的自动化程度也将大幅提升。

2. 区块链的特征

通俗地说，根据区块链的技术特征和原理，不难看出，其核心特征主要包括以下几个方面：

（1）去中心化。区块链系统由多个节点共同组成一个端到端的网络，不存在中心化的设备或管理机构，任何人或节点都可以参与区块链网络，任一节点的权利和义务都是均等的，每个节点都可以获得一份完整的数据库拷贝。系统中的数据块由整个系统中所有具有维护功能的节点通过竞争记账共同维护，且任一节点的损坏或者失效都不会影响整个系统的运作。

区块链的去中心化是非常科学的，也是非常智慧的。当有一个中心节点时，一旦中心节点出现问题，整个系统便瘫痪了。没有了中心节点，去中心化之后、任何节点出现问题，都不会影响到整个系统的运行。因此，去中心化是比中心化更稳定的一种系统结构。

区块链的去中心化正是鸟群的这种智慧的一种体现。在区块链当中，每一个节点都拥有完整的数据，都是一个相对独立的个体。每一个节点都可以和其他节点自由联通，成为一个新的单元。每一个节点都有可能变成中心，只不过这个中心不会对其他节点进行控制。节点和节点之间都是相互关联的，但不是简单的线性联系，它们相互影响，却又彼此独立。这种去中心化的结构非常科学，它扁平、开放、平等，是特别好的结构模式。

（2）共识信任机制。区块链技术从根本上改变了中心化的信任机制，节点之间数据交换通过数字签名技术进行验证，无须相互信任，通过技术背书而非中心化信用机构来进行信用建立。在系统指定的规则范围和时间范围内，节点之间不能也无法欺骗其他节点，即少量节点无法完成造假。

（3）信息不可篡改。区块链系统将通过分布式数据库的形式，让每个参与节点都能获得一份完整数据库的拷贝。每一笔交易都可以通过密码学算法与相邻两个区块串联，实现交易的可追溯性。

（4）匿名性。区块链的运行规则是公开透明的，数据信息也是公开的，节点间无须互相信任，因此节点间无须公开身份，系统中的每个参与的节点都是匿名的。参与交易的双方通过地址传递信息，即便获取了全部的区块信息也无法知道参与交易的双方到底是谁，只有掌握了私钥的人才能开启自己的"钱包"。

（5）系统和数据的高可靠性。从技术层面出发，区块链技术的核心实际上是分布式数据库。基于分布式数据存储的方法，实现区块链网络中所有节点完整数据信息的复制。区块链中全部节点都参与到数维护中，并且参与的节点都存有完成的记录信息。也就是说，如果不能同时控制系统中半数以上的数据节点，那么任何修改都无法对数据造成影响，其他节点内存储的信息依旧不会出现变化。所以，区块链中的节点数量与其计算能力、数据安全水平成正比。

（6）高拓展性和包容性。以区块链技术为核心构建的数据库，再经过一段发展时间后有一定概率转变为多个覆盖全球的巨型数据库，也就是公有链。当前，所有类型的价值交换活动都能够借助这些公有链实现。

3. 区块链的核心技术

（1）分布式账本技术（DLT）。交易记账由分布在不同地方的多个节点共同完成，而且每一个节点均可记录完整的账目。区块链每个节点都按照块链式结构存储完整的数据，每个节点的存储都是独立的，依靠共识机制保证存储的一致性。

这种分布式记账技术实质上是去掉中心化中央大账本，区块链本质上是一个去中心化的分布式账本，这种账本不可作弊、不可私自更改、不可摧毁，其本身是一系列使用密码学而产生的互相关联的数据块。通过分布式记账技术，可以确保账本记录整个过程完全公开透明，由于没有中心化的中介机构存在，让所有的东西都通过预先设定的程序自动运行，不仅能够大大降低成本，也能提高效率。

分布式账本推行实现去中心化的后交易过程，并支持分布式数据库的资源共享，同步副本，最终也可以减少对账过程的数量，去中心化可以使得节点更好地控制自己的信息，虽然传统的分布式数据库依赖于可信节点，并将账本的副本保存在由中央管理员控制的安全边界内，但是在金融业，与不受信任的第三方竞争的环境中安全运行的能力是任何潜在应用的关键组成部分。区块链技术是通过一系列数据加密工具措施，以及多类别的特定架构组合来实现。各个区块中的数据均依赖于前序的区块，这种依赖关系使逆向修改数据库变得难如登天。

（2）非对称加密算法。加密和解密使用相同密钥的加密算法是对称性的加密，必须保证加密算法、密钥管理、密钥传递的绝对安全可靠，绝对的安全谁也不能长久地保证，这是对称加密无法克服的缺点。

有无法克服的缺点、有必然需求的市场，就会催生新技术的革命。到了 1976 年，美国学者 Whitfield Dime 和 Martin Henman 提出了公钥密码机制，可以解决信息公开传送和密钥管理问题，这种密钥交换协议，允许在不安全的媒体上的通信双方交换信息，安全地达成一致的密钥，被称为"公开密钥系统"。这标志着加密和解密可以使用不同的规则，非对称加密开始应运而生。

非对称加密算法与对称加密算法不同，需要两个密钥：公开密钥和私有密钥。公开密钥与私有密钥是一对，如果用公开密钥对数据进行加密，只有用对应的私有密钥才能解密；反之，如果用私有密钥对数据进行加密，那么只能用对应的公开密钥才能解密。因为加密和解密使用的是两个不同的密钥，所以这种算法叫作非对称加密算法。

价值信息转移过程的信任机制，主要通过非对称加密算法实现，即通过私钥来"验证你的拥有权"，通过公钥来"验证你对发送的价值信息数据是否授权确认"。存储在区块链上的交易信息虽然是公开的，但是账户身份信息被高度加密，保证了数据安全和个人隐私。

（3）共识机制。区块链上发生的每一笔交易都需要完成共识才可被确认。共识保证了交易在分布式的多节点间达成一致的执行结果。这既是认定的手段，又是防止篡改的主要手段。由于准入机制的差异，公有链和联盟链一般会采用不同的共识算法。

（4）智能合约。智能合约基于可信的不可篡改的既定代码可自动化地执行预先设定好的规则条款，从而承担多样性的业务逻辑。智能合约一旦确定，相关资金就会按照合约执行，任何一方都不能控制或者挪用资金，以确保交易安全。记录在区块链上的智能合约具备不可篡改和无须审核的特性。

智能合约，简而言之就是一套以数字形式定义的承诺，包括合约参与方可以在上面执行这些承诺的协议。其中，一套承诺指的是合约参与方同意的权利和义务。这些承诺定义了合约的本质和目的。数字形式则意味着合约不得不写入计算机可读的代码中。这是必须的，因为只要参与方达成协定，智能合约建立的权利和义务，是由一台计算机或者计算机网络执行。

二、软件智能化开发支撑技术

智能化软件开发需要很多的理论与方法的支持，软件分析是对软件进行人工或者自动分析，以验证、确认或发现软件中存在的问题，是伴随整个软件开发过程的不可缺少的活动。要使软件系统不断适应外界的改变，软件必须不断演化，深入研究软件演化的规律具有重要的意义。科学的软件架构是软件开发、维护和灵活演化以适应变化的基础，在这个过程中，需要不断提炼出相对不变的模式，设计模式就是一类用来解决问题的最佳方案。对于那些已经存在的不尽人意的系统，可以通过软件重构的方法，改善和提高其质量和性能。软件控制论强调基于软件开发和维护过程的不断反馈进行持续优化，以达到对软件系统的科学调优和演化。目前，人们在实践中已经提出了 20 多种软件工程的理论和方法，它们相互启发、相互借鉴，为软件工程的发展和智能化软件的开发提供了重要的支撑。

（一）软件分析

软件分析是指对软件进行人工或者自动分析，以验证、确认或发现软件性质（或者规约、约束）的过程或活动。软件由程序和文档组成，软件分析包括程序分析和文档分析。文档分析对象为需求规约、设计文档、代码注释等；程序分析是对计算机程序进行自动化处理，以确认或发现其特性，比如性能、正确性、安全性等。程序分析包括对源代码的分析（静态分析）和对运行程序的分析（动态分析）。程序分析的结果可用于编译优化、提供警告信息等，比如被分析程序在某处可能出现指针为空、数组下标越界的情形等。

与程序分析密切相关的两类方法是形式验证及测试，前者试图通过形式化方法严格证明程序具有某种性质。目前，其自动化程度尚有不足。测试方法多种多样，在实际工程中广泛使用。这些方法也是以发现程序中的缺陷为目的，一般都需要人们提供输入数据，以便运行程序和观察输出结果。

软件分析的动机是软件缺陷的存在，其目的在于发现软件中的缺陷，分析软件中缺陷的来源分布。将软件分析分为程序分析和文档分析是很有必要的，文档分析一样不可忽视。

软件分析考虑的对象包括对源代码的分析，对文档（含需求规约、设计文档、代码注释等）的分析，对运行程序的分析，不考虑对软件过程、软件人员与软件组织等的分析。软件分析包含三项任务：

　·验证：软件制品是否与软件需求规约一致。

　·确认：软件的特性是否符合用户需求。

　·发现：在没有事先设定软件某个性质的前提下，通过分析发现软件的某种性质。

软件分析的方法很多，由于篇幅的限制，我们这里不展开介绍。

（二）软件演化

软件演化是指在生命周期中软件不断被改变、调整、加强，以便达到所期望状态的行为和过程。在现代软件系统的生命周期内，软件演化是一项贯穿始终的活动，系统需求的改变、软件体系结构的改变、实现功能的增强、新功能的加入、软件缺陷的修复、运行环境的改变等，无不要求软件系统应该具有较强的演化能力。

从 20 世纪 70 年代概念被提出，发展到现在，软件演化已经成为软件工程学科中一个非常活跃和备受关注的研究领域。软件演化的研究涵盖了软件生命周期中各个方面的变化，包括软件开发过程的变化，程序代码的变化，软件维护的变化，等等。软件演化研究领域目前有两大主流观点，一种是 What and Why 观点，一种是 How 观点。What and Why 观点是将软件演化作为一门科学学科，主要研究软件演化现象的本质规律，分析和解释软件演化的驱动因素、影响等，该观点主要是对软件演化进行基础理论方面的研究。How 观点是将软件演化作为一门工程学科，主要研究软件演化中有助于软件开发的相关方面，该观点主要关注软件演化的技术、方法、工具，以及指导、实现并控制软件演化的相关活动。

软件演化研究致力于理解什么是决定软件系统演化的主要机制，努力发现软件开发过程，程序代码、软件维护等变化之间的关系，以使软件开发者可以采用更加有效的技术进行软件开发，并指导软件演化，以适应各类变化，减少软件维护的代价。软件演化研究对于延长软件的生命周期、提高软件对环境变化的适应能力，降低软件的开发成本等具有极其重要的意义。但是，软件演化还存在一系列的问题没有得到根本解决。如何科学、可靠地进行软件演化是目前软件工程领域中面临的一个主要挑战。

支持动态演化的软件能在运行时改变软件系统的实现，包括完善、扩充软件系统功能，改变软件体系结构等，而不需要重新启动或者重新编译软件系统。对于一般的商业应用软件来说，如果具有动态演化的特性，软件系统不需要重新编译就可更新和扩充功能，将大大提高软件系统的适应性和敏捷性，从而延长软件的生命周期，增强竞争力。而对于一些执行关键任务的软件，尤其是一些基于互联网，应用于金融、交通、国防等领域的分布式软件，通过停止和重启软件系统来实现演化可能导致不可接受的延迟、代价或危险。例如，航空交通控制软件、全球性金融交易软件等必须以 7×24 小时的方式运行，但又经常需要演化以适应外部环境和需求的变化，它们必须在不停机甚至质量不降低的前提下进行扩展和升级。这些扩展和升级迫切需要通过以动态演化的方式来进行。

可见，软件动态演化的能力日益重要。由于具有持续可用等优点，软件动态演化日益得到学术界和工业界的重视，已经逐渐成为软件工程领域研究的热点。

（三）软件架构

软件架构是软件系统的核心，其对软件开发整个生命周期的影响都是深远的，并随着软件系统生命周期的结束而终结。同样的，软件架构对从事软件开发的组织也将产生深远的影响。软件架构及其开发组织者是相互影响，相互帮助，共同发展。

软件系统的目的和它要完成的具体需求不可避免地要和组织性开发系统的目标和期望相联系。一个软件系统的动机、形式和结构都是系统成功的关键，也是组织性开发系统的关键。这将软件架构牢牢地安置在了开发软件系统的机构的软件业务场景中。

软件开发业务是一个协调不同的利益相关者（客户、用户、设计人员、开发人员、管理人员、投资者等）的过程。软件架构与它所完成的功能一样，定位于需要什么（软件需求）和如何处理那些需求（软件设计）的接触面上，它可以提供不同利益相关者之间的通信媒介。

一个系统的软件架构视图可以用来说服投资者确信系统的长期相关性和生存能力。软件架构设计可以用来向用户阐述系统能够以满足用户的方式来完成它的任务。用户可以根据它的软件架构来增加对系统的交互了解。

软件架构具有一个关键作用，就是促进商业环境的沟通，这是由软件架构师来完成的。因此，软件架构师与软件开发企业中的所有关键利益相关者都享有一个广泛的专业关系。

1. 软件架构的作用

目前，软件架构尚处在迅速发展中，越来越多的研究人员正在把注意力投向软件架构的研究。用于对软件架构进行规格描述的模型、标记法和工具仍很不正规，许多项目都是在回顾时才发现问题出在结构上，因结构局限性付出太大的代价。软件架构的作用主要体现在以下几方面：

第一，软件架构与需求是密切相关的。明确的需求可以制定明确的软件规格，根据明确的规格设计出来的软件架构更清晰。需求的变更也是必须要考虑的，明确的变更趋势也可以更早地在设计中体现出来。

第二，在定制软件规格的阶段要考虑一个问题，就是这个项目中的关键技术，应验证这些技术是否可行，如果稳定可靠才能采用，这样制定的规格才能符合实际。这个工作应作为结构设计上的重要参考。

第三，如果有明确的需求和规格，应进行详细的结构设计，从用例图到类图，再到关键部分的序列图、活动图等，越详细越好。多与别人交流，尽量让更多的人了解你的设计，为设计提出建议。结构设计应注重体系的灵活性，一定要考虑各种变更的可能性。这是最关键的阶段，但这通常是理想状态，一般来说，客户不会给出太明确的需求。例如，如果需要写出一个原型，首先应该写出界面，不实现具体功能，让用户试用。如果没有用户界面，试写一个能工作的最小系统，同样给用户试用。这样你和用户才能对这个软件有感性认识。然后与用户讨论，记录用户的反馈。这是一个不断循环的过程。因此，开发人员必须对这个体系有深入的了解，了解它的内部结构和如何扩展，记录遇到的问题。测试人员可针对这个体系设计测试程序，如可能的性能缺陷等。在测试时期，记录软件架构导致的问题以便借鉴。

第四，软件架构层的软件重用。最有效的软件重用是在软件架构层的重用。软件架构层的重用是指将软件的框架组织、全局结构等作为一个整体加以重用。与软件逻辑结构相比，软件架构更着重于系统与各子系统、各子系统之间的相互关系而非数据结构和算法.应用生成器和可重用软件架构均是重用系统设计，但应用生成器一般只适用于特定应用领域，隐含重用架构的信息，而可重用软件架构则通常是显式重用软件架构，并可以通过集成其他架构建立新的更高层次的软件架构。软件架构的抽象直接来源于应用领域，可以用领域语言描述。从领域语言描述到实现可以全部通过自动映射来实现，开发者可通过选择特定的软件架构来适应不同应用的需求。软件架构层的重用吸取了其他软件可重用对象的优点，是目前最理想的可重用软件对象。建立一个完备的软件架构库，以及用于支持管理软件架构的软件开发环境，形成一种新的基于软件重用的软件开发基准，将对今后的软件开发产生重要的影响。

2. 软件架构的意义

第一，能够保证概念的完整性和系统的质量。软件架构能够在变更中保持概念的完整性和系统的质量，它保证了系统所要求的所有功能和质量属性，满足了客户的需求，融合了技术的更新。同时也延长了系统的寿命，使系统更容易进化，增加了系统的弹性以及应变能力。

第二，控制了系统实现的复杂性，排除了分解到构件的复杂度，并且隐藏了软件实施的细节，封装性更好，同时也满足了不同的专业技术人员的需求。

第三，使系统实现了可预见性，主要包括过程可预见性和行为可预见性。允许用户收集度量指标、开发成本度量指标以及进度的度量指标，同时也迭代排除了关键风险。

第四，使系统具有可测试性。构件化的系统具有更好的支持能力，更容易诊断错误，有更好的跟踪能力和发现错误的能力。

第五，使系统的重用性更好。软件架构定义了替换规则，构件的接口定义了物理边界，同时软件架构使得各种粒度的重用成为可能。

第六，丰富了沟通的方式和渠道。软件架构支持利益相关者之间的沟通，不同的视图定位了不同利益相关者的关注点。

3. 软件架构过程

软件架构师执行的所有任务往往都很重要，但真正重要的是软件架构设计的质量。一个糟糕的设计往往毫无意义，即使拥有出色的需求文档和与利益相关者的密切联系。毫无疑问，设计通常是一个软件架构师所需承担的最困难的任务。优秀的软件架构师往往能利用其多年的软件工程和设计经验来设计出一个合适的软件架构，这种经验是无法替代的。因此，本节所能做的就是帮助读者尽快获得一些必要的知识。

为了通过应用软件架构的定义来指导软件架构师，遵循一个定义的软件架构过程是非常有必要的。简而言之，步骤如下：

第一，定义软件架构要求。这涉及创建一个声明或模型的需求，这些需求将驱动软件架构设计。

第二，架构设计。这涉及定义构成软件架构的组件的结构和职责。

第三，验证。这涉及"测试"软件架构，通常通过遍历设计、针对现有需求以及任何已知或可能的未来需求进行测试。

(四) 设计模式

1. 设计模式的定义与基本要素

设计模式是针对面向对象系统中重复出现的设计问题，系统化地命名，激发和解释出的一个通用的设计方案，描述了问题、解决方案、在什么条件下应用该解决方案及其效果，还给出了实现要点和实例。某解决方案是解决某问题的一组精心安排的通用的类和对象，再经定制和实现就可以用来解决特定环境中的问题。

一般而言，一个模式有 4 个基本要素：

（1）模式名称：即用一两个词来描述模式的问题，解决方案和效果。命名一个新的模式直接地增加了我们的设计词汇。设计模式允许我们在更高的抽象层次上进行设计。基于一个模式词汇表能够让我们自己以及和他人在讨论模式与编写文档的时候使用它们。模式名帮助我们思考并且有助于我们与其他人交流设计思想和结果。找到合适的模式名是设计模式编目工作的难点之一。

（2）问题：描述了什么时候应用模式。它解释了问题和问题存在的环境，可能描述特定的设计问题，如怎样用对象来表示算法等；也可能描述导致不灵活设计的类或对象结构。有时候，问题会包括使用模式必须满足的一系列先决条件。

（3）解决方案：描述了设计的组成部分，它们之间的相互关系、各自的职责以及协作方式。因为模式就像一个模板，可应用于多种不同场合，所以解决方案并不描述一个特定而具体的设计或实现，而是提供设计问题的抽象描述和怎样用一个具有一般意义的元素组合（类或对象组合）来解决这个问题。

（4）效果：描述了模式应用的效果及使用模式应权衡的问题。尽管描述设计决策时并不总提到模式效果，但它们对于评价设计选择和理解使用模式的代价及好处具有重要意义。软件效果大多关注对时间和空间的衡量，故它们也描述了语言和实现问题。因为复用是面向对象设计的要素之一，所以模式效果包括它对系统的灵活性、扩充性或可移植性的影响，显式地列出这些效果对理解和评价这些模式很有帮助。

2. 设计模式的特征

一个设计模式有广为人知的外在表现或行为，可被反复使用来解决同类问题。一个好的面向对象设计人员必须精通这些模式，透彻理解其中对象之间的关系。掌握了这些设计模式，在系统分析和设计中就不是采用单个类，而是有效地反复采用模式进行模型的设计，高效率、高质量地进行软件开发。在设计模式中，对象之间通过属性互相联系，不随时间而变化，因此称其为静态设计模式。

设计模式的特征有：

（1）简单性：只包含少数几个类。

（2）灵巧性：精巧并能解决实际问题。

（3）验证性：已经在若干个实际运行的系统中成功地完成测试验证。

（4）通用性：在各种系统设计中可以解决同类问题。

（5）复用性：可在各种系统的各个层次的系统设计中反复使用。

一个通用设计模式用问题描述说明其使用范围和解决的问题，用类和对象来描述问题的解决办法。如果我们能掌握设计模式的精髓，利用模式进行系统设计，就可以达到事半功倍的效果。

3. 设计模式的分类

根据模式的使用目的将设计模式分为三大类：创建型，结构型和行为型。创建型模式与对象的创建有关；结构型模式处理类或对象的组合；行为型模式对类或对象怎样交互和怎样分配职责进行描述。

创建型模式有 5 种：工厂方法模式，抽象工厂模式，单例模式，建造者模式和原型模式。

结构型模式有 7 种：适配器模式，装饰器模式，代理模式，外观模式，桥接模式，组合模式和享元模式。

行为型模式有 11 种：策略模式，模板方法模式，观察者模式，迭代器模式，责任链模式，命令模式，备忘录模式，状态模式，访问者模式，中介者模式和解释器模式。

创建型类模式将对象的部分创建工作延迟到子类，创建型对象模式则将它延迟到另一个对象中。结构型类模式使用继承机制来组合类，结构型对象模式则描述了对象的组装方式。行为型类模式使用继承描述算法和控制流，行为型对象模式则描述一组对象怎样协作来完成单个对象无法完成的任务。

有些模式经常会被绑在一起使用，例如组合模式常和迭代器模式或访问者模式一起使用；有些模式是可替代的，例如原型模式常用来替代抽象工厂模式；有些模式尽管使用意图不同，但产生的设计结果是很相似的，例如组合模式和装饰器模式的结构体是相似的。

可根据模式的"相关模式"部分所描述的它们怎样互相引用来组织设计模式。

（五）软件重构

1. 软件重构的概念

随着需求和环境的不断变化，软件代码不断被修改和升级，其质量也不断降低。面向对象程序设计语言的出现使得人们对软件的修改变得更加容易，很多人认为只需针对新的需求增加几个类即可。但实际上，在添加新类时需要考虑类之间结构关系的变化，有时可能涉及不同类之间变量和方法的移动，甚至需要根据不同抽象程度将现有类进行分解、合并和派生。同时，不断变化的代码也会带来命名不一致、重复等问题，使得人们对代码的理解和维护变得更加困难，导致软件维护成本在软件开发中所占比例增大，最终造成软件整体质量下降的问题。

随着软件规模的不断变大，软件演化与维护成本占据了软件开发总成本的绝大部分，不可避免地成为软件周期的一部分。为了提高软件演化效率，有人提出了针对应用框架的重构技术，以方便演化过程、提高演化效率和降低维护成本。软件重构指的是在不改变软件外部特征的情况下，通过调整软件内部结构来提高软件的可理解性、可维护性和可扩展性。软件重构是提高软件质量的重要方法，其核心思想是通过优化类、变量和方法使程序具有扩展性和适应性。

随着研究的深入，软件重构技术不再限制于应用框架，而是适用于所有面向对象程序。重构技术流行起来，不断被越来越多的软件工程师所接受和使用。目前，几乎所有流行的集成开发工具都自带重构功能，如 Eclipse 提供了 Refactoring 模块用于重构，Visual Studio 提供了 Refactor 菜单用于重构等。

2. 软件重构规则

软件重构的方法由具体问题确定，针对一些常见代码坏味问题，相应的软件重构方法总结如下：

（1）重命名。重命名用以解决类名、方法名、域名和参数名等各类标识符的名称问题，包括方法名与方法功能不一致、标识符名称无意义或结构不合理等。

（2）提取方法。提取方法指将程序中的一段代码提取为一个方法，可用于解决重复代码、长方法、特征依赖、Switch 语句等代码坏味问题。

（3）移动方法/域。移动方法/域指将方法或域从一个类移动到另一个类中，可用于解决平行继承关系、散弹式修改、特征依赖等代码坏味问题。

（4）提取接口。提取接口指将某些类的公共属性和行为抽象为接口，使类的部分内容由继承关系得到，从而有效解决代码坏味中的大类问题。

（5）引入参数对象。引入参数对象指将某些零散的参数列表整合为一个参数对象，从而有效解决代码坏味的长参数列表问题。

3. 软件重构流程

软件重构工作的基本流程：进行软件重构时，首先需要确定软件的哪一部分存在代码坏味问题，即标识需要重构的代码；然后针对特定的代码坏味问题选择合适的重构方法，在保证所应用的重构方法不改变软件外部行为的情况下执行重构。重构操作执行结束后，还需要对重构所带来的软件复杂性、可理解性和可维护性等质量特性进行评价。最后，检查软件代码与需求文档、设计文档等其他部件的一致性。

（六）软件控制论

控制论是研究动物（包括人类）和机器内部的控制与通信的一般规律的学科，着重于研究过程中的数学关系。控制论是综合研究各类系统的控制、信息交换、反馈调节的科学，是跨人类工程学、控制工程学、通信工程学、计算机工程学、一般生理学、神经生理学、心理学、数学、逻辑学、社会学等众多学科的交叉学科。

"控制"的定义是：为了"改善"某个或某些受控对象的功能或发展，需要获得并使用信息，以这种信息为基础而选出的、于该对象上的作用，就叫作控制。由此可见，控制的基础是信息，一切信息传递都是为了控制，进而任何控制又都依赖于信息反馈来实现。信息反馈是控制论的一个极其重要的概念。通俗地说，信息反馈就是指由控制系统把信息输送出去，又把其作用结果返送回来，并对信息的再输出发生影响，起到制约的作用，以达到预定的目的。

软件工程，简单地说，就是将工程化应用于软件，即将系统化的、规范化的、可度量的方法应用于软件的开发、运行和维护的过程，采用工程的概念、原理、技术和方法来开发与维护软件。

软件控制论是探讨软件工程理论和控制理论相互渗透的交叉理论，该理论通过将软件（软件工程）问题归结为控制问题，以及将控制问题归结为软件问题，研究这两个领域的互补和结合，从而达到分别发展这两个领域的作用。

控制论的研究可以为控制软件复杂性、软件的修改变化提供更方便、更有效的方法，即可以利用控制论的原理和技术解决软件开发过程中的问题。这种对软件过程进行监督和控制的软件控制论也叫一阶软件控制论。

软件过程和软件系统应是自主、可信、经济的（ADA），其实现的手段是工程化科学和技术。因此，软件工程是将软件过程和软件系统工程化为 ADA 的科学和技术，即软件 ADA 科学与技术。

软件构造是一种工程化过程。软件工程的基本指导思想是将工程化的方法引入软件构造或生产过程。软件的构造不再是个人艺术，而是一种可重复的过程，旨在实现三大目标：保证软件质量、确保软件生产进度、控制生产费用。对软件生产各个阶段实行有效控制是实现这三大目标的根本，显然，软件控制论的研究和实践可为软件工程的发展做出实质性贡献。

计算是一种控制过程，在串行计算和并发计算中，存在控制机理，只是其作用被隐含其中，并未被突出。服务是一种控制系统，将控制的思想方法引入基于服务的软件系统，可使得服务至少包含两个基本部分，一部分是正常运行部分，另一部分是监督部分，用于处理非正常情况。这就形成了服务即控制系统（SaaCS）的理念。

软件控制论旨在探讨计算机软件领域与控制领域的交叉、跨学科研究，其核心科学问题是，如何建立软件行为的控制模型、设计方法和控制理论，以实施对它们的有效、定量化的控制。一般地说，软件控制论关注四个方面的问题：如何形式化和定量化刻画软件行为的反馈和自适应控制机制；如何将控制原理和理论应用于改进软件开发过程和控制软件系统运行行为；如何将软件工程原理和理论应用于控制系统设计和综合；如何为软件工程和控制工程建立统一的原理和理论框架。

（七）软件工程的理论与方法

软件工程的提出是为了解决软件危机所带来的各种弊端。具体地讲，软件工程的目标主要包括以下几点：

第一，使软件开发的成本能够控制在预计的合理范围内。

第二，使软件产品的各项功能和性能能够满足用户需求。

第三，提高软件产品的质量。

第四，提高软件产品的可靠性。

第五，使生产出来的软件产品易于移植、维护、升级和使用。

第六，使软件产品的开发周期能够控制在预计的合理时间范围内。

实际上，可以把上述各个目标概括为开发正确，可用和经济的软件产品。当然，在实际的软件开发过程中，软件开发团队很难同时兼顾所有的目标。通常，人们会根据实际项目的情况，对各个目标做优先级排序。

通常，把在软件生命周期全过程中使用的一整套技术方法的集合称为方法学，也称为范型。目前，使用最广泛的软件工程方法学是传统方法学和面向对象方法学。

1. 传统方法学

传统方法学也称为生命周期方法学或结构化范型，它采用结构化技术（结构化分析、结构化设计和结构化实现）来完成软件开发的各项任务，并使用适当的软件工具或软件工程环境来支持结构化技术的运用。

其特点：

第一，把软件生命周期的全过程划分为若干阶段，然后顺序地完成每个阶段的任务。

第二，前一阶段的完成是后一阶段开始的前提和基础，后一阶段任务是前一阶段提出的解法的进一步的具体化。

第三，每一阶段结束之前都必须进行正式严格的技术审查和管理复审。

第四，每一阶段都必须交出高质量的文档资料。

其优点：

第一，把整个软件生命周期划分成若干阶段，每个阶段任务相对独立，有利于不同人员的分工协作。

第二，每一阶段结束之前都必须进行正式严格的技术审查和管理复审，使软件开发工程的全过程以一种有条不紊的方式进行，保证了软件的质量，特别是提高了软件的可维护性。

其缺点：这种技术要么面向行为（即对数据的操作），要么面向数据，还没有既面向数据又面向行为的结构化技术。数据和对数据的处理原本是密切相关的，把数据和操作人为地分离成两个独立的部分，自然会增加软件开发与维护的难度。与传统方法相反，面向对象方法把数据和行为看成同等重要，它是一种把数据和对数据的处理紧密结合起来的方法。

2. 面向对象方法学

面向对象方法学包含以下四个要点：

第一，对象包含数据和对数据的处理，用对象分解代替了功能分解。

第二，把所有对象划分成类。

第三，按照父类和子类的关系，把若干个相关类组成一个层次结构的系统（类等级），子类自动拥有父类的数据和操作（类继承）。

第四，对象彼此间通过发送消息互相联系。

其优点：

第一，对象所有私有信息都被封装在该对象内，不能从外界直接访问，具有封装性。

第二，模拟人类习惯思维方式，使描述问题的问题空间与实现解法的解空间在结构上尽可能保持一致。

第三，开发出的软件产品由许多小的、相对独立的对象组成，降低了软件产品的复杂度，简化了软件开发和维护工作。

第四，面向对象的继承性和多态性，进一步提高了面向对象软件的可重用性。

第二节 计算机软件开发的质量保障

随着计算机应用领域的迅速扩大和计算机系统的日益庞大和复杂，出现了"软件危机"。软件危机造成了软件质量下降、成本不受控制、软件的维护性差等问题人们最初认为这是由于软件技术的原因，忽略了软件质量管理后来，人们开始重视软件质量，使用各种测试方法和管理手段来保障软件质量有效的软件工程方法和工具、软件产品控制，软件质量评测、软件质量管理过程等构成了完善的软件质量保证体系。

软件测试是软件质量保证工作的一个活动，即软件测试是软件质量保证工作的一个子集。软件质量保证工作包括评审、配置管理、风险管理、测试、建立标准、进行度量等一系列活动好的软件质量可以理解为：①软件需求是衡量软件质量的根本，脱离了用户需求就谈不上质量的好坏；②软件设计灵活、易读、易于理解，便于维护和扩展；③软件具有美观的界面，各元素的摆放符合普通用户的习惯；④软件开发周期中各阶段输入、输出齐全、规范，便于配置、管理。

一、软件质量的模型

（一）McCall 与 Boehm 质量模型

1. McCall 质量模型

McCall 质量模型于 1977 年，该模型中提出了影响质量因素的分类[1]。软件质量因素按一定方法分组，每组反映软件质量的一个方面，称为软件质要素。

一个质量要素可以存在多个衡量因子，即多方面衡量。每个衡量标准由一系列具体的度量构成。其中 11 个软件外部质量特性（易维护性、灵活性、易测试性、易移植性、易复用性、可互操作性、正确性、可靠性、有效性、完整性、易用性）为软件质量要素，集中在软件产品的 3 个重要方面：产品操作、产品修改、产品改型。另外，还定义了 23 个内部质量特征，比如一致性、准确性、容错性、简单性、模块性、通用性、可扩展性、工具性、执行效率、存储效率、可操作性等，构成了软件质量属性。通过外部的质量要素反映出内部的质量属性。

2. Boehm 质量模型

1978 年，Boehm 质量模型与 McCall 在度量特征的层次上相似，但是包含了用户期望和需要的概念。

Boehm 质量模型基于更广泛的质量特征，一共有 19 个标准，涵盖了 McCall 质量模型中没有的硬件特性。但也存在与 MaCall 质量模型同样的问题。

（二）ISO/IEC 9126 与关系模型

1. ISO/IEC 9126 质量模型

1991 年颁布了 ISO/IEC 9126-1991 标准《软件产品评价——质量模型》，其质量模型分为 3 个：使用质量模型、内部质量模型、外部质量模型。这 3 个模型是相互依赖、相互影响的，使用质量主要有 4 点：有效性、生产率、安全性，满意度。本模型的第一层和第

---

[1] 吕兰兰，黄丽韶，张雷. 软件工程 [M]. 北京：中国铁道出版社，2018.

二层关系比前面两个模型更加清楚。

内部和外部的 6 个质量特征可以继续分成更多的子特征。这些子特征在软件作为计算机系统的一部分时会明显地表现出来，并且成为内在的软件属性结果。

下面是内部和外部质量模型给出的 6 个质量特征说明：

第一，功能性。软件是否满足了客户要求。

第二，可靠性。软件是否一直处在一个稳定的状态。

第三，易用性。衡量用户能够使用软件的难易程度。

第四，效率。软件正常运行需要耗费的资源。

第五，可维护性。衡量对已有的系统进行调整的难度。

第六，可移植性。衡量软件是否可以方便地切换到其他平台。

2. 关系模型

McCall 质量模型、Boehm 质量模型和 ISO/IEC 9126 质量模型都属于层次模型，另外一种主流的软件质量模型为关系模型，关系模型反映质量要素之间的正面、反面及中立的关系。

正面关系是指在一个质量要素方面有较高的质量，在另一个质量要素方面也会具有较高的质量，如易维护性和易复用性；反面关系是指在一个质量要素方面有较高的质量，在另一个质量要素方面会具有较低的质量，如易移植性与有效性；中立的关系即无关，是指质量要素之间不依赖、不影响。

二、软件质量的组织形式与行为准则

(一) 软件质量的组织形式

软件质量人员的组织形式随着不同行业的特点会有多样性，主要有以下两种：

1. 以项目经理为核心的组织结构

工作开展以项目组为单位，需求、开发、测试、质量管理人员直接向项目经理汇报工作，项目经理对部门经理汇报工作。

以项目经理为核心的组织结构的优点：与项目其他成员联系紧密，便于交流和发现、解决问题。

2. 扁平化结构

设立了专门的质量管理部门，与应用开发部门平级。质量管理人员同时向项目经理和质量管理经理汇报工作。

优点：由质量管理部门的经理对质量管理人员进行考核，有利于保证考核的独立性和客观性，也有利于确保组织的长期利益与项目（或个人）的短期利益之间的平衡；质量管理资源为所有项目所共享，可按照项目优先级动态调配，资源利用更充分；此外，质量管理部门对流程的改进、知识的管理、人员的发展负责，并可集中资源进行质量管理平台的建设，以防止重复性的投资。

（二）软件质量的行为准则

作为软件质量人员，在保障质量的过程中应准许的行为准则包括：

第一，以过程为中心，应当站在过程的角度来考虑问题，保障了软件工作每一步，基本上结果不会差距太大。

第二，要有专业的服务精神，帮助项目组确保正确执行过程。

第三，深刻了解企业的流程，并具有一定的过程管理理论知识。

第四，需要对开发工作的基本情况了解，以便能够理解项目的活动。

第五，具备良好的沟通技巧，善于沟通，能够营造良好的气氛。

三、软件质量的保证与控制

（一）软件质量的保证内容

软件质量保证的目的是使软件过程，对于管理人员来说是可见的，它通过对软件产品和活动进行评审和审计来验证软件是否合乎标准，软件质量保证人员在项目开始时就一起参与建立计划、标准和过程，使软件项目满足机构方针的要求。

IEEE 中对软件质量保证定义为，软件质量保证是一种有计划的、系统化的行动模式，它是为项目或者产品符合已有技术需求提供充分信任所必需的。也可以说，软件质量保证是设计用来评价开发或者制造产品过程的一组活动，这组活动贯穿于软件生产的各个阶段即整个生命周期测试是软件质量保证的有效手段，但不是唯一的手段。软件测试和软件质量保证之间相互关联、相互依托，在很多公司软件成熟度没有达到高级别前，测试部门的一部分职能就是承担执行内部质量管理的工作。另外，很多公司的质量管理人员也是从测试部门转过来的。

1. 软件质量保证目标

软件质量保证的目标可以拆分到软件生命周期的每个重要阶段：

（1）需求质量。完备的需求分析是高质量软件的前提。若所开发出来的软件与用户所希望的不一致，软件开发得再"好"也没有意义，需求模型的正确性、完整性和一致性将对所有后续工作产品的质量有很大的影响。软件质量保证必须确保软件团队严格评审需求模型，以达到高水平的质量。

（2）设计质量。设计阶段是通过设计方法找出软件实现更好的方法，不良设计并不会像需求分析失误那样很容易暴露出其本质，如果参与者不具备一定的洞察力不易发现隐藏在现象背后的不良设计本质，软件团队应该评估设计模型的每个元素，以确保设计模型显示出高质量，并且设计本身符合需求 SQA 寻找能反映设计质量的属性。

（3）代码、文档、质量。源代码和相关的产品文档，必须符合本地的编码标准和文本规范，易于维护和回溯。

（4）软件流程规范。软件生命周期各阶段需要严格遵循软件开发流程规范，每个阶段进行行为纠错，最终的结果偏离会基本可控。

2. 软件质量保证要素

软件质量保证有以下工作要点：

（1）推行软件工程标准。在软件开发过程中，依据 IEEE、ISO 及其他标准化组织制定的一系列科学的软件工程方法和工具来保证开发软件的质量。通过遵循所采用的标准保证产品符合标准。

（2）组织评审和审核。前者是由软件工程师执行的质量控制活动，目的是发现错误；后者是一种由软件质量保证工程师执行的评审，意图是确保软件工程工作遵循质量准则。在软件开发的每个阶段都要进行审核，对质量进行评价，可以及早发现软件开发过程中可能引起软件质量问题的潜在错误。

（3）加强测试。软件测试是软件质量保证的重要手段，测试可以发现软件中大多数隐藏的错误，测试越充分，隐患暴露越彻底。质量管理人员要确保测试计划适当和有效实施，以便尽可能地实现软件测试的基本目标。

（4）严格控制软件修改和变更。软件修改和变更是影响软件的一个不可忽视的危险因素，且几乎每个软件都会有修改和变更的情况发生。如果没有适当的管理，变更可能会导致混乱，而混乱会直接导致软件的质量低下。软件质量保证确保进行足够的变更管理实践。

（5）对软件质量进行度量。软件质量管理要求对软件质量进行跟踪，就必须进行软件质量度量，并对软件质量情况及时记录和报告。

3. 软件质量保证过程

软件质量保证过程主要是针对软件生命周期过程中的计划阶段、需求分析阶段、设计阶段、编码阶段、测试阶段、系统交付和安装阶段中质量保障工作的描述。

（1）计划阶段。计划阶段主要根据所开发项目的目标、性能、功能和规模来确定项目所需要的资源，并对项目开发费用和开发进度做出估计，以便在不超出项目预算和工期的前提下，将高质量的产品交付给客户。

软件质量管理计划涉及与软件质量相关的所有需求，这些需求要在产品中实现，并保证用于构建产品的项目过程。

项目计划阶段的软件质量保证工作主要是确保制订了软件项目管理计划，另外还有配置管理计划和项目管理计划，并对计划进行评审、批准并确立。

（2）需求分析阶段。需求分析阶段要确保需求说明和需求管理是按照相关的质量标准和指定的流程完成的；确保客户提出的需求是可行的；确保向用户提供为满足其所提出的需求而实际构建的适当软件系统；确保规格说明书与系统需求保持一致；确保已建立了测试策略；确保已建立了现实的开发进度表；确保已为系统设计了正式的变更规程。

（3）设计阶段。软件设计是软件开发的重要阶段，是把软件需求转换为软件表的过程，也是将用户需求准确转化为软件系统的唯一途径。在需求分析质量得到保证的前提下，软件设计质量是最重要的，关系到软件的最终实现。

项目组需要选择能提高软件质量和软件生产力的工具，从而缩短软件开发周期要确保建立了设计标准，并且按照该标准进行设计；要确保规格定义能完全符合、支持和覆盖前面描述系统需求；确保建立了可行的、包含评审活动的开发进度表；确保设计变更被正确跟踪、控制、文档化；确保按照计划进行设计评审；确保设计按照评审准则评审通过并被正式批准后开始正式编码。

（4）编码阶段。编码过程的目的是选择合适的开发语言和开发工具将详细设计阶段设计结果转换为可运行软件，高质量的编码能够提高客户满意度和降低维护成本。为代码达到高质量、高标准，代码编写过程一定要合理规范。

（5）测试阶段。测试过程的质量保证主要体现在如下方面：

第一，测试计划的有效性和全面性。

第二，测试用例的评审。从测试用例的覆盖面、测试用例的复用性和可维护性等方面进行复审和评审。若评审未通过，则根据评审做出修改，继续评审，直至通过。

第三，严格执行测试。需要通过测试过程跟踪、过程度量和评审、有效的测试管理系统来实现。

第四，准确报告软件缺陷。好的描述需要使用简单、准确、专业的语言来抓住缺陷的本质，提高软件缺陷修复的速度，提高测试人员的信用度，得到开发人员对缺陷处理的快速响应。

（6）系统交付和安装阶段。系统交付和安装阶段要完成如下质量保证工作：

第一，制订软件交付及培训计划，保证软件能及时交付并充分对用户进行培训。

第二，制订软件维护计划。

第三，交付给用户所有的文档。

第四，保证所有文档的一致性、完整性和正确性。

第五，交付、安装软件系统；评审批准软件维护计划。

第六，用户验收确认该阶段除保证上述内容外，还要对即将进入维护阶段的软件确保代码和文档的一致性。

第七，确保对已建立的变更控制过程进行监测，包括将变更集成到软件的产品版本中的过程。

第八，确保对代码的修改遵循编码标准，并且要对其进行评审，不能破坏整个代码结构。

（二）软件质量的控制

软件质量控制是阶段性的工作，当项目达到某个里程碑时，软件质量管理成员需要对系统本阶段工作过程和输出进行审计和分析。

软件质量控制是实时监控项目的具体结果，以判断它们是否符合相应的质量标准，制定有效方案，消除产生质量问题的原因。每个阶段中，软件质量控制的结果也是软件质量保证的质量审计对象。软件质量保证的成果又可以指导下一阶段的质量工作，包括软件质量控制和软件质量改进。

软件质量控制是一组由开发组织使用的程序和方法，使用它可在规定的资金投入和时间限制的条件下，提供满足客户质量要求的软件产品，并持续不断地改善开发过程和开发组织本身，以提高将来生产高质量软件产品的能力。

软件质量控制的方法如下：

1. 目标问题度量法

目标问题度量是严格的面向目标的度量方法。在这种方法中，目标、问题和度量被紧密地结合在一起目标是客户所希望的质量需求的定量说明。

为了建立起客户需求的软件质量度量标准，首先应该依据这些目标拟定一系列问题，然后根据这些问题的答案使产品的质量特性定量化，再根据产品定量化的质量特性与质量需求之间的差异，有针对性地控制开发过程和开发活动，或有针对性地控制质量管理机构，从而改善开发过程和产品质量。

2. 风险管理法

风险管理法是识别和控制软件开发中对成功地达到目标（包括软件质量目标）危害最大的那些因素的一个系统性方法风险管理的目的是最小化风险对项目目标的负面影响，抓住风险带来的机会，增加项目的收益风险管理法一般包括两部分内容：一是风险估计和风险控制；二是选择用来进行风险估计和风险控制的技术。

四、全面软件质量管理

全面质量管理（TQM）是一个组织以质为中心，以全员参与为基础，目的在于通过让顾客满意和本组织所有成员及社会受益而达到长期成功的一种质量管理模式。

TQM 强调全员性、全过程性、全面性。全员参与质量管理，管理好质量形成的全过程，管理好质量涉及的各个要素。

（一）全面软件质量管理的要素

（1）以客户需求为导向。目标是取得全面客户满意度，包括收集和研究客户的期望和需求，测量和管理客户满意度。

（2）重视过程改进。目标是降低过程的变化性，获得持续的过程改进，包括商业过程和产品过程。

（3）强调人性化。目标是在全组织内营造质量文化，重点包括领导能力、执行力、管理承诺、全面参与、职员授权及其他社会、心理、人文因素。

（4）加强度量和分析。目标是推进所有质量参数的持续改进。

（二）全面软件质量管理的方法

全面质量管理最重要的方法是 PDCA 循环，又称"戴明环"。PDCA 的含义如下：P（Plan）—计划；D（Do）—执行；C（Check）—检查；A（Action）—处理，它反映了质量工作过程的 4 个阶段，通过 4 个阶段循环，不断地改善质量。

PDCA 循环应用了科学的统计观念和处理方法。作为推动工作、发现问题和解决问题的有效工具，典型的模式称为"4 个阶段""8 个步骤"和"7 种工具"。

PDCA 的 4 个阶段分别是计划、执行、检查、处理。

PDCA 的 8 个步骤是 4 个阶段的具体化，描述包括：

第一，明确问题。以某种形式将问题"可视化"。

第二，分解问题。将问题分层次、具体化，分析各种影响因素。

第三，把握真因。找出影响质量的主要因素。

第四，制定对策。制定措施，提出改善计划。

第五，实施对策。执行既定计划和措施。

第六，检查和验证。根据要改善的计划要求，检查、验证执行结果。

第七，标准化成果和经验。根据检查结果进行总结，把成功的经验和失败的教训都纳入有关的标准、制度和规定中，巩固已经取得的成绩，防止"差错"重现。

第八，转入新循环。把没有解决或新出现问题转入下一个 PDCA 循环解决。

上述工具是指在质量管理中广泛应用的统计分析表、分层法、散布图、因果图、控制图、直方图、帕累托图其中，因果图使用的比较广泛，又称鱼骨图、树枝图等，是逐步深入研究和讨论质量问题的图示方法。因果图以结果作为特性，以原因作为因素，之间用箭头联系表示因果关系。

第三节　计算机软件开发项目管理的主体

一、项目管理概述

项目是指创造独特产品或提供独特服务，有起止时间的努力过程。这句话可以理解为项目即为组织进行一个有时间长度（暂时性）的努力付出，在这个时间段内，运用事先决定的资源，以生产或提供一个独特且可以事先定义的产品、服务或结果。

项目、项目群组和项目组合的联系包括：多个项目组成项目群组，多个项目群组组成项目组合。项目组合处于最高层，将项目、项目群组、项目组合和业务操作等作为一个组合，以达到业务战略目标项目群组也是一个组合，其是在项目组合之下的组合，由子集、项目和其他工作构成，通过组织有序、协调的方式来支持项目组合项目和项目群组不一定具有直接关系或依赖性，但它们的目标最终都指向公司战略规划。

（一）项目管理的对象、目标与本质

项目管理就是以项目为对象的系统管理方法，通过一个特定的组织，对项目进行高效率的计划、组织、指导和控制，不断进行资源的配置和优化，不断与项目各方沟通和协调，努力使项目执行的全过程处于最佳状态，获得更好的结果。项目管理是全过程的管

理，是动态的管理，是在多个目标之间不断地进行平衡、协调与优化的体现。

（二）项目管理的目标与本质

项目管理的目标，就是以最小的代价（成本和资源）最大限度满足软件用户或客户的需求和期望，也就是协调好质量、任务、成本和进度等要素相互之间的冲突，获取平衡。概括地说，项目管理的本质，就是在保证质量的前提下，寻求任务、进度和成本三者之间的最佳平衡。

项目管理的本质就是在保证质量的情况下，处理任务、进度和成本之间的平衡，如果项目的成本低、进度慢、任务大，那么对应的质量可能得不到保证；同理，高质量的软件势必在任务、进度和成本上都能得到有效的保证。

在实际的项目开发过程中，任务、进度和成本中的某一项是确定的，其他两项是可变的。因此，可以对其进行管理和控制，达到项目的最佳平衡。如当任务确定，那么要保证质量前提下，可以对进度和成本进行控制；如果成本需要控制，那么就可能对进度和任务进行约束，减少任务中的功能模块，实现项目中的主要功能。

（三）项目管理的因素分析

项目管理包含对工具、人和过程的管理，并受到多方因素的约束。项目管理的最大挑战是在范围、时间、质量和预算等条件限制下达到项目的各项目标。另一个挑战是，为满足预先定义的项目目标而需要各种资源的分配、整合和优化。这些资源包括资金、人员、材料、设备、能源、空间、供应、沟通和文化等。其中，有效的项目管理主要集中在对人员、问题和过程的管理上，其中人员管理是决定性因素。项目管理的核心就是人员、问题和过程的管理，软件开发中，人力因素是主要因素，人力资源成本是主要成本，因此在软件项目管理中，一直强调"以人为本"的思想虽然在项目管理中会涉及很多问题，但人员、问题和过程是核心部分，处理好这些尤为重要。

人员必须以团队的方式进行管理，这样才能进行协同办公，员工的潜力才会被激发出来，因此，项目管理中必须为团队构建有效的沟通途径和方法，保证人员之间的有效沟通，这样整个团队才能高效运转。同时，可以利用团队文化的方式，提高团队成员之间的认可度，进一步提升团队人员的凝聚力和战斗力，最终保证任务进度的圆满完成。

问题在项目管理过程中是急需解决的，具体表现为流程管理和控制不严、需求变化较大、沟通效率无效等，其根本的解决办法是找出引起问题的根本原因，然后针对问题找到解决办法，以求彻底解决问题。如果项目管理者具有缺陷预防意识，对问题有预见性，能避免问题的发生，防范风险，防患于未然，项目的成本就会大大降低，项目成功的机会就会更大。

过程必须适应于人员的需求和问题的解决，人员的需求主要体现在能力、沟通、协调等上，问题能在整个项目实施过程中得到预防、跟踪、控制和解决，也就是说，一套规范且有效的流程是保证项目平稳、顺利运行的基础。

（四）项目管理的职能与项目成果标志

一个成功的项目管理，其项目管理成功的因素有很多。首先要了解项目管理的主要职能，不同类型和不同规模的项目必定有差别，项目管理职能也有一定的差异，但总体来说，其主要职能可以概括为5点内容：

第一，识别需求，确定项目实施的范围。

第二，在项目计划和执行过程中阐明项目关系人各种需求和期望。

第三，在项目关系人之间建立、维护和进行积极、有效和协作的沟通。

第四，管理项目关系人满足项目需求、成功地实施项目的交付。

第五，平衡项目各种限制或条件。

项目完成既定的目标，需要在保证质量的前提下，满足项目的三要素——任务、进度和成本，在满足项目三要素的前提下，完成项目中的需求，即可认为项目是成功的，而有时候，一旦项目的成果被顾客接受也可以认为，项目获得成功。可以简单定义项目成果的标志包括：①在规定的时间内完成项目；②项目成本控制在预算之内；③功能特性达到规格说明书所要求的水平（质量）；④项目通过客户或用户的验收；⑤项目范围变化是最小的或可控的；⑥没有干扰或严重影响整个软件组织的主要工作流程；⑦没有改变公司文化或改进公司的文化。

（五）项目管理的项目的生命周期

项目管理的基本内容是计划、组织和监控，计划包括工作范围确定、风险评估、工作量估算、日程和资源安排等；组织包括团队的建立、协调和各种资源的调度等。因此，项目的生命周期划分为5个基本阶段——启动、计划、执行、控制和结束。

项目的生命周期具体描述包括：

第一，启动。项目正式被立项，成立相关的项目组，宣告项目的开始启动是一种认可过程，用来正式认可一个新项目或新阶段的存在。

第二，计划。定义和评估项目目标，选择实现项目目标的最佳策略，制订项目计划。

第三，执行。调动资源，执行项目计划。

第四，控制。控制即为对项目的监测，主要监控和评估项目偏差，必要时采取纠正行动，保证项目计划的执行，实现项目目标。

第五，结束。完成项目验收，使其按程序结束。

在有些资料中，会将执行和控制合并为一个阶段，称为实施监督阶段，而在项目结束后，必须进行总结分析，获取经验和最佳时间，为下一个项目打下基础。有时，项目结束后还存在一个维护、支持服务的阶段，如软件项目在完成后，有一定时长的维护期。

二、项目经理

项目经理是由执行组织委派，领导团队实现项目目标的个人。在项目管理的过程中，项目经理扮演着整合者、沟通交流人、团队领导、决策者、氛围营造者等多个角色，每个角色都要求项目经理具有相应的职业技能，承担相应的职业责任。

（一）项目经理的定位

1. 项目经理与部门经理

（1）项目经理。通才，促成者（做什么、如何做、获取资源），资格经理制，其工作是随项目而定的，工作期间的经理是职位，其资格是职称，有没有工作其职称都是在的。

（2）部门经理。管理岗位，领域专家，直接技术监督者，是非资格的、任命式的。

2. 项目经理与公司经理

（1）项目经理。取得支持，由高层任命，权力由总经理决定。

（2）公司经理。包括总经理在内，是公司的管理者和领导者，根据职能划分，具有一定权限。

（二）项目经理的责任

1. 对企业的责任

与企业经营目标一致，管理和利用资源，与企业高层领导及时有效沟通；确保全部工作在预算范围内按时优质地完成，使客户满意。

2. 对项目的责任

对项目成功负主要责任，保证项目整体性；领导项目的计划、组织和控制工作，以实现项目目标；严格执行公司对项目管理的规范，在软件开发项目中执行公司制定的统一的软件开发规范；负责整个项目干系人（客户、上级领导、团队成员等）之间关系的协调。

3. 对项目小组的责任

提供良好的工作环境和氛围，进行绩效考评，激励项目成员并为成员将来打算；对项目组成员进行工作安排、督查；项目结束时，组织项目组成员进行结项工作，整理各种相关文件。

（三）项目经理的素质

一个好的项目经理，除了具有知识结构中提到的各项能力外，还要具备如下的职业素质：①有管理经验；②拥有成熟的个性，具有个性魅力；③与高层领导有良好的关系；④有较强的技术背景；⑤有丰富的工作经验，曾经在不同岗位、不同部门工作过；⑥具有创造性思维；⑦具有灵活性、组织性、纪律性；⑧有真诚、自信、坚强、善解人意的性格。项目经理要对开发产品所使用的技术很熟悉，要拥有建构软件的技术领导能力，是维系团队灵魂的关键人物。

（四）项目经理的知识结构

一个合格的项目经理，需要具备 5 个方面的知识：

1. 项目管理知识

项目管理知识包括专有术语、工具和方法。

2. 通用管理知识

项目管理是管理学的一个重要分支，需要具备管理学所涉及的财务、法律、营销、人事等方面相关的基础知识。这些通用管理知识需要在工作实践中学习积累，所以一些项目管理相关的资质考试都会要求参考人员具备一定年限的管理经验。

3. 相关专业知识

所在领域或行业所要求的专业知识。不管担任什么行业的项目经理，至少应该具备相关行业的基础从业知识，不能一窍不通。

4. 环境适应能力

对项目所处的社会、政治、自然环境有较强的理解能力和适应能力。例如，一个软件项目，可能主场开发，也可能驻场开发，在不同的场合需要遵守的规定是不同的，项目经理需要根据具体的环境约束调整计划安排。

5. 人际关系能力

要求管理者具有较强的人格魅力，体现在表达能力、理解能力、谈判能力、领导力、说服力、观察力、判断力、决策力、问题解决能力等多个方面。

（五）项目经理的影响

项目经理所能产生的影响来源于其职位具备的权力。

1. 权力的定义

让员工做不得不做的事的潜在影响力。

2. 权力的来源

（1）正式权力。职位赋予。

（2）奖励权力。采用激励方式，引导团队做事情。

（3）惩罚权力。职位赋予，很有力，但会对团队气氛造成破坏。

（4）专家权力。由于具有专门知识或者技能而拥有较高的声望。

（5）潜示权力。与更权威的人有联系，如总裁。

（6）个人魅力。利用个人魅力来让别人做事情。

3. 权力的体现

挑选项目成员，决策，分配资源。

三、项目团队

（一）项目团队的特点与组成

1. 项目团队的特征

无论是开展什么项目，一个项目团队都应该具有的特征包括：①共同认可的明确的目标；②合理的分工与协作；③积极的参与态度；④互相信任；⑤良好的信息沟通；⑥高度的凝聚力与民主气氛；⑦学习是一种经常性的活动。

2. 项目团队的组成

项目团队的组成因各种因素而异，如组织文化、范围和位置等。项目经理和团队之间的关系因项目经理的权限而异。

（1）专职团队。

（2）所有或大部分项目团队成员都全职参与项目工作。

（3）集中办公或虚拟团队。

（4）团队成员直接向项目经理汇报工作。

（5）团队成员专注于项目目标。

（二）项目团队的建设

1. 项目团队建设原则

以项目进度计划为基础，将内外部与项目相关的干系人组织成一个团队，可视项目的大小，对项目团队进行分组设置，确保项目相关团队可以有效合作，包括协调问题的有效解决方案。

2. 项目团队的建设指南

（1）确定项目团队的结构。确定最能满足项目目标和约束的团队结构。工作内容包括：

第一，确定所开发的产品的风险。

第二，确定可能的资源需求以及资源的可用性。

第三，建立基于工作产品的责任。

第四，利用组织过程资产，考虑时机、约束和可能影响团队结构的其他因素。

第五，体现对组织共同愿景、项目共同愿景、组织标准过程和组织过程资产应用于团队结构的理解。

第六，识别可选的团队结构。

第七，评估可选方案，选择团队结构。

（2）建立与维护项目团队。建立与维护项目团队包括：

第一，按照团队的结构建立和维护团队，即选择团队的领导人；为每个团队分配责任和需求；给每个团队分配资源；创建团队；周期性地评估和修改团队的构成和结构，最大程度地满足项目的需求；当团队领导人变更或者团队成员发生重大变化时，评审团队的构成和其在整个团队结构中的位置；当一个团队的责任发生变化时，对团队的构成和任务进行评审；对整个团队的绩效进行管理。

第二，项目团队的建立。在立项申请后，开始组建项目团队，并进行项目团队中核心团队任命。核心团队全权代表项目团队全面统筹及监管项目自启动到发布的运行过程。

第三，项目团队的维护。每个具体人员承担项目角色和职责后，不可能完全符合规划的人员配备要求，因此可能要对人员配备管理计划进行变更；改变人员配备管理计划的其他原因还包括晋升、退休、疾病、绩效问题和变化的工作负荷。从项目开工到发布阶段，整个项目生命周期由团队核心全权统筹负责，项目完成后，项目团队宣告解散。

（三）项目团队的汇报工作

项目团队汇报工作可以以晨会和项目周例会形式展开。

（1）晨会。项目团队每天召开晨会，由项目经理主持，以短会形式，团队成员汇报前一天工作情况、当天任务计划、需要协调事项等。最后，由项目经理对项目的总体情况进行通报，并对项目成员提出的问题进行答疑及解决跟进。

（2）周例会。项目经理根据项目成员每周任务完成情况汇总为项目周报，并对项目的总体情况进行描述。该过程对项目的进展情况按定期与不定期，会议、报告等多种方式，对项目及团队成员的情况进行监督及控制管理。

以上为软件项目管理最常用的两种汇报方式，其他汇报方式可以使用邮箱、电话、QQ 及其他的沟通渠道等都可作为汇报方式。

四、项目的事业环境因素

事业环境因素是指围绕项目或能影响项目成败的任何内外部环境因素，这些因素来自任何或所有项目参与单位。事业环境因素可能提高或限制项目管理的灵活性，并可能对项目结果产生积极或消极影响，它们是大多数规划过程的输入。

事业环境因素包括但不限于：

第一，组织文化、结构和流程。

第二，政府或行业标准（如监管机构条例、行为准则、产品标准、质量标准和工艺标准）。

第三，基础设施（如现有的设施和固定资产）。

第四，现有人力资源状况（如人员在设计、开发、法律、合同和采购方面的技能、素养与知识）。

第五，人事管理制度（如人员招聘和留用指南、员工绩效评价与培训记录、加班政策和时间记录）。

第六，公司的工作授权系统。

第四节 计算机软件开发项目管理的内容

一、软件项目管理概述

(一) 软件项目管理的基本内容

项目成本可以分为人工成本、设备成本和管理成本，也可以根据和项目的关系分为直接成本和间接成本。软件项目的直接成本是在项目中所使用的资源而引起的成本，由于软件开发活动主要是智力活动，软件产品是智力产品，所以在软件项目中，软件开发的最主要成本是人力成本，包括人员的薪酬、福利、培训等费用。

要使软件获得最大收益，需要充分调动每个人的积极性，发挥每个人的潜力。要实现良好的软件开发任务，不能靠严厉的监管，也不能靠纯粹的量化管理，而是要靠良好的激励机制、工作环境和氛围，靠人性化的管理，即以人为本的管理思想。

软件项目管理还会遇到更大的挑战，包括用户的需求变化频繁、难以估计的工作量、开发进度难以控制等，必须通过核实的软件过程模型、方法和技术来解决这些问题，加强软件风险管理在软件项目管理中，最大的成本就是人力成本，软件是一种智力型的产品，要获得项目中的最大收益，就要实施"以人为本"的管理策略，这从侧面反映了人力资源管理在软件项目管理中的比重。

同时，软件项目管理还涉及各个方面的知识，包括计划管理、人员管理、资源管理、风险管理、成本管理、时间管理、沟通管理等。这些软件项目管理的基本策略需要在长期的实践中进行经验的总结和完善，最终达到良好的管理措施。

(二) 软件与其他概念的区别

软件项目属于项目的一种，软件项目是强调以软件作为产品、服务或结果的项目。软件与其他项目产品、服务和结果的不同包括：

第一，软件通常比较复杂。

第二，软件经常发生变更。

第三，许多后期发现的硬件问题通过软件变更处理。

第四，由于软件低廉的再生产成本，所以软件没有通常的像硬件那样的制造发行规律。

第五，软件学科不仅是基于自然科学，并且对于可行性测试和设计模式缺乏现成的可用技术。

第六，软件通常是集成一个完整系统的单元，因而增加了它的复杂性并且暴露在后期变更中。

第七，软件是很敏感的，因而最易遭受需求变更并且受到用户抱怨。

因为软件不同于其他产品、服务和结果，所以软件项目的管理也不同，关键是管理层必须认识到软件项目管理的特有领域和一般项目管理的区别，既要达成项目目标，又要防止问题发生。

（三）软件项目管理的注意事项

由于可用于软件工程的项目管理工具和方法的种类和其他工程学科完全不同，从而导致软件学科中快速变化的技术超过管理和工程技术。许多因素决定了软件项目管理方法的实施，例如：人员、组织和合同的要求，以及项目的复杂度。因此，对于所承担的项目，软件项目管理应决定方法和技术，同时需要做到的工作包括：

第一，预测问题的不利影响，从而预防或使其减至最小。

第二，做出及时和坚决的决策。

第三，出现问题时解决问题。

第四，对项目的措施、过程、活动、资源、产品和结果负责。

作为一项迭代的工作，当在一个范围采取一项措施，且该措施成功或失败可能影响其他范围时，软件项目管理必须考虑任何系统性影响。

二、软件项目准备与计划

项目准备和项目计划是软件开发过程中的前期准备，是软件项目成功的必要措施。本书限于篇幅，主要讲解项目准备阶段和项目计划的内容。

（一）项目准备

1. 项目可行性分析

项目可行性分析是项目启动阶段的关键性活动，特别是软件项目中，可行性分析具备很大的参考意义，为项目决策提供依据。可行性分析应具有预见性、公正性、可靠性、科学性的特点。

可行性研究是要求以全面、系统的分析为主要方法，以经济效益为核心，围绕影响项目的各种因素，运用大量的数据资料论证拟建项目是否可行，对整个可行性研究提出综合分析评价，指出优缺点和建议为了结论的需要，往往还需要加上一些附件，如试验数据、论证材料、计算图表、附图等，以增强说服力①。

软件的可行性分析的意义和其他工程项目的可行性有所不同，软件可行性主要从经济、技术、社会环境等方面分析所给出的解决方案是否可行。当可行性方案可行并有一定的经济效益或社会效益时，才开始考虑软件项目的开发。

软件可行性分析需要考虑以下三大要素：

（1）经济可行性因素。经济可行性分析主要包括："成本-收益"分析和"短期-长远效益"分析。

成本-收益分析最容易理解，如果成本高于收益，则表明亏损；只有收益高于成本时，才表明项目盈利。

"短期-长远效益"分析则是忽视短期效益，甚至可以利用短期的亏损效益制造低廉的成本优势来抢占市场，最后通过市场摊低成本，最终获得长期收益这种短期-长期效益的方式有很多，如现在比较火爆的共享单车和外卖平台，就是忽视短期的效益，获得市场后再获得长期的收益。

（2）技术可行性分析。技术可行性是指决策的技术和决策方案的技术不能突破组织所拥有的或有关人员所掌握的技术资源条件的边界技术可行性分析至少要考虑的因素包括：①在给定的时间内能否实现需求说明中的功能；②软件的质量如何；③软件的生产率如何；④现有的技术能否实现客户需求；⑤其他因素。

（3）社会环境可行性分析。社会可行性是在特定环境下对项目的开发与实施，社会的可行性分析包括：社会因素的可行性、法律可行性、社会推广可行性、使用可行性等法律可行性涉及能不能发布，常见法律问题就是软件版权问题。

若是侵权，将会受到严厉惩罚。所以，在可行性分析中应当具有相关法律声明。例如，该系统的开发将不会侵犯任何个人、集体、国家的利益，也不会违反国家的政策与法律。

软件可行性的目的是用最小的代价在尽可能短的时间内确定问题是否能够解决要达到的这个目的，必须分析主要的可行性利弊，从而判断原定的项目规模和目标能否实现，项目完成后所能带来的效益是否值得去开发。因此，可行性研究实质上是在较高层次上以较

①吕兰兰，黄丽韶，张雷. 软件工程 [M]. 北京：中国铁道出版社，2018.

抽象的方式进行的系统分析和设计的过程。

2. 项目申请书

项目申请书是由项目筹建单位或项目法人根据国民经济的发展、国家和地方中长期规划、产业政策、生产力布局、国内外市场、所在地的内外部条件，就某一具体新建、扩建项目提出的项目的建议文件，是对拟建项目提出的框架性的总体设想。它要从宏观上论述项目设立的必要性和可能性，把项目投资的设想变为概略的投资建议。

（1）项目申请书的内容。项目申请书是由项目投资方向其主管部门上报的文件，目前广泛应用于各大工程项目场合在软件项目中，一般将项目申请书称为软件项目申请书，项目申请应该包含的内容包括：①项目的背景；②项目的研究意义；③项目的国内外研究现状；④项目产品或服务的市场预测；⑤项目的规模和期限；⑥项目建设的必要条件，已完成和尚未完成的条件；⑦投资估算和资金需求分析；⑧市场前景及经济效益等；⑨其他特殊说明情况。

软件项目申请书是软件开始的第一步，它将从宏观上论述项目设计的必要性和可能性，把软件项目开发的设想变为软件开发的建议或申请软件项目申请书仅仅只是为作为软件项目开发的前期准备，提供软件项目的立项依据，只有软件项目申请书通过了，才可以进行软件的开发部署工作同时，软件项目申请书也是为下一步的可行性研究打下基础。

（2）编写软件项目申请书的目的。

第一，确定软件项目的研究和规划是否具有可行性，并对软件项目的开发提供决策性的意见和建议。

第二，软件项目是否值得去开发和研究。

第三，说明软件项目研究中的关键性问题有哪些，是否能够得到及时解决。

第四，软件项目开发中的所有方案是否具备可行性，同时为上级部门提供软件项目开发的最佳方案。

第五，项目是否具备一定的市场效应，能否获得预期的收益。

第六，其他需要特别说明的事项。

当软件项目申请书获得相应的批准后，软件项目即可进入实质性的开发阶段。

（二）软件项目计划

软件项目有其特殊性，不确定因素多，工作量估计困难，项目初期难于制订一个科学、合理的项目计划。因此，在软件项目计划中，需要首先确定相关的制订原则。

软件项目计划的制订原则包括：

第一，注重项目计划的层次性。项目的层次性可以让项目的开发具有合理的结构，从而保证项目计划的有效实施。

第二，重视与客户的沟通。与客户的沟通是很重要的，良好的客户沟通是项目成功的必要保证之一。

第三，详略得当。制订软件项目计划时，要该详细的详细，该简略的简略，这样才能保证项目很好地实施。

第四，按计划实施制订项目计划的主要目的是保证项目完成，如果不能按计划如期实施，那么项目的完成也很难。

第五，运用过程化的思想指导开发。

总之，软件项目计划的制订可以降低项目实施的风险，确保项目达到预期目标。对于大型的软件项目计划，可以对项目进行分解，降低整体难度，从而达到预期的项目目标。

三、项目估算

一个成功的软件项目首先要有一个好的起点，也就是一个合理的项目计划；一个好的项目计划，离不开一个准确的、可信的、客观的项目估算数据作为基础。对于庞大的、多变的软件项目来说，有着太多的不确定性。之所以要先制订项目计划，目的就是让项目更加可控如果项目的计划缺乏数据支持，或者根本不进行估算，只凭项目管理人员的经验进行管理，那么项目很可能会失败。软件可以通过主观和客观两种方法进行估算：

（一）主观的估算方法

主观的估算方法可以通过召集项目团队成员，或者邀请各方面的专家，共同对某个项目的属性进行评估。参与评估的每个人都要单独进行估算，如果发现大家对某个项目属性估算的结果存在较大偏差，那么就需要进一步讨论，直到取得共识为止对个别特殊属性进行主观估算时，一定要有直接干系人的参与。例如，对某个文档工作量进行估算时，最好该文档的负责人参与估算，因为他才是最终的执行人。

（二）客观的估算方法

客观的估算方法是利用公司提供的各种度量数据进行估算。例如，组织级的生产率，或者其他项目的度量数据。本节主要介绍项目管理人员如何通过客观的估算方法对项目进行估算。

软件项目的属性有很多，常见的软件项目估算属性包括：①项目规模；②项目工作量；③项目所需资源；④项目各阶段工作量；⑤项目成本。

对项目规模进行估算是为了将项目的范围进行量化。项目规模的估算是整个软件估算中最核心、最基础的环节，也是整个估算的第一步。软件项目的规模可以使用功能点估算法和代码行估算法两种方式，在项目初期阶段使用功能点法比较合理。

四、项目风险管理

软件风险是软件开发过程某个时间点以后的关于软件的不确定性因素对于软件开发过程的影响。风险会造成的损失可能是经济上的，也可能是时间上的，或者是无形的其他损失等。如果项目风险变成现实，就有可能会影响项目的进度，增加项目的成本，甚至使软件项目不能实现。如果软件开发项目不关心风险管理，结果就会遭受极大的损失。如果对项目进行良好的项目风险管理，就可以降低软件项目的风险，大幅度增加项目实现目标的可能性。因此，任何一个系统开发项目都应将风险管理作为软件项目管理的重要内容。软件风险管理的目的在于标识、定位和消除各种风险因素，在其来临之前阻止或最大限度减少风险的发生，从而避免不必要的损失，以使项目成功操作或使软件重写的概率降低。

在进行软件项目风险管理时，要标识出潜在的风险，评估它们出现的概率及产生的影响，并按重要性加以排序，然后建立一个规划来管理风险。风险管理的主要目标是预防风险，所以必须建立一个意外事件计划，使其在必要时能以可控的和有效的方式做出反应。风险管理目标的实现包含3个要素：第一，必须在项目计划书中写下如何进行风险管理；第二，项目预算必须包含解决风险所需的经费，如果没有经费，就无法达到风险管理的目标；第三，评估风险时，风险的影响也必须纳入项目规划中。

（一）险的分类及识别

1. 风险的分类

根据风险内容，可以将风险分为项目风险与外来风险。项目风险是项目自身具有的风险，包括需求风险（表现为需求的变化或者原来需求分析不准而带来的风险）、项目技术风险（表现为采用了不成熟的技术而使软件开发不能顺利进行下去）、管理风险（公司管理人员是否成熟等）、预算风险（预算是否准确等）。外来风险包括外来技术风险（由于更新的技术的出现，而使得采用的技术过时等），商业风险（开发出的产品由于不被市场接受而无法销售出去等），战略风险（公司的经营战略发生了变化）等。

在这些风险中，有些风险是可以预见到的，如员工离职；而有些不是不可预见的。可以预见的风险不会造成根本性的损失，不可预见的风险有时会造成系统彻底失败。

2. 风险的识别

风险识别是系统化地识别可预测的项目风险，在可能时避免这些风险，且当必要时控制这些风险。风险识别的有效方法是建立风险项目检查表，对所有可能的风险因素进行提问。主要涉及以下几方面的检查。

（1）产品规模风险。与软件的总体规模相关的风险，即对于软件的总体规模预测是否准确。如果预测规模小于实际软件规模，肯定会导致费用上升，开发时间增加。

（2）需求风险。是否与用户进行了充分的交流，是否了解用户使用软件所处理的问题域，是否充分理解用户的需求，书面形式的需求分析是否得到用户的认可。

（3）过程定义风险。与软件过程定义相关的风险。

（4）开发环境风险。与开发工具的可用性及质量相关的风险。

（5）技术风险。采用的技术对于解决项目所涉及的问题是否是最适当的技术，技术是否成熟，是否会被淘汰等。技术风险威胁到软件开发的质量及交付的时间；如果技术风险变成现实，则开发工作可能变得很困难或根本不可能。

（6）人员数目及经验带来的风险。与参与工作的软件工程师的总体技术水平及项目经验相关的风险。

在进行具体的软件项目风险识别时，可以根据实际情况对风险分类。但简单的分类并不是总行得通的，某些风险根本无法预测。比如美国空军软件项目风险管理手册中的风险识别方法，要求项目管理者根据项目实际情况标识影响软件风险因素的风险驱动因子，这些因素包括以下几个方面：性能风险，即产品能够满足需求和符合使用目的的不确定程度；成本风险，即项目预算能够被维持的不确定的程度；支持风险，即软件易于纠错、适应及增加的不确定的程度；进度风险，即项目进度能够被维护且产品能按时交付的不确定的程度。

（二）风险评估

风险评估对识别出的风险进行进一步的确认分析。假设这一风险将会出现，评估它会对整个项目带来什么样的不利影响，如何将此风险的影响降低到最小，同时确定主要风险出现的个数及时间。进行风险评估时，最重要的是量化不确定性的程度和每个风险可能造成损失的程度。

为了实现这点，必须考虑风险的不同类型。识别风险的一个方法是建立风险清单，清单上列举出在软件开发的不同阶段可能遇到的风险，最重要的是要对清单的内容随时进行维护，更新风险清单，并向所有的成员公开。应鼓励项目中的每个成员勇于发现潜在的风险并提出警告。

风险清单给项目管理提供了一种简单的风险预测技术，它实际上是一个三元组 $[R_iP_iL_i]$，其中 R_i 是第 i 种风险，P_i 是风险 R_i 出现的概率，L_i 是假设 $P_i=1$ 时的损失。这种损失可以用增加多少费用、增加多少开发时间或者只是某些定量的影响程度指标来表示，则 P_iL_i 可以刻画这种风险对于软件开发过程的潜在影响，而风险管理的目标就在于尽量减小 P_i 的值。

风险清单中，风险的概率值可以由项目组成员个别估算，然后加权平均，得到一个有代表性的值；也可以通过先做个别估算而后求出一个有代表性的值来完成。对风险产生的影响可以用影响评估因素进行分析。一旦完成了风险清单的内容，就要根据 P_iL_i 值进行排序，该值大的风险放在上方，依此类推。项目管理者对排序进行研究，并划分重要和次重要的风险，对次重要的风险再进行一次评估并排序。对重要的风险要进行管理。从管理的角度来考虑，风险的影响及概率是起着不同作用的，一个具有高影响且发生概率很低的风险因素不应该花太多的管理时间，而高影响且发生率高的风险以及低影响且高概率的风险，应该首先列入管理考虑中。

（三）风险的驾驭和监控

风险的驾驭与监控是指利用某些技术或方法，比如原型化、软件自动化、软件心理学、可靠性方法及软件项目管理的方法、保险方法等避开或者转移风险，使风险对项目所造成的影响（损失）尽可能地减小；如无法避免则应该使它降低到一个可以接受的水平。风险的驾驭，现在还没有成熟的方法或技术来指导，主要靠管理者的经验，根据不同的情况来实施。风险驾驭的原则如下。

（1）首先抓主要风险。主要风险就是风险分析表中排在最前面的 P_iL_i 值最大的风险因素。通过对该风险的分析，找出避免或转移风险的办法，使该风险的 P_iL_i 值尽可能减小，并计算出该风险的新的 P_iL_i 值。将避免与转移风险的方案形成风险驾驭文档，然后对经过这样处理过的风险分析表重新进行排序。

（2）对新的风险分析表重复第（1）步的方法，又得到一个新的风险分析表，这样多次重复，直到风险分析表中的所有项的 P_iL_i 值都在可以接受的范围内，停止进行。

（3）在项目开始前与项目进行中，时刻注意可能出现的风险，按照风险驾驭文档的方法避免或转移风险。出现新的风险时，要及时对风险分析表进行调整，并形成新的风险驾驭文档。Boehm 归纳了 6 步风险管理法则，其中有两步关键法则有 3 个子步骤。Boehm 建议采用适当的技术来实现每个关键步骤和子步骤。

第一步是评估，包括：

（1）风险确认。确认详细的影响软件成功的项目风险因素。

（2）风险分析。检查每个风险因素的发生概率和降低其发生概率的可能性。

（3）给确认和分析的风险因素确定级别，即风险考虑的先后顺序。

一旦项目风险因素的先后顺序排列出来了，第二步就是风险管理。这一步中，要对这些风险因素进行控制，包括：

（1）风险管理计划。制订每个风险因素如何定位，这些风险因素的管理如何与整个项目计划融为一体。

（2）在每个实现活动或工作中的风险解决方案中，消除或解决风险因素的特殊活动。

（3）风险监视。跟踪解决风险活动的风险过程的趋势。

五、项目沟通管理

项目沟通管理，就是为了确保项目信息合理收集和传输，以及最终处理所需实施的一系列过程。包括为了确保项目信息及时适当的产生、收集、传播、保存和最终配置所必需的过程。项目沟通管理为成功所必需的因素——人、想法和信息之间提供了一个关键链接。涉及项目的任何人都应准备以项目"语言"发送和接收信息，并且必须理解他们以个人身份参与的沟通会怎样影响整个项目。沟通就是信息交流。组织之间的沟通是指组织之间的信息传递。对于项目来说，要科学地组织、指挥、协调和控制项目的实施过程，就必须进行项目的信息沟通。好的信息沟通对项目的发展和人际关系的改善都有促进作用。

项目沟通管理具有复杂和系统的特征。沟通是把一个组织中的成员联系在一起，以实现共同目标的手段。没有沟通，就没有管理。沟通不良几乎是每个企业都存在的老毛病，企业的机构越是复杂，其沟通越是困难。往往基层的许多建设性意见未及反馈至高层决策者，便已被层层扼杀，而高层决策的传达，常常也无法以原貌展现在所有人员面前。

六、项目集成管理

项目集成管理，是指为确保项目各项工作能够有机地协调和配合所展开的综合性和全局性的项目管理工作和过程。它包括项目集成计划的制订、项目集成计划的实施及项目变动的总体控制等。

七、项目监督与收尾

(一) 项目监督

项目监督是围绕项目实施计划，跟踪进度、成本、质量、资源，掌握各项工作现状，以便进行适当的资源调配和进度调整，确定活动的开始和结束时间，并记录实际的进度情况，在一定情况下进行路径、决策、度量、量化管理、风险等方面的分析。在实施项目的过程中，要随时对项目进行跟踪监督，以使项目按计划规定的进度、技术指标完成，并提供现阶段工作的反馈信息，以利后续阶段的顺利开展和整个项目的完成。

项目监督是项目管理的重要组成部分项目监督这项关键活动的目标是综合项目目标，建立项目监督的指标体系及其例行报告制度，然后通过评审、例会及专项审计等监督方法，对新产品开发项目实施监督。

项目监督是指项目从发起起点到结束终点之间的各项监督、调控的工作。项目的监督范围是全部的，不能是局部的范围项目的监督都是与项目的活动内容对应存在的，只要有活动，就会有监督项目的监督可能不是工作量最大的工作部分，但绝对是覆盖领域最广的工作部分。项目监督包括外部监督和内部监督两部分。

项目监督在项目生命周期全程中连续存在，因此项目的改善属于平行排序。项目监督在项目的起始点不存在，但是在起始点后立即开始存在，一直延续存在到结束点，与结束点共存，伴随项目生命周期的全程。

(1) 对项目监督执行检查。对项目监督执行检查是项目管理最重要的内容之一，是国际金融组织通常采用的宏观监督方法项目监督执行检查的目的是确保项目的执行符合既定的目标和项目协定的要求，及时采取措施对项目进行必要的调整，获取宝贵的项目执行经验和教训，以及为将来起草项目完工报告做准备，对项目的监督检查主要通过审查项目定期提交的进度报告、对项目的现场访问、开展部门和地区项目大检查等方式进行。

(2) 项目过程度量。软件项目监督和控制工作必须以一定的基准来进行校对、核实。这些基准称为软件度量。软件度量是收集、分析和解决关于过程的关键信息，是软件过程评估和改进的基础，只有在一组基线度量建立以后，才能评估过程及其产品改进的成效基于度量，可以更好地利用数据来描述软件过程的能力、效率和质量等，可以更好地对软件开发的整个过程进行监督、控制和改进，从而不断提高软件开发的生产力和软件产品的质量目标。

项目过程度量一般分为 4 部分：过程质量度量、过程效率度量、过程成本度量和过程稳定性度量进一步划分后，软件过程性能的度量包括软件产品和服务质量、过程依赖性、过程稳定性、过程生成率、时间和进度、资源和费用、技术水平等软件过程度量的目的是保证软件能够按预期计划实施。

（二）项目收尾

项目收尾包括合同收尾和管理收尾两部分。合同收尾就是和客户一项项地核对是否完成了合同所有的要求，是否可以结束项目，也就是通常所讲的验收。

管理收尾涉及为了使项目干系人对项目产品的验收正式化而进行的项目成果验证和归档，具体包括收集项目记录、确保产品满足商业需求、将项目信息归档，还包括项目审计。

软件项目的收尾和其他项目的收尾有所不同，因为软件项目的验收工作只要客户认同软件。软件项目收尾的步骤包括：

（1）编制项目收尾工作计划。软件项目收尾是项目结束阶段管理工作的关键环节，由项目经理部全面负责，组织编制详细的项目收尾工作计划，报上级主管部门批准后，采取有效措施逐项落实，保证按期完成项目收尾工作计划的内容包括：软件项目名称、软件项目收尾具体内容、软件项目质量要求、软件项目进度计划安排、软件项目文件档案资料整理归档要求。软件项目计划的内容形式可表格化，编制、审批、执行、验证的程序应表述清楚。

（2）提交验收申请。按照合同的规定，提交相关的验收申请。

（3）初审。对提交的材料进行初步审核，如果未通过，则按要求进行修改。

（4）成立验收委员会。初审通过后，按要求成立相关的验收委员会，由软件项目开发方和客户方共同成立。

（5）复审。对软件项目进行严格的复审，包括软件相关的测试、软件演示、合同核对等如果验收未通过，则需要按要求进行修改，并重新提交验收申请。

（6）验收合格。出具评审报告。验收合格后，出具相关的评审报告，并按合同的规定执行验收合格之后的内容。

（7）软件项目的维护。对软件的后期提供技术支持或维护服务，并严格按照合同执行。

（8）项目移交，文档归档。按照相关的要求，对软件项目进行移交，并将文档归档。

（9）项目管理总结。项目管理总结应形成文件，要求文件内容实事求是、概括性强、条理清晰，全面系统地反映工程项目管理的实施效果。项目管理总结和相关资料应及时归档保存。

参考文献

［1］陈东敏. 青岛"链湾"区块链系列丛书 区块链技术原理及底层架构［M］. 北京：北京航空航天大学出版社，2017.

［2］陈国平. 空间数据库技术应用［M］. 武汉：武汉大学出版社，2013.

［3］段莎莉. 计算机软件开发与应用研究［M］. 长春：吉林人民出版社，2021.

［4］洪帆，崔国华，付小青. 信息安全概论［M］. 武汉：华中科技大学出版社，2005.

［5］李光斗. 区块链财富革命［M］. 长沙：湖南教育出版社，2018.

［6］李天博. 计算机软件技术基础［M］. 南京：东南大学出版社，2011.

［7］梁亚声. 计算机网络安全教程［M］. 2版. 北京：机械工业出版社，2008.

［8］凌发明. 区块链［M］. 北京：北京工业大学出版社，2019.

［9］刘辉，李光杰. 软件重构技术研究［M］. 北京：北京理工大学出版社，2016.

［10］刘纬. 软件工程［M］. 武汉：武汉大学出版社，2020.

［11］刘忠宝. 软件工程理论、方法及实践［M］. 北京：国防工业出版社，2012.

［12］芦效峰. 软件工程与安全［M］. 北京：北京邮电大学出版社，2021.

［13］吕兰兰，黄丽韶，张雷. 软件工程［M］. 北京：中国铁道出版社，2018.

［14］潘银松，颜烨，高瑜. 计算机导论［M］. 重庆：重庆大学出版社，2020.

［15］彭龚. 软件工程［M］. 重庆：重庆大学出版社，2011.

［16］区块链编写组. 区块链［M］. 北京：党建读物出版社，2021.

［17］曲熠. 智能化软件质量保证的概念与方法［M］. 北京：机械工业出版社，2020.

［18］邵曰攀. 计算机软件技术与开发设计研究［M］. 北京：北京工业大学出版社，2018.

［19］索红军. 计算机软件设计与开发策略［M］. 北京：北京理工大学出版社，2014.

［20］汪金伟作. 区块链技术与实体经济深度融合研究［M］. 北京：九州出版社，2020.

［21］王海燕. 计算机软件技术基础［M］. 北京：航空工业出版社，2012.

［22］王六平，张楚才，刘先锋. 数据库系统原理与应用［M］. 武汉：华中科技大学出版社，2019.

［23］石冬凌. 面向对象软件工程［M］. 大连：东软电子出版社，2013.

［24］谢雪晴，王永清. 计算机软件技术基础［M］. 北京：中央广播电视大学出版社，
2011.

［25］邢静宇. 计算机软件技术基础［M］. 长春：吉林大学出版社，2014.

［26］徐洪珍. 软件体系结构动态演化方法［M］. 哈尔滨：哈尔滨工程大学出版社，2021.

［27］闫俊伢. 软件工程开发与管理研究［M］. 北京：北京工业大学出版社，2019.

［28］杨金民，荣辉桂，蒋洪波. 数据库技术与应用［M］. 北京：机械工业出版社，2021.

［29］杨洋，刘全. 软件系统分析与体系结构设计［M］. 南京：东南大学出版社，2017.

［30］余谅. 软件体系架构原理与应用［M］. 成都：四川大学出版社，2020.

［31］张仁津. 计算机软件开发技术的研究［M］. 贵阳：贵州人民出版社，2005.

［32］赵永霞，高翠芬，熊燕. 数据库原理与应用［M］. 武汉：华中科技大学出版社，
2017.

［33］周宁，苏骏，张晓丽. 数据库原理及应用（含微课）［M］. 上海：上海交通大学出
版社，2020.

［34］邹丽. Visual C++开发技术及面向对象软件工程案例分析［M］. 沈阳：辽宁科学技
术出版社，2012.

［35］孟瑜. 面向对象程序设计的几点思考［J］. 信息与电脑（理论版），2020，32（12）：
83-85.

［36］叶雄. 计算机科学与技术的现实意义及未来发展［J］. 电子技术与软件工程，2019
（05）：134.

［37］欧义发. 数据库加密技术及其应用探讨［J］. 电脑知识与技术，2015，11（05）：
15-16.

［38］丁丙胜. 数据库加密技术的研究［J］. 北部湾大学学报，2020，35（02）：46-51.

［39］郝莉娟，尹绍宏. 数据库加密技术及其在 SQL Server 2005 中应用研究［J］. 福建电
脑，2012，28（11）：70-71，55.

［40］刘薇. 关于软件工程之中的结构化设计方法探究［J］. 计算机光盘软件与应用，
2013，16（01）：242，264.

［41］李海霞，王磊，李智. 软件生命周期质量评价方法研究［J］. 计算机测量与控制，
2022，30（08）：264-268，295.

［42］白晓清，蓝秋萍，李怀忠. 面向组件的软件测试技术［J］. 广西科学院学报，2004
（02）：57-63.